城市暴雨洪水机理与预报

田富强 倪广恒 著

科学出版社

北京

内 容 简 介

本书介绍了城市暴雨洪水形成机理和预报技术，陆气水热耦合的机理，X 波段雷达精细化观测、模拟和预测，以期为科学、合理地防治城市洪涝灾害提供参考和借鉴。

全书以北京市为主要研究对象，系统研究了城市陆气水热耦合特征及城市化对暴雨和洪水的影响规律与机理，构建了城市气象模拟模型、雷达定量降雨估算模型、降雨临近预报模型和城市雨洪模拟模型，并介绍了上述模型系统典型的应用情况。

本书可作为城市气象水文、城市规划和洪水管理、气候变化等相关学科领域专家、学者和研究生的参考用书。

审图号：京 S（2021）017 号

图书在版编目（CIP）数据

城市暴雨洪水机理与预报 / 田富强，倪广恒著. —北京：科学出版社，2021.3
　ISBN 978-7-03-068039-6

Ⅰ. ①城… Ⅱ. ①田… ②倪… Ⅲ. ①城市-暴雨洪水-洪水预报系统 Ⅳ. ①P338

中国版本图书馆 CIP 数据核字（2021）第 027472 号

责任编辑：王　钰 / 责任校对：王　颖
责任印制：吕春珉 / 封面设计：东方人华平面设计部

科学出版社 出版
北京东黄城根北街 16 号
邮政编码：100717
http://www.sciencep.com

北京中科印刷有限公司 印刷
科学出版社发行　各地新华书店经销

*

2021 年 3 月第　一　版　开本：B5（720×1000）
2021 年 3 月第一次印刷　印张：20 1/4
字数：396 000
定价：208.00 元
（如有印装质量问题，我社负责调换〈中科〉）
销售部电话 010-62136230　编辑部电话 010-62137026

版权所有，侵权必究

前　言

我国正处于城镇化快速发展时期，预计到 21 世纪中叶，我国城镇化率将超过 70%。伴随着快速的城镇化进程，城市范围的暴雨洪涝灾害不断上演，对城市的可持续发展提出了严峻挑战，亟须开展城市暴雨洪水形成机理和预报技术研究，为科学合理防治城市洪涝问题提供科学依据。

城市暴雨洪水形成是城市陆气水热耦合作用的结果。城镇化作为人类活动对水文循环影响的重要方式，一方面，通过改变下垫面属性，对陆表水文过程产生直接影响；另一方面，通过影响地表能量分配、陆气水热耦合及城市其他环境要素，改变区域的降雨特性，进而对陆表水文过程产生间接影响。因此，城市暴雨洪水机理研究需要综合城市下垫面产汇流、陆气水热耦合、大气环境等过程开展。同时，区别于一般的流域洪水预报，一方面，城市复杂的下垫面具有高度异质性和精细化结构，特别是各种人工设施会显著影响产汇流过程；另一方面，城市防汛管理对暴雨洪水预报的时空精度要求很高。因此，城市暴雨洪水的预报研究需要综合多种先进技术进行精细化观测、模拟和预测。

本书是对城市暴雨洪水形成机理长期研究积累的成果，由田富强和倪广恒组织撰写并统稿，本书作者指导的多名研究生也参与其中的研究工作。全书共分为 4 部分，包含 15 章。第一部分是城市水热耦合过程及特征与气象模拟系统：城市降雨精细尺度变异性特征、城市地表能量平衡特征、城市人为热时空分布特征、改进的城市气象模拟系统 WRF-Turban，此部分内容主要由孙挺、聂琬舒和杨文宇参与完成；第二部分是城市化对暴雨和洪水的影响规律与机理：山前平原城市对暴雨和洪水的影响规律与机理、湖滨城市对暴雨的影响规律与机理、人为热排放对夏季降雨的影响规律、城市化对流域洪水的影响规律，此部分内容主要由杨龙和聂琬舒参与完成；第三部分是城市暴雨和洪水预报模型：X 波段雷达定量估算降雨模型及评价、融合天气模式和外推方法的降雨临近预报模型、分布式立体化城市雨洪模拟模型、城市雨洪模型中的人工设施模块，此部分内容主要由杨文宇和潘安君参与完成；第四部分是城市气象和水热模拟技术的应用：城区气象模拟系统及其应用、流域精细化洪涝预报系统及其应用、海绵校园模拟系统及其应用，此部分内容主要由吕恒、潘安君、孙挺和杨龙参与完成。衷心感谢上述研究生为本书所做的贡献！

本书研究工作得到科学技术部（"大城市暴雨洪水实时预警与合理利用研

究",项目编号 2013DFG72270)和国家自然科学基金委员会("流域水文过程对环境变化响应的模拟与预测",项目编号 51190092)等机构的资助,得到北京市水务局、气象局等部门的大力支持和帮助,在此一并表示感谢!

由于作者水平所限,书中不足之处在所难免,恳请读者批评指正。

目　　录

第一部分　城市水热耦合过程及特征与气象模拟系统

第1章　城市降雨精细尺度变异性特征 ... 3
1.1　城市降雨研究区域与降雨观测数据 ... 3
1.2　城市降雨精细尺度时空变异性 ... 5
1.3　有效捕捉城市降雨精细尺度变异性的观测方案 ... 14

第2章　城市地表能量平衡特征 ... 18
2.1　研究区域与能量观测数据 ... 18
2.2　城市地面能量观测站点的下垫面成分分析 ... 19
2.3　城市地表能量平衡的分量特征 ... 23

第3章　城市人为热时空分布特征 ... 28
3.1　研究区域与人为热计算方法 ... 28
3.2　城市小区尺度下人为热时空分布特征 ... 36
3.3　城市尺度下人为热时空分布特征 ... 43

第4章　改进的城市气象模拟系统 WRF-Turban ... 54
4.1　城市气象模拟系统 WRF-Turban 简介 ... 54
4.2　基于人居指数的城市人为热模型 ... 57
4.3　强化水文过程的城市陆面耦合过程模型 ... 65

第二部分　城市化对暴雨和洪水的影响规律与机理

第5章　山前平原城市对暴雨和洪水的影响规律与机理 ... 81
5.1　夏季降雨的场次特征 ... 81
5.2　模式设置与验证 ... 84
5.3　城市对暴雨云团空间分布的影响 ... 90
5.4　城市对降雨强度频次和发生条件的影响 ... 96

第6章　湖滨城市对暴雨的影响规律与机理 ... 102
6.1　研究区概况 ... 102

6.2	典型降雨过程	103
6.3	模式设置与验证	112
6.4	湖滨城市对降雨过程的影响机理	118

第 7 章　人为热排放对夏季降雨的影响规律　125

7.1	人为热排放模式与情景设置	125
7.2	人为热时间异质性对降雨的影响	129
7.3	人为热空间异质性对降雨的影响	134

第 8 章　城市化对流域洪水的影响规律　138

8.1	城市化流域洪水演变的影响因素	138
8.2	考虑陆气水热耦合反馈的城市化流域洪水演变规律	150

第三部分　城市暴雨和洪水预报模型

第 9 章　X 波段雷达定量估算降雨模型及评价　159

9.1	X 波段雷达观测系统	159
9.2	雷达定量估测降雨算法	162
9.3	雷达估测降雨的准确性评价	172
9.4	雷达估测降雨的主要误差项分析	174
9.5	定量估算降雨模型时间采样误差的校正方法	177

第 10 章　融合天气模式和外推方法的降雨临近预报模型　180

10.1	遥感观测外推方法简介	180
10.2	ARPS 三维变分同化及云分析方法	183
10.3	融合方法	191
10.4	降雨事件与模式设置	192
10.5	多种模式的预报效果评价	201

第 11 章　分布式立体化城市雨洪模拟模型　226

11.1	模型结构	226
11.2	模型数值求解和计算流程	233
11.3	模型测试	235
11.4	模型验证	241

第 12 章　城市雨洪模型中的人工设施模块　246

12.1	城市立交桥模块	246
12.2	地下建筑物模块	250
12.3	雨洪蓄滞设施模块	252
12.4	城市蓄滞洪区模块	256

第四部分 城市气象和水热模拟技术的应用

第 13 章 城区气象模拟系统及其应用 ·· 261
  13.1 热浪天气与城市热岛效应 ·· 261
  13.2 模式设置与验证 ·· 263
  13.3 绿化屋顶对微气象和热岛效应的影响 ·· 268
  13.4 城市发展形态对城市热环境的影响 ·· 274

第 14 章 流域精细化洪涝预报系统及其应用 ·· 279
  14.1 精细化洪涝管理与洪涝模拟 ·· 279
  14.2 不同降雨过程的积水状况分析 ·· 280
  14.3 异常积水原因诊断 ·· 285
  14.4 泵站排水能力需求分析 ·· 289

第 15 章 海绵校园模拟系统及其应用 ·· 291
  15.1 情景设置及分析方法 ·· 291
  15.2 道路对暴雨洪水过程的影响 ·· 296
  15.3 管网结构概化对暴雨洪水过程的影响 ·· 301
  15.4 雨水口分布对暴雨洪水过程的影响 ·· 306

参考文献 ·· 309

第一部分
城市水热耦合过程及特征与气象模拟系统

第 1 章　城市降雨精细尺度变异性特征

降雨在时间和空间上分布不均匀的特征称为降雨的时空变异性，在不同的时空尺度上其表现的程度也有所不同。在城市雨洪研究的精细尺度（即时间上的小时尺度、空间上的暴雨雨团尺度）上，降雨的时空变异性受到越来越多的关注。本章以北京市为例，应用加密地面雨量站网和天气雷达，着重分析了降雨的精细时间尺度变异性特征、精细空间尺度变异性特征和有效捕捉降雨精细尺度变异性的观测方案 3 个问题。

1.1　城市降雨研究区域与降雨观测数据

北京市（东经 115.7°~117.4°，北纬 39.4°~41.6°）位于我国华北北部，地处温带半湿润大陆性季风气候区，年平均气温 10~12 ℃，一年四季温度差异较大，其中夏季最高温度可突破 40 ℃，冬季平均温度约为−5 ℃。北京市多年平均降雨量约为 585 mm，受季风活动影响，降雨随季节变化显著，主要集中在夏季的 6~8 月。北京地形复杂，其西部、北部为太行山脉与燕山山脉，东南部为平原区。夏季，东南季风从太平洋携带大量水汽在此与冷锋交汇，进一步在区域山谷循环和城市下垫面引发的局地对流的共同作用下形成降雨。北京夏季降雨中的暴雨常引发严重的洪涝灾害，如 2012 年 7 月 21~22 日的暴雨，全市平均累积降雨量达 460 mm，共导致 79 人丧生，经济损失高达上百亿元。

为观测复杂下垫面的降雨信息，北京市水务局在北京市内布置了 118 个雨量站，如图 1-1 所示。观测站点使用翻斗式雨量计观测降雨，数据精度为 0.2 mm。北京市水务局负责站点的日常维护及对观测数据进行质量控制。随着雷达观测降雨技术的不断进步，2006 年，北京市政府和中国气象局在北京大兴区亦庄开发区共同建立了一部 S 波段单偏振多普勒天气雷达（图 1-1 中三角图标所示，以下简称亦庄雷达）。该雷达属于 WSR-98D 天气雷达，是由北京敏视达雷达有限公司在美国 WSR-88D 雷达的基础上开发的新一代产品，其基本参数如表 1-1 所示。WSR-98D 雷达可以执行用户设置的特定扫描运行模式，亦庄雷达目前采用 VCP21 扫描模式，每 6 min 完成一次 9 个仰角的体扫观测，提供其观测范围内（460 km）的反射率因子、径向风速、速度谱宽等信息。考虑雷达观测准确性会随观测距离的增加而降低，在实际应用中，一般认为 WSR-98D 雷达

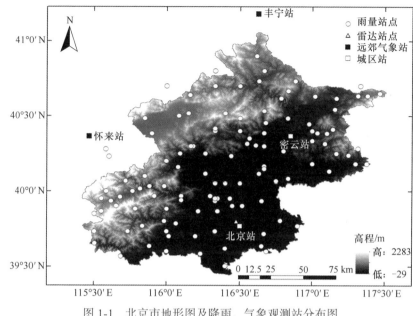

图 1-1 北京市地形图及降雨、气象观测站分布图

的有效观测半径为 230 km，这一观测半径可以覆盖整个北京地区。此外，气象部门在北京地区及周边共设有 4 个气象站点，如图 1-1 所示。4 个站点中有两个站点位于离北京城区较远的区域，另外两个站点位于城区覆盖范围内。

表 1-1 北京亦庄 S 波段雷达基本参数

参数类别	参数值
所在位置的经纬度 /(°)	东经 116.29，北纬 39.95
天线海拔 /m	111.1
功率 /kW	750
波长 /cm	10
雷达波束宽度 /(°)	0.99
天线直径 /m	9
观测仰角 /(°)（降雨模式 VCP21 包含 9 个仰角）	0.5, 1.5, 2.4, 3.4, 4.3, 6.0, 9.9, 14.6, 19.5

本章研究所使用的数据分为 3 部分：第一部分是 2008~2012 年北京市水务局 118 个雨量站的小时降雨观测资料。第二部分是 2008~2010 年夏季（6~9 月）亦庄雷达反射率观测资料。在本章研究内容中，考虑雷达反射率信息是用于研究暴雨雨团形态特征而非生成准确的定量降雨估测产品，因此没有涉及复杂的定量降雨估测算法，而是首先简单使用对流降雨常用的 Z-R 转换关系 $Z=300R^{1.4}$，将体扫第二层仰角（1.5°）每 6 min 的雷达反射率观测结果转化为降

雨强度，然后将计算结果由极坐标重采样到空间分辨率为 1 km 的直角坐标系下，最后在时间上累加到小时尺度，得到小时雨量雷达降雨分布图。第三部分是 1961～2012 年气象站站点的日降雨观测资料。

1.2 城市降雨精细尺度时空变异性

1.2.1 年际变化特征

基于气象站日降雨数据，本节首先分析北京及周边地区夏季最大日降雨量和累积降雨量的年际变化特征。从图 1-2（a）和图 1-2（c）中可以看出，无论是最大日降雨量还是累积降雨量，4 个站点的年际变化都和区域性规律保持一致，即年际波动减少，4 个气象站点在 1961～2011 年平均变化速率约为每 10 年分别减少 4.6 mm（最大日降雨量）和 22 mm（累积降雨量）。

尽管从长时间尺度来看，夏季降雨量在减少，然而 2000 年后却表现出明显的增加趋势。侯爱中（2012）通过对 TRMM 卫星降雨观测数据的分析也发现，北京地区全年及 6～9 月累积降雨量在近年来有显著增加的趋势，与本节研究的结论一致。进一步对比城区站和远郊站两组站点的变化趋势，两组站点在 2000～2011 年的变化趋势有着明显的差异 [图 1-2（b）和（d）]。远郊站夏季降

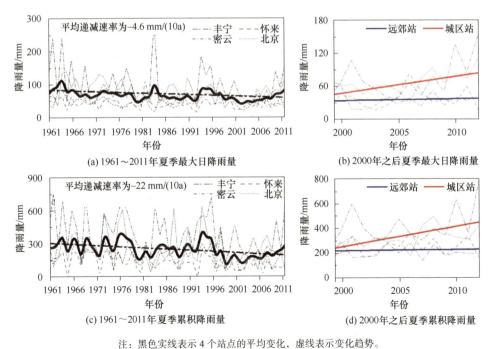

注：黑色实线表示 4 个站点的平均变化，虚线表示变化趋势。

图 1-2　1961～2011 年 1 月北京及周边地区夏季最大日降雨量、累积降雨量的年际变化

雨在 2000 年后没有显著变化，城区站则表现出显著的增加趋势，单站夏季降雨量的增幅高达 100%［从 200 mm 增加为 400 mm，图 1-2（d）］。考虑两组站点具有相同的区域气候环境，并且处于相同的大气环流作用范围，可以认为两组站点年际变化的差异是由下垫面特征的差异所导致（孙继松和舒文军，2007）。远郊站远离北京城区，土地利用类型以自然植被为主，年际变化不大；而城区站点受北京快速的城镇化发展进程的影响，变化较大。

1.2.2 区域分布特征

基于 2008～2012 年 118 个雨量站小时降雨量观测资料，本节统计了年均降雨量、降雨频率（降雨时数与总时数的比值）、小时最大降雨量、日最大降雨量共 4 个指标。如图 1-3（a）所示，2008～2012 年北京的年均降雨量为 202.4～719.6 mm，年均降雨量较大的站点（大于 500 mm）集中在南部和东北部地区，而西北部山区降雨量相对较少。降雨频率的空间分布与年均降雨量相似，各个站点的降雨频率在 1.32%～5.29% 范围内变动［图 1-3（b）］。考虑城市洪水通常由短时强降雨事件诱发，图 1-3（c）和图 1-3（d）在小时尺度和日尺度上分别分析了最大累积降雨量的分布情况。小时最大累积降雨量的空间分布与

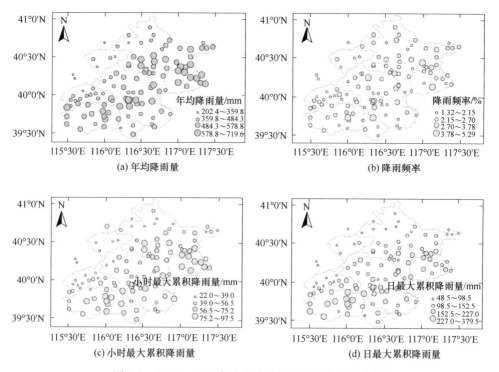

图 1-3　2008～2012 年北京市降雨各指标空间分布图

年均降雨量相似，累积降雨量较大的站点多分布在南部和东北部地区。但是，当累积时间增加为一天时，累积降雨量较大的站点明显集中在南部地区。由此可以推断，北京南部地区发生强降雨从而引发洪水事件的可能性较高，需要提高该地区暴雨预警和防洪排涝的能力。综上可知，北京市南部和东北部地区的降雨强度大、频率高，由此导致这两个地区的年均降雨量大。

为进一步识别北京市降雨的空间分布特征，使用克里金插值的方法对 118 个站点年均降雨量进行插值。基于插值结果，图 1-4 划分出了 3 个代表性子区域：A 区和 B 区的年均降雨量大于 560 mm（年均降雨量 75% 分位值），C 区的年均降雨量小于 420 mm（年均降雨量 25% 分位值）。结合土地利用类型及位置信息，A 区为城市建成区，B 区为城市下风向区，C 区为山区。这与已有研究的结论，即城市地区降雨集中在建成区和其下风向区是一致的。

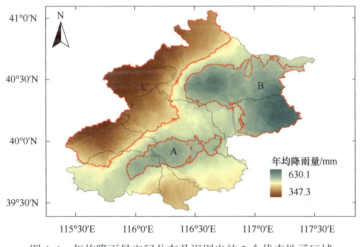

图 1-4　年均降雨量空间分布及识别出的 3 个代表性子区域

降雨强度-频率分布曲线（超越概率曲线）描述了不同降雨强度发生的概率，图 1-5 绘制了小时尺度和日尺度下 A、B、C 3 个区域的降雨强度-频率分布曲线。如图所示，在不同时间尺度上，对于同一降雨强度，C 区即西北部山区发生大于此强度降雨的概率远低于其他两个区域。这表明西北部山区的降雨强度较小。进一步分析，在日尺度下，A、B 两个区域的降雨强度-频率分布曲线非常相似。在小时尺度下，对于小于 30 mm/h 的降雨强度，A、B 两个区域的降雨强度-频率分布曲线形式基本重合；对于大于 30 mm/h 的降雨强度，在 A 区发生的概率要更高，这再次表明相比于周边区域，城市建成区发生强降雨的概率更高。

城市降雨的区域分布特征是由降雨形成条件所决定的。根据已有的理论研究和模型模拟结果，北京地区的降雨区域分布特征可能由以下 3 方面的因素引

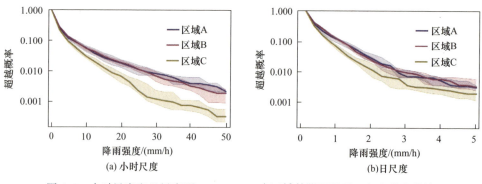

图 1-5 小时尺度和日尺度下 A、B、C 3 个区域的降雨强度 - 频率分布曲线

起：①中尺度天气系统，东风、东南风携带水汽在北京上空不同位置处与低涡天气系统相遇，低涡天气系统为降雨提供了动力条件；②地形起伏引发的局地环流，北京西部、西北部多为高山，水汽在运移过程中，受山体的阻挡、抬升，形成或加强降雨，使山区与平原区交界处山体迎风坡的降雨较大；③城市的影响，城市热岛效应、地表粗糙度变化、气溶胶效应改变了局地的陆气水热耦合过程，使城市地区对流活动增强且易形成辐合中心，从而加强了局地的降雨。

1.2.3 精细时间尺度变异性

降雨的精细时间尺度变异性特征体现为降雨在一天之内的强弱变化情况。降雨日内变化特征是区域气候的重要特征之一，也是检验数值天气预测模式的一项重要指标。本节使用 2008～2012 年北京市加密雨量站网逐时雨量数据，分析北京市降雨日内变化特征。具体选用下列 3 个指标：降雨总量（precipitation amount，PA）、降雨强度（precipitation intensity，PI）和降雨频率（precipitation frequency，PF），这 3 个指标是研究降雨日内变化特征时常用的统计量。

对于一天内的某个特定小时，PA 的定义为统计时段（2008～2012 年，1827 天）内该小时降雨量的平均值，即统计时段内该小时降雨总量除以总天数。PI 的定义为统计时段内该小时降雨总量除以降雨的天数。PF 的定义是统计时段内有降雨的天数除以总天数。根据定义可知，PF 等于 PA 除以 PI 的商。

对所有站点的降雨日内变化过程进行平均，可用于分析北京市整体降雨日内变化特征。如图 1-6 所示，PA 的峰值出现在 21:00，之后直到正午一直下降。与 PA 相比，PI 的日内变化曲线存在典型的双峰特征。一个较高的峰值出现在 17:00～21:00，另一个稍弱的峰值出现在夜间 2:00。PF 的日内变化也呈双峰特征，较强的峰值出现在 21:00～24:00，而较弱的峰值出现在 12:00～16:00。上述结果表明北京市降雨主要发生在下午和傍晚，而降雨强度的峰值与频率的峰值整体上是错开的，只在 21:00～22:00 这一个小时重合。这意味着北京经常下雨的

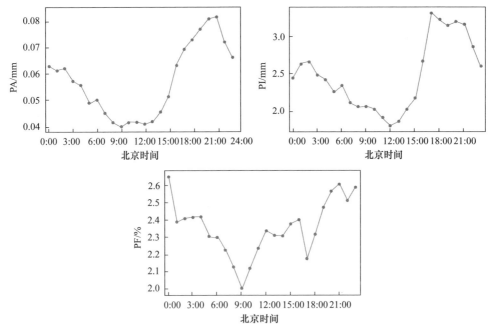

图 1-6 北京市平均 PA、PI、PF 日内变化特征

时刻并不是降雨强度最大的时刻。

为探讨不同区域的日内变化特征，分别计算 A、B、C 3 个区域平均的日内变化过程（图 1-7）。可以看到，北京市降雨的日内变化存在明显的空间异质性。A 区与 B 区 PA 的日内变化过程具有相似的双峰特征，均存在一个出现在 19:00~22:00 的晚峰和一个出现在 0:00~3:00 的夜间峰值。而 C 区 PA 的日内过程只有一个较弱的出现在 16:00 的下午峰。对于 PI，3 个区域都存在一个明显的下午峰。与此同时，A 区与 B 区还有一个出现在 0:00~3:00 的较弱的夜间峰值。相比于 PA、PI，不同区域 PF 的日内变化过程没有明显的一致性。在 A 区和 B 区，PF 的日内变化过程在傍晚到第二天凌晨会出现一个较弱的峰值。而 C 区 PF 的日内过程在下午会出现一个较弱的峰值。由以上分析可以发现，城市建成区（A 区）与山区（C 区）降雨日内变化最大的差异出现在城市热岛效应最为明显的傍晚，该结果在一定程度上反映了城市热岛效应改变局地陆气水热耦合状态从而影响城市降雨的可能性。降雨频率的高度变异性则意味着北京市复杂的降雨结构不只受大的天气系统控制，而是大气环流-地形-城市影响的复杂相互作用的结果。

上述北京市降雨日内变化规律与已有的中国陆地区域尺度的降雨日内变化特征并不完全吻合。在全国尺度的研究中，北京所属的华北地区（40°~50°N，110°~130°E），由于太阳辐射导致的低层大气不稳定与对流活动盛行，PA 的日内变化过程呈现单峰特性，峰值出现在15:00～18:00。北京市日内变化规律与其所属区域的日内变化规律不同，再次表明局地因素（地形、城市热岛效应）对城市降雨的影响。因此，将大尺度研究得到的规律推广到精细尺度（尤其是地形或土地利用类型复杂的区域）时需要谨慎对待。

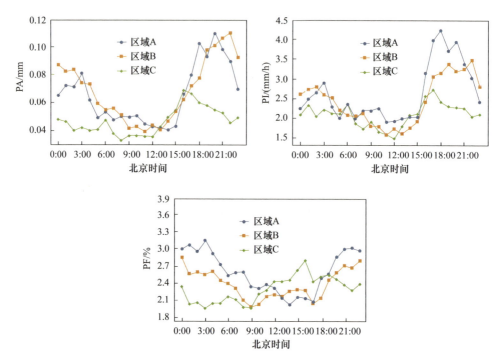

图1-7　不同代表性区域PA、PI、PF日内变化特征

进一步探讨日内变化峰值在空间上的分布规律，计算每个站点PA、PI和PF日内变化过程的峰值（分别用PPA、PPI和PPF表示）及其出现时刻。然后，使用克里金插值方法将所有站点的最大值拓展到整个北京市。图1-8（a）展示了PPA的空间分布，PPA较大的站点多出现在北京东北部和南部地区，而西北部山区PPA普遍较小。相比于PPA，PPI较大的站点集中在北京东北部与东南部［图1-8（b）］。两者的不同说明降雨强度的峰值不一定出现在降雨最多的区域。PPF的分布图［图1-8（c）］显示，南部地区的PPF相对较大，其斑块状特征说明相邻站点间的PPF差异较大，因此高分辨率的降雨观测显得尤为重要。

不同区域日内变化峰值发生时间也存在较大差异。对于PPA和PPI，东北部和南部地区一般出现在18:00～23:00或2:00～3:00；而西北部山区的PPA主要出现在15:00～18:00。PPI的出现时刻没有明显规律。对比PPF的分布图，PPF在相邻站点出现的时刻也有较大差异，不具备明显的空间分布规律。

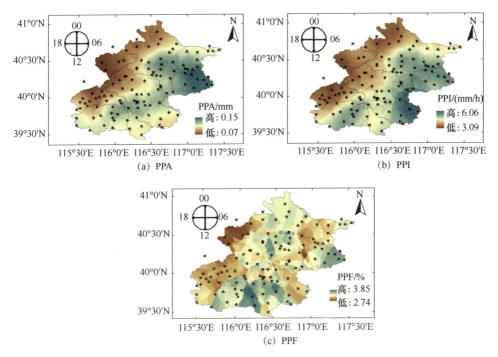

图 1-8 北京市 2008～2012 年平均 PPA、PPI、PPF 空间分布图

1.2.4 精细空间尺度变异性

降雨的精细空间尺度变异性体现为雨团的形态特征。北京市降雨主要集中在夏季,而且夏季暴雨可能引发严重的城市洪涝灾害。现有研究表明,夏季暴雨多为对流性降雨,具有显著的局地变异性。由于雨量站的空间代表性有限,基于地面雨量站降雨观测资料难以准确分析暴雨雨团的空间形态特征。因此,本节基于 2008～2010 年夏季北京市亦庄雷达高分辨率反射率观测,计算得到逐小时降雨分布图,并采用阈值限定与特征分割方法来识别夏季暴雨雨团,进而定量分析北京市夏季暴雨雨团的空间形态特征。具体步骤如下。

(1) 暴雨格点识别:将降雨强度大于某一阈值 R_T 的网格视为暴雨区。显然,不同阈值下,暴雨识别的结果不同。阈值越小,则被视为暴雨区的格点越多,暴雨区面积越大。通过分析相关研究,本节参考 Li 等(2014)对于暴雨雨量的定义,最终选择将阈值 R_T 设定为 10 mm/h。

(2) 暴雨雨团分割:识别暴雨格点后,通过最小化与其他独立雨团距离的方法将暴雨格点划分为不同暴雨雨团。

(3) 暴雨雨团形状特征计算:采用数学模型定量计算暴雨雨团的形状特征。暴雨雨团的真实形状最接近椭圆形。因此,本节将与暴雨雨团面积相等的近似椭

圆的长轴 R_{major}、短轴 R_{minor} 和面积 A_R 作为暴雨雨团的形状特征参数。

基于上述方法，对北京市 2008~2010 年夏季的小时雷达降雨分布图依次进行处理，最终识别出 34 场典型暴雨事件中的共 721 个暴雨雨团，每场暴雨包含的雨团数目、暴雨历时，以及场次平均 R_{major}、R_{minor} 和 A_R 等信息总结于表 1-2 中。暴雨雨团的平均生命周期为 11.4 h，面积在 25~958.8 km² 范围内变动，雨团近似椭圆长、短轴长度平均值分别为 4.31~20.58 km 和 1.85~9.10 km，长轴长度约为短轴长度的 2 倍。由上述分析可见，北京的暴雨雨团场次间变异性大，雨团多呈狭长的条带状，且面积越小的雨团，条带状特性越明显。

表 1-2　北京地区 2008~2010 年夏季暴雨雨团形状特征统计

暴雨场次日期	历时/h	雨团数目/个	长轴 R_{major}/km	短轴 R_{minor}/km	面积 A_R/km²
2008 年 5 月 3 日	10	53	14.97	5.80	330.91
2008 年 5 月 11 日	1	1	4.31	1.85	25.00
2008 年 6 月 14 日	26	53	12.48	4.98	201.29
2008 年 7 月 4 日*	—	—	—	—	—
2008 年 7 月 15 日	6	4	8.91	2.39	56.16
2008 年 7 月 31 日#	—	—	—	—	—
2008 年 8 月 10 日	24	92	9.35	4.18	110.05
2008 年 8 月 11 日	19	31	8.37	3.81	114.88
2008 年 8 月 14 日	11	53	9.77	4.77	151.99
2008 年 9 月 7 日	12	45	11.92	4.54	162.32
2008 年 9 月 9 日*	—	—	—	—	—
2008 年 9 月 21 日	4	4	6.99	1.85	35.72
2009 年 4 月 23 日*	—	—	—	—	—
2009 年 6 月 8 日	15	34	9.21	3.76	97.28
2009 年 6 月 18 日	7	7	8.77	3.12	62.95
2009 年 7 月 5 日	15	46	10.17	4.47	165.13
2009 年 7 月 13 日	9	50	10.59	4.84	167.75
2009 年 7 月 17 日	15	28	10.94	5.24	164.75
2009 年 7 月 20 日	18	50	16.76	5.75	317.37
2009 年 7 月 23 日	16	34	20.58	8.77	958.83
2009 年 8 月 1 日	12	35	17.50	8.03	508.46
2009 年 8 月 19 日	3	5	13.22	4.20	199.88
2009 年 9 月 26 日	7	2	7.43	3.03	54.19
2010 年 5 月 18 日*	—	—	—	—	—
2010 年 6 月 13 日	10	23	19.57	9.10	693.76
2010 年 6 月 17 日	16	41	18.62	6.73	442.64
2010 年 7 月 9 日*	—	—	—	—	—

续表

暴雨场次日期	历时/h	雨团数目/个	长轴 R_{major}/km	短轴 R_{minor}/km	面积 A_R/km²
2010年7月11日*	—	—	—	—	—
2010年8月4日	5	5	9.56	2.84	66.00
2010年8月18日	12	18	11.63	5.07	186.72
2010年8月21日	9	3	8.36	2.80	50.83
2010年9月16日*	—	—	—	—	—
2010年9月18日*	—	—	—	—	—
2010年9月21日	4	4	6.99	1.85	35.72

注：暴雨场次为全市平均降雨量超过20 mm的降雨参数；*表示在本场暴雨中没有识别出暴雨雨团；#表示雷达数据缺失；长轴、短轴、面积均为场次平均值；—表示未采集到数据。

图 1-9 选择所有包含多于 10 个暴雨雨团的暴雨场次，分析暴雨事件场次内暴雨雨团的形状变异性。结果显示，对于大多数暴雨事件，箱型图中均存在统

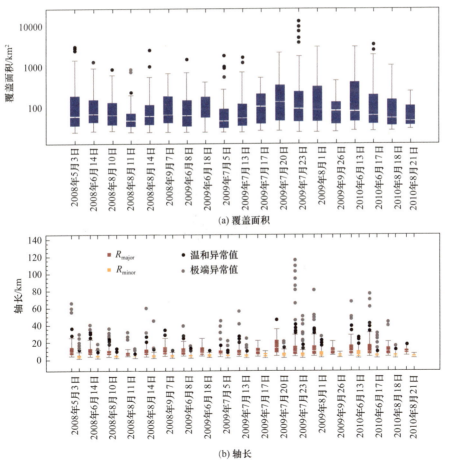

图 1-9 不同场次降雨暴雨雨团的形状变异性箱型图

计分布的异常点，这意味着这些场次降雨事件中暴雨雨团的 R_{major}、R_{minor} 和 A_R 同样具有很大变异性。例如，2009 年 7 月 23 日的暴雨，A_R 的变化范围为 44~13288 km^2，R_{major} 和 R_{minor} 的变化范围分别为 3.6~130.5 km 和 1.6~50.2 km。这种巨大的变异性再次说明北京市的降雨结构复杂。另外，绝大多数场次暴雨雨团面积的中位值小于 100 km^2，而北京市现有站点的代表面积约为 140 km^2，因此，现有站点难以有效捕捉暴雨雨团的这种高度变异特性。使用高分辨率的天气雷达观测降雨是未来发展的需要，将其与地面雨量站网结合，能够提升北京市降雨的观测能力。

暴雨雨团所在位置是另一个对于城市防洪十分重要的信息。图 1-10 展示了所有 721 个暴雨雨团形心位置的空间分布。与之前雨量站插值获得的降雨空间分布一致，绝大多数暴雨雨团的形心位于北京南部与东北部地区。按照暴雨的强度分类可以进一步看到，降雨强度最强的 5 场暴雨（图 1-10）多位于平原区与山区的交界处，这也在一定程度上体现了地形起伏导致的局地环流对暴雨形成和加强的重要作用。

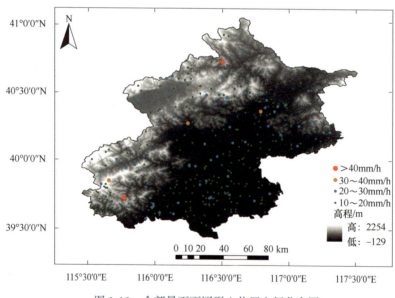

图 1-10　全部暴雨雨团形心位置空间分布图

1.3　有效捕捉城市降雨精细尺度变异性的观测方案

前面关于降雨精细尺度时空变异性的结论是基于一套密集雨量站网（118 个雨量站）和一部天气雷达的观测得出的。本节着重讨论这些结论对观测设备的依赖程度，通过评价不同观测方案所得结果的一致性来研判密集站点和天气雷达的重要性。

1.2.3节的日内变化特征是根据118个雨量站的小时雨量数据获得的。已有研究指出，空间代表性误差会随研究时间尺度的减小而增大。因此，对于日内变化这种精细尺度的研究，研究结果对站点密度［选取的站点数量与全部站点数量（55个）的比值］的依赖性可能很大，使用多少站点可以有效捕捉降雨的日内变化特征是一个重要的问题。1.2.2节的研究表明，北京西北部山区与平原区的降雨特征差异很大，为避免不同下垫面降雨特性差异影响站点密度的分析结果，应该分别研究两个区域的代表性站点密度。基于上述考虑，本节选取北京市平原区（高程小于150 m）为研究区域，首先计算不同站点密度下降雨的日内变化规律（PA、PI、PF），然后进一步比较它们的一致性，最终获得可以充分捕捉降雨日内变化规律的最小站点密度。

将平原区全部55个站点计算得到的日内变化规律作为基准情景（站点密度$r_p=1$），设置10组不同的站点密度（表1-3）。为降低不同站点密度结果中取样带来的偏差，对于每个站点密度进行100次随机采样，并将100次PA、PI、PF的平均值作为这个站点密度的最终结果。选取平均偏差B_I和相关系数CC_I及它们的边际变化量Δ作为评价指标。对于某个具体变量I（PA、PI、PF），站点密度为r_p时的评价指标计算公式如下：

$$B_I = \frac{1}{24}\sum_{h=1}^{24}\frac{|I_e(h)-I_r(h)|}{I_r(h)} \quad (1\text{-}1)$$

$$CC_I = \frac{\text{Cov}(I_e, I_r)}{\sigma_{I_e}\sigma_{I_r}} \quad (1\text{-}2)$$

$$\Delta_{B_I} = \left|\frac{\Delta B_{r_p}}{\Delta r_p}\right| \quad (1\text{-}3)$$

$$\Delta_{CC_I} = \left|\frac{\Delta CC_{r_p}}{\Delta r_p}\right| \quad (1\text{-}4)$$

式中，h为一天中的某个小时；$\text{Cov}(I_e, I_r)$为I_e与I_r的协方差函数，下标e和r分别代表当前站点密度情况与基准情形；σ为标准偏差；Δ_{B_I}和Δ_{CC_I}分别为B_I和CC_I的边际变化量。

表1-3 不同站点密度雨量站网特征总结

站点密度	站点数/个	每个站点代表面积/km²	代表面积边际变化量/km²
0.1	5	1437	—
0.2	10	718.5	718.5
0.3	15	479	239.5
0.4	20	359.3	119.7

续表

站点密度	站点数/个	每个站点代表面积/km²	代表面积边际变化量/km²
0.5	25	287.4	71.9
0.6	30	239.5	47.9
0.7	35	205.3	34.2
0.8	40	179.6	25.7
0.9	45	159.7	19.9
0.99	50	143.7	16

图 1-11 显示了不同站点密度下 PA、PI、PF 与基准情形之间的平均偏差及其边际变化量。可以看到，平均偏差随着站点密度的增加而不断减小。当站点密度 $r_p=0.5$ 时，平均偏差只有 5%。值得指出的是，当站点密度 $r_p>0.6$ 时，平均偏差的边际变化量已经小于 0.1。相关系数分析得出的结论与平均偏差分析相似（图 1-12），当站点密度 $r_p>0.6$ 时，边际变化量已经非常小。因此，站点密度 0.6（对应 30 个雨量站）是能够捕捉北京市平原区降雨日内变化特征的最小站点密度。

虽然雨量站观测可以有效捕捉降雨日内变化（时间尺度上）的特征，但是，考虑近乎所有场次的暴雨雨团的面积的中位数均小于 100 km²，小于北京市现有站点的代表面积（约 140 km²）。因此，即便是在雨量站布设已较为密集的条件

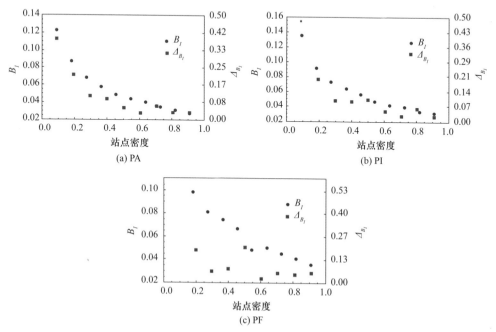

图 1-11 平均偏差及其边际变化量随站点密度变化关系图

第 1 章　城市降雨精细尺度变异性特征

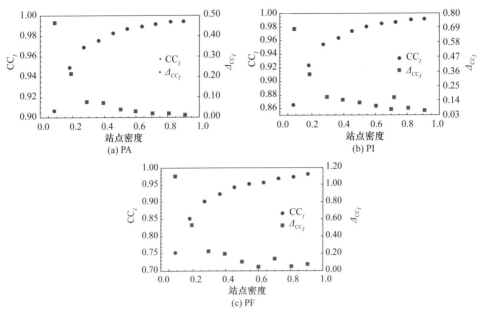

图 1-12　相关系数及其边际变化量随站点密度变化关系图

下，仅凭雨量站也难以捕捉到全部的局地暴雨雨团及它们的空间形态特征。从这个角度出发，有必要在北京市发展以天气雷达为代表的高分辨率降雨监测技术。综合应用雨量站与天气雷达等多源降雨观测信息，既可以发挥雨量站观测准确的优势，又可借助雷达观测范围广、空间高分辨率连续观测的特点，是城市降雨观测未来发展的方向。

第 2 章 城市地表能量平衡特征

地表能量平衡关系是研究地球表面与大气相互作用的基础,这一关系反映了地表接收到的能量通过湍流输送、辐射和热传导进行重分配的量度关系。本章采用对比方法研究了城市和乡村不同下垫面条件下地表能量平衡来源和分配的差异,揭示城市地表能量平衡特征。

2.1 研究区域与能量观测数据

本章以北京及其周边地区为研究区域,选取了城、乡两个观测站点进行对比。两站直线距离 60 km,其中:城市站位于北京城区(39.97 °N,116.37 °E),以下称为北京站;乡村站位于河北省廊坊市香河县(39.75°N,116.96°E),以下称为香河站。

北京站通量塔高度为 325 m,其涡度相关设备和辐射观测设备在 47 m、140 m 和 280 m 3 个高度上均有布置。北京站的涡度相关设备包括三维超声风速风向仪(Campbell CSAT3)和开路气体分析仪(LICOR-7500),将二者联合以观测风速、风向、水汽浓度、CO_2 浓度等。北京站的辐射观测设备为四分量辐射计(Kipp & Zonen CNR1),其可观测长短波入射及出射共 4 个分量。

香河站的涡度相关设备分别布置在 32 m 和 64 m 两个高度。香河站的涡度相关设备包括三维超声风速风向仪(Gill)和开路气体分析仪(LICOR-7500),观测项目与北京站相同。香河站的辐射观测设备包括一台短波辐射计(Eppley 短波辐射计)和一台长波辐射计(Eppley 长波辐射计)。

两站的涡度相关设备以 10 Hz 的频率运行,采集的原始数据需要经过预处理校正。具体步骤包括:①频率响应矫正;②坐标旋转矫正;③ CO_2/H_2O 浓度校正;④虚温矫正(Li and Bou-Zeid,2011)。

将经过以上预处理矫正的数据,采用涡度相关的方法计算显热通量 H 和潜热通量 LE:

$$H = \rho c_p \overline{w'T'} \tag{2-1}$$

$$LE = \rho L_v \overline{w'q'} \tag{2-2}$$

式中,ρ 为空气密度;c_p 为空气的比定压热容;w 为垂直方向风速;T 为空气温度;L_v为水的汽化热;q为空气比湿。此外,变量上方的横线(—)表示雷诺平均计算,变量上标撇号(′)表示该变量的脉动量。

以 30 min 为周期进行雷诺平均,对原始观测数据进行计算,可得到显热通量 H 和潜热通量 LE。为避免仪器测量带来的误差,只有满足以下条件的计算结果被用于后续分析中:

(1)$|H|>10 \text{ W/m}^2$ 且 $-200 \text{ W/m}^2 \leqslant H \leqslant 400 \text{ W/m}^2$;

(2)$|\text{LE}|>10 \text{ W/m}^2$ 且 $-200 \text{ W/m}^2 \leqslant \text{LE} \leqslant 400 \text{ W/m}^2$。

2.2 城市地面能量观测站点的下垫面成分分析

2.2.1 城乡两站的下垫面构成

通量来源范围(flux footprint)可以反映站点位置所测得的通量的来源区域,对该来源区域内的下垫面成分进行分析有助于了解测量结果的区域代表特征。由于城市下垫面情况复杂,具有高度的不均一性,一般现有的通量来源计算模型对这类区域的应用尚不成熟。为统一起见,本章根据混合边界层的高度来对城、乡两站的通量来源范围进行估计。根据 Brutsaert(1982)的研究结果,对于长度为 x 的通量来源范围,相应的混合边界层的高度约为 $1/(100x)$。因此,对塔高为 z 的站点,将其通量来源范围估计为以站点为中心,范围为 $100z \times 100z$ 的矩形区域。在根据以上方法估计的城、乡两站的通量来源范围内,利用清华大学地球系统科学系发布的全球精细分辨率观测下垫面类型数据(finer resolution observation and monitoring of global land cover,FROM-GLC),提取相应下垫面信息进行成分分析。

FROM-GLC 是利用 Landsat TM 和 ETM+遥感数据制作的世界上首套 30 m 精度的土地利用类型数据,采用 91433 个训练样本和 38664 个测试样本制作而成。FROM-GLC 中,下垫面类型被分为农田、森林、草地、灌木、水体、不透水面、裸地和冰雪共 8 类。对于本章关注的北京站和香河站周边地区,重点需要考察不透水面、农田和水体的分布情况。根据城、乡两站地理坐标位置,提取 FROM-GLC 对应数据,得到不透水面、农田、水体等成分的地理分布情况(图 2-1)和不同仪器安装高度的通量来源范围内的具体下垫面成分比例(表 2-1)。

由图 2-1 可知,北京站下垫面成分主要为不透水面,而香河站为农田,这符合一般认知的城乡区域的下垫面特征。从图 2-1(a)还可以看出,北京站下垫面中不透水面由城市中心向四周分散,站点北侧分布有一定的农田,整个通量来源范围中散布有水体。由图 2-1(c)可知,香河站东侧分布有相当面积的不透水面,水体贯穿南北,其余均为农田。

从表 2-1 中统计结果可以看出,随仪器安装高度增加,北京站下垫面中不透

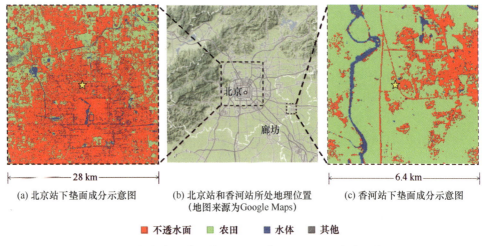

图 2-1　北京站和香河站所处地理位置及下垫面成分示意图

水面的比例相应呈现减小趋势，而香河站下垫面中农田的比例基本保持不变，这反映出北京站通量来源范围较广且下垫面分布并不均匀，而香河站的通量来源范围较小且下垫面分布相对均匀。

表 2-1　观测站点下垫面类型统计信息

站点	观测高度 z/m	下垫面比例 /%			
		农田	不透水面	水体	其他
北京站	47	12	82	6	0
	140	18	74	7	1
	280	29	65	4	2
香河站	32	75	22	1	2
	64	74	21	3	2

2.2.2　北京站不透水下垫面的分布特征

如上所述，北京站不透水下垫面的比例随着观测仪器安装高度的增加呈递减趋势。为进一步了解北京站不透水下垫面的分布特征，本节利用 Landsat TM5 遥感数据，反演不透水率信息，并分析不透水面分布随尺度的变化情况。

北京站通量来源范围分布在 Landsat TM5 轨道号 123、行号 32 的影像中；考虑云对卫星的遮蔽效应，选择云量较少的 2007 年 5 月 28 日的影像进行分析。利用 ENVI 软件对影像数据进行几何校正和裁剪，并将原始数据中的 DN（digital number）值转化为大气顶部反射率，即完成对数据的预处理工作。

根据遥感影像数据反演不透水率信息主要分为两个步骤：①利用最小噪声分

离法（minimum noise fraction，MNF）提取不同类型的地物反射光谱信息并确定地物端元；②采用光谱混合模型确定各像素中不同端元的比例。需要说明的是，光谱混合模型分为线性或非线性两类，由于在城市区域中多重散射效应可以忽略（Wu and Murray，2003），本节研究采用计算更高效的线性光谱混合模型。

线性光谱混合模型的基本假设是，不同地物类型像元不发生相互作用，传感器测量得到的反射率是不同地物类型像元所反射波谱的线性组合，组合系数即为不同地物类型所占的比例（Wu and Murray，2003）。线性光谱混合模型可被表达为

$$R_b = \sum_{i=1}^{n} f_i R_{i,b} + e_{i,b} \tag{2-3}$$

式中，R_b 为波段 b 的总反射率；n 为端元数目；f_i 为端元 i 的反射光谱在总辐射率中的比例；$R_{i,b}$ 为端元 i 在波段 b 中的反射率；$e_{i,b}$ 为端元 i 在波段 b 中的残差。

采用线性光谱混合模型分解后的结果精度可采用各波段残差的均方根 RMS 进行评价，即

$$\text{RMS} = \left(\sum_{i=1}^{m} e_{i,b}^2 / m \right)^{1/2} \tag{2-4}$$

式中，m 为端元的总数目。

通过优化算法使式（2-4）中的 RMS 最小，可获得遥感数据中各端元的比例 f_i，详细求解方法可见 Small（2001）。

综合考虑线性光谱混合模型的敏感性及准确性，本节研究选择 4 个端元建立模型并进行求解，经过目视解译确定 4 个端元类型分别为高反照率、低反照率、土壤和植被。进行分解并获得各端元比例之后，将高反照率和低反照率端元比例相加，得到各像素中的不透水下垫面比例，结果如图 2-2 所示。

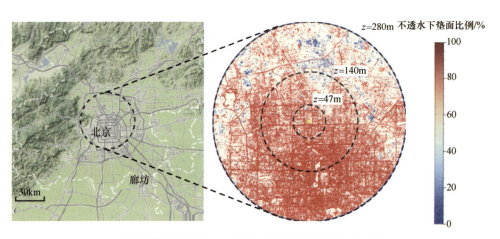

注：不同虚线圆形范围代表文字所注观测高度的估计通量来源范围。

图 2-2 北京站下垫面不透水率分布图

为进一步考察北京站不透水下垫面分布特征，本节研究采用Bou-Zeid等（2007）提出的变化尺度作为特征量对该分布特征进行衡量。变化尺度的物理含义为，对某变量v，若其变化尺度大小为d，则该变量在大小为d的一维空间中可认为达到均匀一致。对不透水下垫面，采用不透水率作为考察指标，则基于不透水率的变化尺度L_p可表达为

$$L_p = \int_{r=0}^{L} \left[1 - \frac{D_f}{\max(D_f)}\right] dr \qquad (2\text{-}5)$$

式中，r为距研究区域中心的距离；D_f为不透水率的二阶结构函数，其定义为

$$D_f(\boldsymbol{r}_t) = \left\langle [f(\boldsymbol{r}+\boldsymbol{r}_t) - f(\boldsymbol{r})]^2 \right\rangle = \langle \boldsymbol{r} \rangle \qquad (2\text{-}6)$$

式中，r为位置向量；$\boldsymbol{r}_t$为方向传递向量；$f(\boldsymbol{r})$表示位置r处的不透水率；$\langle \cdot \rangle$表示对其中的变量进行空间平均运算。

考虑通量来源范围随风向不同存在变化，本节研究将图2-2所表示的不透水率圆形空间分布数据以30°为间隔进行空间旋转，并对旋转后的空间分布数据由南至北进行不透水率的变化尺度L_p的计算，所得结果如表2-2所示。

表2-2　北京站不同观测高度对应下垫面不透水率的变化尺度L_p

方向/(°)	变化尺度 L_p/m		
	47 m	140 m	280 m
30	1076.4	3117.2	6152.7
60	992.2	3074.9	6250.4
90	973.5	2946.0	5535.4
120	1090.1	3336.0	6424.6
150	1074.0	3186.6	6327.0
180	920.6	2927.3	6089.4
210	1073.6	3037.0	6493.3
240	1112.6	3138.6	6238.9
270	993.2	3114.5	5939.1
300	1033.6	2890.6	6093.7
330	1062.4	3065.4	6023.5
360	961.7	2715.9	5754.5

由表2-2中结果可知，对于北京站三层涡度相关设备对应的通量来源范围，相应范围内的不透水率的变化尺度分别约为1 km、3 km和6 km。根据变化尺度的物理含义及之前估算的通量来源范围可知，北京站三层涡度相关设备对应的通量来源范围中不透水下垫面可被认为覆盖均匀一致，其通量观测结果可以反映城市下垫面水热通量的特征。

2.3 城市地表能量平衡的分量特征

2.3.1 地表能量分量的年内变化特征

由于天气条件及季节因素对地表能量平衡各分量有较大影响（Miao et al., 2012），本节中对阴晴两类天气条件和四季的各分量特征分别进行了统计分析。

选择每日辐射计高度处测得的太阳短波入射辐射量 Q_{sd} 与大气层顶理论接收的太阳短波入射辐射量 Q_{sd}^* 的比值 S_T 作为指标来确定阴晴天气（Miao et al., 2012），即

$$S_T = \frac{Q_{sd}}{Q_{sd}^*} \tag{2-7}$$

式中，每日大气层顶理论接收的太阳短波入射辐射量 Q_{sd}^*，根据 Brutsaert（2005），可由下式给出：

$$Q_{sd}^* = (2R_{so}/\omega)(\cos\phi \sin h_s \cos\delta + h_s \sin\phi \sin\delta) \tag{2-8}$$

式中，$R_{so}=1366$ W/m^2，为太阳常数；$\omega=2\pi$ rad/d，为地球自转角速度；ϕ 为纬度；h_s 为日出（日落）时相位角；δ 为赤纬。

当 $S_T>0.6$ 时，确定该天为晴天；当 $0.2 \leq S_T \leq 0.6$ 时，则确定该天为阴天。本节研究对四季的划分如下：春季为 3~5 月，夏季为 6~8 月，秋季为 9~11 月，冬季包含其他月份。

基于以上划分准则，对北京站、香河站 2011 年观测数据日均值进行了统计分析。由于城、乡两站布设仪器不同，观测项目有一定差异。北京站用于分析的观测项目包括净辐射 R_n、太阳短波入射辐射 S_d、太阳长波入射辐射 L_d、显热通量 H、潜热通量 LE 和热储值 G。香河站用于分析的观测项目包括太阳短波入射辐射 S_d、太阳长波入射辐射 L_d、显热通量 H 和潜热通量 LE。北京站、香河站 2011 年不同观测高度能量平衡项观测结果统计表分别如表 2-3 和表 2-4 所示。

表 2-3 北京站 2011 年不同观测高度能量平衡项观测结果统计表

高度/m	季节	天气条件（天数/d）	R_n/(W/m^2)	S_d/(W/m^2)	L_d/(W/m^2)	H/(W/m^2)	LE/(W/m^2)	G/(W/m^2)
47	春	晴（48）	125.9	258.0	285.4	38.3	24.2	63.4
		阴（41）	90.1	182.7	330.1	37.3	27.9	24.8
	夏	晴（14）	202.4	309.3	390.9	25.7	62.4	114.4
		阴（67）	118.1	190.3	409.5	24.9	51.4	41.8
	秋	晴（27）	82.9	188.8	295.7	23.6	30.5	28.8
		阴（51）	43.5	113.3	327.8	14.0	22.9	6.5
	冬	晴（47）	14.4	115.4	213.7	17.2	8.7	−11.5
		阴（36）	12.3	90.8	247.4	18.5	7.8	−14.0

续表

高度/m	季节	天气条件（天数/d）	R_n/(W/m²)	S_d/(W/m²)	L_d/(W/m²)	H/(W/m²)	LE/(W/m²)	G/(W/m²)
140	春	晴（41）	123.2	255.1	285.0	32.3	18.9	72.0
		阴（48）	90.5	188.6	325.3	32.6	22.9	35.0
	夏	晴（13）	196.3	306.5	389.9	34.1	48.9	113.3
		阴（68）	115.1	190.3	408.0	35.4	41.8	38.0
	秋	晴（24）	68.5	179.1	292.7	20.5	17.3	30.7
		阴（53）	43.6	117.6	332.0	17.7	17.1	8.8
	冬	晴（45）	13.0	116.2	216.7	7.9	6.5	−1.4
		阴（39）	6.9	87.2	246.4	14.3	6.1	−13.5
280	春	晴（42）	114.1	250.7	272.4	57.7	18.5	38.0
		阴（47）	87.2	190.2	310.8	34.7	15.7	36.7
	夏	晴（15）	191.3	301.7	385.0	29.9	45.7	115.8
		阴（68）	112.2	189.8	403.5	16.8	35.0	60.4
	秋	晴（27）	79.0	193.0	303.9	26.2	14.8	38.0
		阴（51）	48.2	125.4	339.4	11.2	17.9	19.1
	冬	晴（35）	12.7	125.6	212.6	18.3	8.0	−13.6
		阴（37）	12.2	99.9	244.2	15.8	4.2	−7.9

表 2-4 香河站 2011 年不同观测高度能量平衡项观测结果统计表

高度/m	季节	天气条件（天数/d）	S_d/(W/m²)	L_d/(W/m²)	H/(W/m²)	LE/(W/m²)
32	春	晴（70）	328.1	270.1	31.0	35.0
		阴（17）	202.9	325.6	19.1	35.3
	夏	晴（47）	344.0	378.1	17.6	73.6
		阴（39）	216.7	403.8	10.4	43.1
	秋	晴（40）	223.3	289.5	11.4	34.5
		阴（16）	104.8	324.0	4.0	13.2
	冬	晴（76）	169.0	200.0	9.8	5.7
		阴（13）	87.1	255.8	0.4	3.3
64	春	晴（70）	328.1	270.1	25.7	35.7
		阴（17）	202.9	325.6	12.3	36.6
	夏	晴（47）	344.0	378.1	13.3	66.2
		阴（39）	216.7	403.8	8.3	37.3
	秋	晴（40）	223.3	289.5	10.5	32.3
		阴（16）	104.8	324.0	3.2	11.8
	冬	晴（76）	169.0	200.0	9.9	5.0
		阴（13）	87.1	255.8	3.9	1.5

由北京站的统计结果（表 2-3）可知，各观测项目均具有明显的季节变化特征，一般均呈现夏季最高、冬季最低的特点；天气条件也对各观测项目有明显影响，一

般表现为晴天时量值较大,只有太阳长波入射辐射 L_d 表现相反,即阴天时量值较大。

从能量来源项目来看,太阳短波入射辐射 S_d 在年内变化范围略大于太阳长波入射辐射 L_d,天气条件对长短波的影响效果相反。这一相反的影响效果与长短波的物理传播机制有关,即太阳短波入射辐射会受大气的影响而减弱,而太阳长波入射辐射会因云层作用而增强(Peterson and Stoffel,1980)。

从能量耗散项目来看,春、冬季节湍流通量耗散项目中显热通量 H 大于潜热通量 LE,夏、秋季节潜热通量 LE 大于显热通量 H。热储值 G 应大于湍流通量(显热通量 H 和潜热通量 LE);特别是冬季热储值 G 为负值,反映出城市冬季人为热效应显著。值得注意的是,尽管北京站下垫面不透水比例很高,但仍能观测到显著的潜热通量 LE。这说明针对城市地区的水热通量模拟需要全面考虑潜热通量 LE 的模拟方案。

由表 2-4 可以看出,香河站各观测项目的整体统计特征与北京站类似,也具有明显的季节变化特征,并呈现夏季最高、冬季最低的特点;而且各观测项目也受到天气条件的明显影响,即除太阳长波入射辐射 L_d 外,各观测项目均在晴天时量值较大。从能量来源项目来看,香河站的统计结果也与北京站类似,即太阳短波入射辐射 S_d 在年内变化范围略大于太阳长波入射辐射 L_d,而天气条件对二者的影响效果相反。从能量耗散项目来看,香河站与北京站统计结果有明显不同:只有在冬季显热通量 H 大于潜热通量 LE,而春、夏和秋等季节均呈现潜热通量 LE 大于显热通量 H 的特点,特别是夏、秋季节潜热通量 LE 显著高于显热通量 H。

2.3.2 地表能量分量的城乡对比特征

根据 Miao 等(2012)研究的结论,北京站 140 m 观测位置处于常通量层,因此,将该高度结果用于城乡地表能量分量的对比。考虑香河站 64 m 高度相对于 32 m 高度,更接近于北京站所用的 140 m 高度,因此选择香河站 64 m 高度结果用于对比分析。城、乡两站用于对比分析的项目包括辐射来源项目(太阳短波入射辐射 S_d 和太阳长波入射辐射 L_d)和湍流通量耗散项目(显热通量 H 和潜热通量 LE)。进行对比分析前,这些数据需经过如下预处理:首先将 2011 年全年数据以月份划分,之后选取各月中每日相同时刻的数据进行平均。经过数据预处理后,得到城、乡两站的 4 个能量分量的月度日间平均变化过程。

图 2-3 分别展示了城、乡两站辐射来源项目(短波入射辐射 S_d 和长波入射辐射 L_d)的对比情况。从图 2-3(a)可以看出,城、乡两站太阳短波入射辐射的各月日间变化存在明显的年内变化特征,其中 3~9 月两站量值高于其他月份,并在 5 月达到年内高峰。香河站全年太阳短波入射辐射的日间最大值均高于北京站,其中 6~8 月两站结果差距明显大于其他月份。从图 2-3(b)可以看出,城、乡两站太阳长波入射辐射在年内均存在显著的变化,这一变化总体呈现"尖峰"形态,太

阳长波入射辐射的峰值在 7 月出现。北京站全年太阳长波入射辐射明显高于香河站，二者的差距幅值均值为 40.1 W/m²。根据 Oke（1982）研究得到的结论，城市地区地表接收到的太阳短波入射辐射一般比周边乡村地区要低 2%～10%，而接收到的太阳长波入射辐射要比周边地区高。这些差异与城镇化带来的大气污染密切相

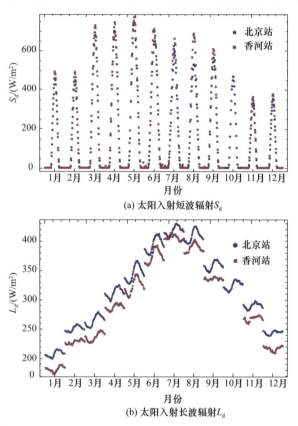

图 2-3 北京站及香河站能量来源项目对比图

关（Peterson and Stoffel，1980）。可见，图 2-3 所反映结果与之前的研究较为一致。

图 2-4 展示了城、乡两站湍流通量耗散项目（显热通量 H 和潜热通量 LE）的对比情况。从图 2-4（a）可以看出，城、乡两站显热通量的各月日间变化存在一定的年内变化特征，近似呈现"马鞍"形态：两个高峰值分别出现在 4 月、9 月（年内最大值出现在 4 月），而低谷值出现在 7 月。对比两站显热通量结果可以发现：①在 4～10 月，两站显热通量存在明显差异，北京站显热通量的日间最大值明显高于香河站（最大差值为 43.2 W/m²，出现在 7 月）；②在年内其他月份，两站的显热通量差异不明显。从图 2-4（b）可以看出，城、乡两站潜热通量在年内变化显著，总体呈现明显的"尖峰"形态（香河站峰值出现在 7 月，北京站峰值出现在 8 月），这与显热通量变化形态形成鲜明对比。比较两站潜热通量，可以发现：①在

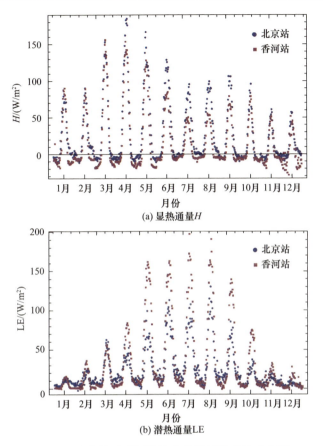

图 2-4 北京站及香河站湍流通量耗散项目对比图

4~10 月，两站潜热通量有明显差异，且香河站量值显著高于北京站（最大差值为 94.6 W/m²，出现在 7 月）；②在年内其他月份，两站潜热通量差异不明显。

由以上对比分析可知，城、乡两站的显热通量、潜热通量的年内变化呈现近似互补的形态，即显热通量 H 的"马鞍"形态的低谷月份与潜热通量 LE 的"尖峰"形态的峰值月份相对应，这一互补形态反映了显热通量与潜热通量在地表能量的湍流耗散中存在制约平衡的关系。通过 2.2 节对两站下垫面成分构成的分析可知，北京站反映的城市下垫面成分以不透水面为主，而香河站以农田为主。地表含水量对地表能量平衡有重要影响，农田由于土壤和植被的构造具有较强的蓄水性，且会因为农业灌溉活动保持适宜的含水量，而城市地区不透水面蓄水性弱，因此显热通量与潜热通量的蒸散发强度存在显著差异。蒸散发强度的差异进而带来显热通量与潜热通量在地表能量分配上的显著不同。

图 2-4 中值得引起注意的现象是，尽管北京站所代表的城市下垫面潜热通量小于香河站所代表的自然下垫面，但城市下垫面潜热通量的日间最大值仍可达约 100 W/m²，说明城市下垫面的潜热通量不可忽略。因此，针对城市地区的陆面过程模型，需要考虑对潜热通量的准确描述。

第3章 城市人为热时空分布特征

城市特有的人为热源排放，影响了地表热量传输过程及区域降雨特性，从而对热岛效应、雨岛效应、极端热浪、暴雨天气等区域水热过程产生影响。本章利用调查和模拟相结合的方法，分析了小区尺度与城市尺度的各能量来源人为热时空分布特征。

3.1 研究区域与人为热计算方法

3.1.1 小区尺度

本章选取位于北京市的清华园作为小区尺度的研究对象。清华园分为教学科研区、学生生活区和教职工住宅区3个主要部分，本节研究主要选择教学科研区和学生生活区作为分析人为热特征的区域，如图3-1所示。区域内建筑众多，人口密集，下垫面类型丰富，一些形态计量参数如表3-1所示[基于Burian等（2003）提供的3D建筑特征计算方法]。

清华园内没有工业排放热量，因此人为热的来源主要可划分为3类：人体新陈代谢人为热、交通人为热和建筑人为热，即

$$Q_F = Q_m + Q_t + Q_b \tag{3-1}$$

式中，Q_F 为总人为热；Q_m、Q_t、Q_b 分别为人体新陈代谢、交通、建筑产生的人为热。本节研究中，Q_m 与 Q_t 通过社会调查法计算，Q_b 通过建筑能耗模拟法计算。

1. 人体新陈代谢人为热

根据陈兵等（2011）的方法，人体新陈代谢产生的人为热计算公式如下：

$$Q_m = \frac{(P_1 t_1 + P_2 t_2) N}{ST} \tag{3-2}$$

式中，P_1、P_2 分别表示睡眠与非睡眠时期的人体新陈代谢率，根据Fanger（1970）和Guyton（1971）的研究，分别取为75 W与175 W；t_1、t_2 分别表示睡眠时期与非睡眠时期的时长，分别为8 h与16 h；N 为研究范围内的总人数；S 为研究范围的面积，m^2；T 表示一天的时长，取为24 h。由于缺乏精确到小时尺度的清华园人口密度的数据，本节研究中只估算 Q_m 的最大值场景，认为在这一场景下，清华园内达到最大人口数量 N。一般情况下，人体新陈代谢人为热数值很

第3章 城市人为热时空分布特征

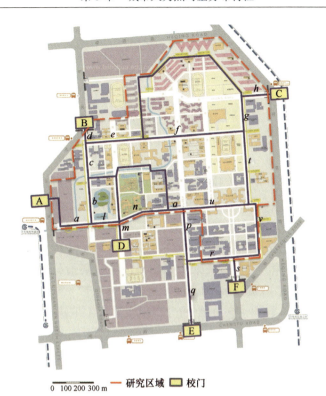

注：A~F 代表校园的 6 个校门；a~v（i, j, k 除外）代表合理场景下计算交通人为热空间分布的路段。

图 3-1 清华园研究区域及机动车路线图

表 3-1 清华园形态计量参数

参数	取值	参数	取值
建筑规划密度（a_p）	0.11	平均建筑屋顶宽度（r）/m	14.02
规划建成区面积比例（λ_p）	0.12	建筑面积占建成区面积比例（λ_B）	0.94
平均建筑高度（h）/m	12.06	位移高度（z_d）/m	6.03
建筑高度标准偏差（s_h）/m	6.27	粗糙长度（z_0）/m	1.21

小，几乎不会影响人为热各来源的分布比例，因此可以忽略不计。但本节研究的区域较小，尺度较为精细，因此考虑了人体新陈代谢部分。

2. 交通人为热

清华园内各校门进出车流量统计数据来自清华大学交通办公室。校园交通通行规律受季节影响不大，而主要受清华大学作息规律及路网分布与外界联系的空间影响，其年际变化也不是很大，因此本节研究采用 2012 年 3 月 21 日（星期三）与 2012 年 9 月 16 日（星期日）的统计数据分别作为计算一个典型的工作日和非工作日的交通人为热的依据。

第 i 条道路的小时交通人为热 Q_{ti} 的计算方法如下所示：

$$Q_{ti} = \frac{M_i G \times 10^3}{A_i \times 3600} \quad (3\text{-}3)$$

$$M_i = \frac{V_i L_i O_w \rho_0}{100} \quad (3\text{-}4)$$

$$A_i = L_i w_i \quad (3\text{-}5)$$

式中，G 为汽油燃烧排放的废热值，取为 45 kJ/g；M_i 为每小时的汽油燃烧量，g；A_i 为道路 i 的面积，m²；V_i 为道路 i 上的小时车流量；L_i 和 w_i 分别为道路 i 的长度与宽度，m；O_w 为乘用车燃料消耗量，据统计，清华园内通行车辆多为 M_1 类（设计总质量小于 3500 kg，设计车速在 50 km/h 以上，动力装置为点燃式发动机或压燃式发动机），参考《乘用车燃料消耗量限值》（GB 19578—2014），将 O_w 取为 10.9 L/(h·km)；ρ_0 为汽油密度，取为 0.72 g/mL。

从式（3-3）可以看到，Q_{ti} 的空间分布很大程度上取决于各道路上的车流量大小，然而本节研究获得的数据只是 A～F 校门口处的小时进出车流量。因此，采用了 3 种场景来分配车流量的空间分布，以此来估算交通人为热的最大值、最小值与合理值。3 种场景描述如下。

（1）最小值场景：假定通行于清华园的车辆都以最短距离 $L_{\min}$ 离开清华园，这意味着其出入的校门都是临近的校门；同时，假设进入校门的车辆数量 VI 与离开校门的车辆数量 VO 有最大限度的重合，而剩余部分（两者之差）的车辆都是停留在校园内的车辆。此场景对应的人为热最小值 $Q_{t\_\min}$ 的计算公式如下：

$$Q_{t\_\min} = \frac{\min(\text{VI} - \text{VO}) L_{\min} O_w \rho_0 Q}{360 \sum A_i} \quad (3\text{-}6)$$

（2）最大值场景：假定通行于清华园的车辆都以最长距离 $L_{\max}$ 离开清华园，并假设进出车辆完全不重合，因此小时车流量应为进出车辆之和，得到最大值人为热 $Q_{t\_\max}$ 的计算公式如下：

$$Q_{t\_\max} = \frac{(\text{VI} + \text{VO}) L_{\max} O_w \rho_0 G}{360 \sum A_i} \quad (3\text{-}7)$$

（3）合理值场景：假定车辆于清华园内通行时采取路线 L_{ik} 从 k 校门进入并从 i 校门离开清华园；路线 L_{ik} 的车流量与其路长倒数成正比，比例为 r_{ik}，表示路线越长，被选择的可能性就越少，即车流量越小。另外，与场景（2）相同，假设进出车辆完全不重合，得到合理值人为热 Q_{ti_mod} 的计算公式如下：

$$Q_{ti\_\text{mod}} = \sum_k^{ik} \frac{(\text{VI} + \text{VO})_{ik} L_{ik} O_w \rho_0 G}{360 \sum A_i} \quad (3\text{-}8)$$

$$(VI+VO)_{ik} = (VI+VO)r_{ik} \quad (3\text{-}9)$$

$$r_{ik} = \frac{1/L_{ik}}{\sum_{i}^{n-1}(1/L_{ik})} \quad (3\text{-}10)$$

$$Q_{t\_mod} = \frac{\sum Q_{ti\_mod} A_i}{\sum A_i} \quad (3\text{-}11)$$

式中，下标 i、k 分别表示离开与进入清华园的校门；r_{ik} 表示路线 L_{ik} 的车流量分配比例；Q_{ti_mod} 为路线 L_{ik} 上的交通人为热；Q_{t_mod} 表示该场景下的道路平均人为热。

3. 建筑人为热

建筑能耗模型种类与功能的不断完善为计算小区尺度下的建筑人为热提供了有力的工具。在本节研究中，选用了适合中国建筑类型与能耗模式的建筑环境系统分析模拟软件 DeST（参考 http://www.dest.tsinghua.edu.cn）进行模拟计算，该软件由清华大学建筑学院研发。

DeST 由三大功能模块（前处理、计算及后处理模块）与一个可视化图形用户界面构成，如图 3-2 所示。前处理模块旨在真实地模拟建筑环境的情况，包括 3 类输入参数：自然气象参数、用户居住行为及几何信息参数。自然气象参数包括 4 个模块。

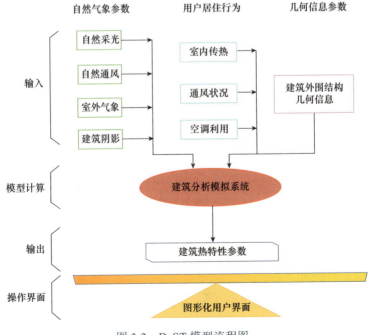

图 3-2 DeST 模型流程图

（1）自然采光计算模块。该模块通过房间窗户型号、特性、位置确定采光情况，再结合建筑阴影计算结果和典型气象年太阳辐射值计算房间实际的自然采光照度。

（2）自然通风模拟模块。若室内空气温湿度不在人体舒适度范围内，室内外热压、风压造成的通风将带来房间的空调采暖负荷。该模块通过定量计算通风，并将其结果作为计算输入，进而完善室内热环境的模拟。

（3）室外气象参数模块。空气温湿度、太阳辐射、地表温度、天空背景辐射温度、风速风向等都是影响建筑热过程的气象参数。DeST 通过对我国 270 个台站 1971～2003 年实测数据的研究，结合相关建筑节能设计标准中典型气象年选取方法，选出了具有代表性的典型气象年作为 DeST 进行全年建筑能耗模拟分析的基础数据。

（4）建筑阴影计算模块。该模块采用几何投影法来计算各种情况下各表面的阴影面积和形状。

用户居住行为即人类活动在建筑中产生的热过程，包括室内产生的热传递过程、室内外通风和空调使用产生的热量。几何参数信息通过图形化用户界面输入 DeST 中，这很大程度上决定了建筑的能耗大小。DeST 核心计算模块采用 Jiang 1981 年提出的状态空间法求解建筑动态热，通过分析建筑围护结构的动态热特性模拟建筑物全年的运行能耗状况。一般而言，建筑能耗模拟软件计算出来的都是以显热形式产生的热耗。

通过调查，清华园内的建筑按功能可划分为 4 种建筑类型：居住类建筑（如学生宿舍）、办公类建筑、教学类建筑及服务类建筑。如图 3-3 所示，居住类建筑面积占清华园建筑总量的 41%，办公类建筑占 39%，而其他两类建筑所占比例较小（教学类建筑占 13%，服务类建筑占 7%）。分别选择紫荆学生公寓 3 号楼、新水利馆、第四教学楼和桃李园食堂作为这 4 种类型建筑的典型代表，通过 DeST 计算其能耗分布。这 4 种典型建筑代表的几何结构信息数据来自清华大学档案馆工程图，用手动方法将其输入 DeST 的图形化用户界面中。所有模拟所需相关设置数据如表 3-2～表 3-4 及图 3-3 和图 3-4 所示。为研究不同天气条件下小区人为热对局地环境的影响程度，本节研究选取典型气象年晴朗无云天气下的 7 月 21 日与 1 月 17 日分别作为夏

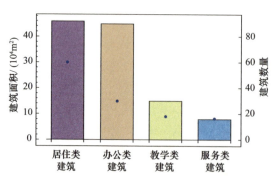

注：柱状图代表建筑面积，散点图代表建筑数量。
图 3-3　各建筑类型的建筑面积与数量分布图

季典型天和冬季典型天进行研究。

表 3-2 DeST 的计算输入参数

参数类别	计算模式	参数类别	计算模式
气象参数	典型气象年	空调设定温度 /℃	18~26
室内发热量	按不同房间类型给出动态变化数据	空调容忍温度 /℃	15~29
室内外通风模式	根据室内外热状况改变通风量	空调运行模式	间歇运行
供暖能效比	1.9	空调能效比	2.3
厨卫温度设定	无温度控制	—	—

表 3-3 典型代表建筑类型及相关参数设置

参数类别	典型代表建筑			
	居住类建筑	办公类建筑	教学类建筑	服务类建筑
建筑基底面积 /m²	1118	2298.61	1151.35	2971
建筑楼层数量 / 层	6	4	4	4
总建筑面积 /m²	7128	9194.44	4605.4	11884
墙壁材料	混凝土墙 聚苯板保温	混凝土墙 聚苯板保温	混凝土墙 聚苯板保温	混凝土墙 聚苯板保温
墙壁传热系数 /[W/(m²·K)]	0.407	0.455	0.564	0.455
屋顶材料	加气混凝土	加气混凝土	加气混凝土	加气混凝土
屋顶传热系数 /[W/(m²·K)]	0.384	0.35	0.379	0.35
楼板材料	钢筋混凝土	钢筋混凝土	钢筋混凝土	钢筋混凝土
楼板传热系数 /[W/(m²·K)]	3.055	3.055	3.055	3.055
窗户材料	玻璃窗	玻璃窗	玻璃窗	玻璃窗
窗户传热系数 /[W/(m²·K)]	2.5	2.5	2.5	2.5

表 3-4 建筑内各类房间人员作息设置

建筑类型	房间类型	人员密度 /（人/m²）	照明热耗 /（W/m²）	设备热耗 /（W/m²）	最小通风量/（m³/人）
居住类建筑	卧室	0.18	20	12.7	30
	起居室	0.13	10	12.7	20
	洗手间	0.1	18	13	30
	楼梯间	0.02	5	0	20
办公类建筑	教室	0.89	11	10	17
	办公室	0.1	18	13	30
	洗手间	0.1	18	13	30
	楼梯间	2	5	0	20

续表

建筑类型	房间类型	人员密度/(人/m²)	照明热耗/(W/m²)	设备热耗/(W/m²)	最小通风量/(m³/人)
教学类建筑	教室	0.8	11	10	17
	公共休息厅	0.05	5	0	20
	洗手间	0.1	18	13	30
	楼梯间	0.02	5	0	20
服务类建筑	工作间	0.1	18	13	30
	餐厅	0.77	13	0	20
	洗手间	0.1	18	13	30
	楼梯间	0.02	5	0	20

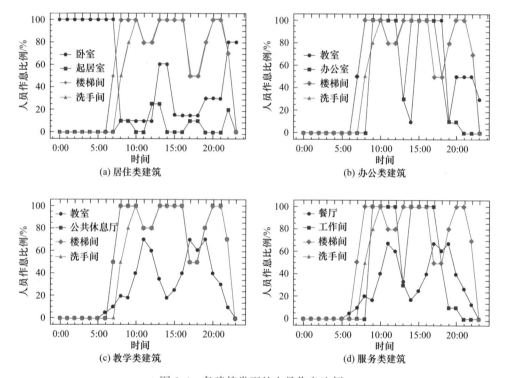

图 3-4 各建筑类型的人员作息比例

3.1.2 城市尺度

本节选取北京作为城市尺度的研究对象，基于实时交通信息估算交通人为热，基于人类居住指数（human settlement index，HSI）与城市冠层模型（urban canopy model，UCM）估算建筑人为热。

1. 交通人为热

与小区尺度的研究不同，城市尺度下交通路网更为复杂，点数据通常难以获取。因此，虽然计算交通人为热仍然是基于计算车辆耗油产生的废热，但参考点不再是基于某条道路的车流量，而是基于单元网格中某速度下对应的交通人为热，Q_t 计算公式如下：

$$Q_t = \frac{ukO_w\rho_0 G}{360 \times dn} \quad (3-12)$$

式中，u 为道路上车辆的平均速度，km/h；k 为道路车流密度，辆/km；O_w 为乘用车燃料消耗量，取为 10.9 L/(h·km)；ρ_0 为汽油密度，取为 0.72 g/mL；G 为汽油燃烧排放的废热值，取为 45 kJ/g；d 为车道宽度，取为 3.75 m；n 为车道数量，按北京四环路标准，取为 4。

式（3-12）中车辆的平均速度 u 和道路车流密度 k 具有一定的相关性。选用 Underwood（1961）提出的速度-密度关系指数模型，根据孙煦等（2012）对北京市快速路速度-流量-密度关系的研究，即通过对 2007 年 7 月快速路实测交通资料的计算分析，可得到适用于北京市城市快速路的速度-密度关系如下：

$$u = 74e^{\frac{-k}{227}} \quad (3-13)$$

根据北京市交通委员会给出的不同拥堵等级对应的平均车速，将畅通、缓行、拥堵状况下对应的平均车速分别取为

$$u_{\_smooth} = 60 \text{ km/h} \quad (3-14)$$
$$u_{\_slow} = 30 \text{ km/h} \quad (3-15)$$
$$u_{\_congestion} = 10 \text{ km/h} \quad (3-16)$$

计算得到相应的交通人为热为

$$Q_{t\_smooth} = 188.35 \text{ W/m}^2 \quad (3-17)$$
$$Q_{t\_slow} = 402.21 \text{ W/m}^2 \quad (3-18)$$
$$Q_{t\_congestion} = 296.92 \text{ W/m}^2 \quad (3-19)$$

设目标分辨率下，网格 i 的像元总数为 N_i，将统计出的该网格下的不同拥堵级别的像元数量标记为 N_{i_smooth}、N_{i_slow}、$N_{i\_congestion}$，可以得到单位网格 i 下交通人为热 Q_{ti} 为

$$Q_{ti} = \frac{Q_{t\_smooth} N_{i\_smooth} + Q_{t\_slow} N_{i\_slow} + Q_{t\_congestion} N_{i\_congestion}}{N_i} \quad (3-20)$$

本节研究在空间尺度上分别尝试 1 km 网格分辨率与 250 m 网格分辨率。选用 1 km 分辨率，主要是考虑可以将人为热的计算结果用作城市尺度气象数值模式的输入条件。结果发现，人为热的最大值不超过 4 W/m²，因此在气象数值模式中可以不考虑交通人为热的影响。在 3.3.1 节中将具体分析选用 250 m 分辨率的交通人为热时空分布特征。

2. 建筑人为热

城市尺度建筑人为热的计算主要通过中尺度气象模型（weather research and forecasting model，WRF）中的建筑能耗模型（building energy model，BEM）来实现。模型中的核心变量为土地利用类型，本节研究中采用 2013 年基于人类居住指数 HSI 定义的下垫面数据作为土地利用类型的输入，2013 年北京区域下垫面分布图如图 3-5 所示。其中，城市区域的土地利用类型有 3 种，分别为低密度居住区（low-intensity residential，LIR）、高密度居住区（high-intensity residential，HIR）及工商业和运输业区（commercial/industrial/transportation，CIT）。

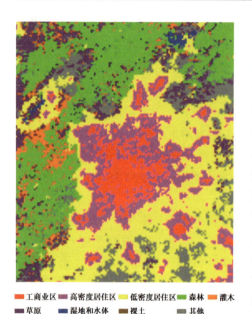

图 3-5　2013 年北京区域下垫面分布图

BEM 计算输出的建筑人为热相关变量主要分为 3 类：由空调系统产生的显热通量与潜热通量、由通风系统产生的显热通量与潜热通量及由用电设备产生的显热耗散，其在 WRF 中的变量名称分别为 SF_AC_URB3D、LF_AC_URB3D、SFVENT_URB3D、LFVENT_URB3D 和 CM_AC_URB3D。

结合北京市历史天气数据、清华大学气象站实测数据，本章研究选择 2014 年 7 月 26 日作为夏季典型天对北京市建筑人为热进行计算。典型天的特征为高温、晴朗无云、微风天气，最低气温 22 ℃，最高气温 35 ℃。

3.2　城市小区尺度下人为热时空分布特征

3.2.1　交通人为热的时间分布特征

工作日与非工作日典型天的交通人为热 Q_t 的日内分布特征如图 3-6 所示。可以看到，3 种车流量分配场景下的 Q_t 都具有双峰特征，即早晨的早高峰与傍晚的晚高峰，这说明 Q_t 与研究区域人群的工作学习日程安排密切相关。交通人为热的双峰分布特征在 Sailor 和 Lu（2004）、Hallenbeck 等（1997）对美国城市的研究中也被提出过。

工作日的最小值场景下，Q_t 范围为 0.3~13.5 W/m²；最大值场景下，Q_t 范围为 6.3~339.5 W/m²；对于合理值场景，Q_t 早高峰出现在本地时间 7:00，为

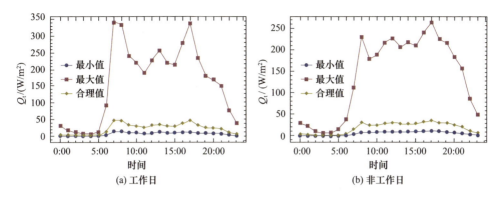

图 3-6 工作日与非工作日典型天的交通人为热 Q_t 的日内分布特征

48.0 W/m², 晚高峰出现在 17:00, 为 46.6 W/m², 其日内分布在最大值与最小值之间, 是最有可能与实际情况相符合的场景, 因此, 后续研究中将这一场景下的交通人为热分布纳入总人为热计算之中。非工作日最小值、最大值及合理值场景下 Q_t 的范围分别为 0.3~12.1 W/m²、6.9~254.7 W/m² 和 1.0~34.9 W/m²; 双峰的特征弱于工作日, 更趋近于在 8:00~18:00 的一个不稳定单峰, 其出现峰值的时间有所延迟, 进一步体现出工作日与非工作日之间的作息区别。另外, 非工作日各场景下日内 Q_t 值及峰值略低于工作日, 而夜间最小值与工作日几乎相同。

局部区域研究受区域类型的影响较大, 若扩展到城市尺度, 由于人群类别更加复杂, 出行情况更加多样, 交通工具及路网更为发达, 势必与局部区域的时空分布有所差别。但就已有的相关研究成果来看, 双峰的特征是具有共性的。

3.2.2 建筑人为热的时间分布特征

由 DeST 计算得到 4 种典型代表建筑在冬夏典型天的日内分布特征 (图 3-7)。在量级上, 居住类建筑产生的人为热 Q_{br} 比其他 3 种工作型建筑 (指办公类建筑、教学类建筑和服务类建筑) 产生的人为热 Q_{bo} (办公类建筑人为热)、Q_{bt} (教学类建筑人为热)、Q_{bs} (服务类建筑人为热) 小很多; 其夏季峰值产生于 23:00, 为 43.0 W/m², 冬季峰值产生于 7:00, 为 23.3 W/m²; 不同建筑类型能耗量级的差距说明即使在同样的外部环境条件下, 建筑人为热也会表现出较大的量级差距, 而这很大程度上取决于建筑的能耗模式及建筑内部人员的作息行为。

从分布特征上可以看到, 4 种建筑人为热都有夏季晚峰与冬季早峰的现象, 而冬季还存在一个仅次于早峰的数值较小的晚峰。3 种工作型建筑的夏季峰值范围为 58.0~98.9 W/m², 冬季峰值范围为 66.6~87.8 W/m²。通过比较太阳辐射与人为热的量级可以发现, 夏季太阳辐射值高, 对建筑的加热作用在

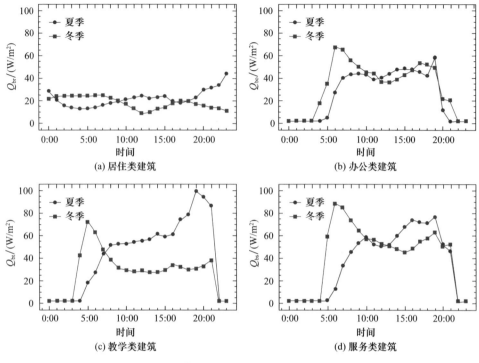

图 3-7 建筑人为热 Q_b 的日内分布特征

傍晚时分表现得最明显,因此为达到相同的制冷温度,建筑中加热通风和空调(heating, ventilation, air conditioning, HVAC)设备能耗也在晚间达到最大。HVAC 设备是建筑中的主要耗能部分,因此夏季通常具有晚峰效应。在冬季典型天,太阳辐射与人为热量级几乎相当,二者之间相互影响较为明显。凌晨是太阳辐射值最低的时候,且建筑因太阳辐射获得的储热也几乎消耗完了,再加上早间的作息,因此冬季会出现显著的早峰现象。傍晚虽然太阳辐射值降低,但建筑储热达到最大,补偿了一部分采暖需求,因此虽有晚峰,但数值略低于早峰。

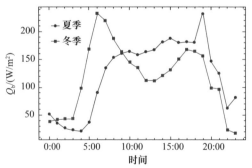

图 3-8 清华园总建筑人为热 Q_b 日内分布特征

将 4 种代表型建筑人为热分布与清华园建筑类型信息统计数据相结合,估算得到清华园总建筑人为热 Q_b 日内分布特征如图 3-8 所示。虽然总建筑人为热 Q_b 的冬夏峰值几乎相当(夏季峰值 230.4 W/m²,冬季峰值 232.1 W/m²),但其峰值发生的时间截然相反,这说明建筑人为热的时间分布特征与外部气候环境关系密切。

于是，本节研究进一步分析了建筑人为热的季节分布特征，结果如图3-9所示。季节分布上，Q_{br}各月份的量级均低于Q_{bo}、Q_{bt}和Q_{bs}。4种建筑的人为热峰值发生在夏季的7月和8月与冬季的12月和1月，而春、秋两季人为热特别是4月、10月建筑能耗非常低。另外，图3-9也给出了人为热Q_b的季节分布图。对于居住类建筑，白天（本地时间6:00~18:00）人为热通量普遍低于夜晚（本地时间18:00~次日6:00），昼夜最大月平均值都发生在1月，而对于办公类建筑则恰恰相反。这里需要说明的是，不同的研究方法与建筑内能耗设置会估算出不同的能耗。依据文献调研，采取社会调查法得到的建筑能耗数据，冬季耗能一般大于夏季，因为对于大部分纬度偏高的城市，冬季供暖并非采用HVAC设备而是暖气，其能耗效率远低于空调采暖，并伴随着潜热的产生，因此冬季能耗较高。而本节研究使用的建筑能耗模型冬夏能耗计算都采用HVAC系统，未考虑北京市实际供暖形式，也未考虑潜热部分的人为热，因此在日内分布上冬夏差别不大，季节分布上，对大型办公类建筑，其夏季月均值也略高于冬季月均值。

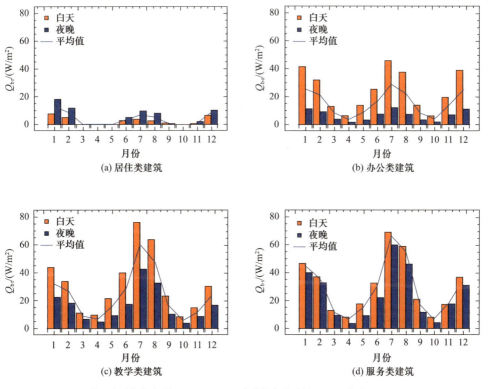

注：白天指本地时间6:00~18:00，夜晚指本地时间18:00~次日6:00
图3-9 清华园建筑人为热Q_b的季节分布图

3.2.3 总的人为热的时间分布特征

将各热量来源人为热日内分布统一起来,得到总的人为热 Q_F 分布(图 3-10)。建筑人为热在总的人为热中所占的比例根据不同的规划面积分数 λ_B(建筑面积占建成区面积比例)采用两种计算场景:①清华园场景,调查清华园实际的建筑面积与建设面积,将 λ_B 设为 0.94;②理想场景,根据数值气象模型中的常用设置,将 λ_B 设为 0.5。

在清华园的场景下,由于园内建筑位置分散且建筑楼层较少,建筑面积较大;道路较为狭窄,主要用于通行自行车,机动车道路较少,因此建筑人为热 Q_b 占据了 Q_F 的主要部分,Q_F 的日内分布特征也由 Q_b 主导。考虑一般情况下大型城市中规划面积分数的设定,建筑面积几乎与道路面积相当,即理想场景的设定,如图 3-10(c)和图 3-10(d)所示,虽然 Q_b 仍然占有最大比例,约为 83.3%,但 Q_t 的比例达 15.5%,成为不可忽略的一部分,而 Q_m 所占比例最小,约为 1.2%。在两种场景之下,Q_m 所占比例都非常小,因此在数据缺失或是难以获得的地区,可以忽略 Q_m。在理想场景下,Q_F 的夏季峰值为 257.3 W/m²,发生于 19:00;冬季峰值为 268.1 W/m²,发生于 7:00。

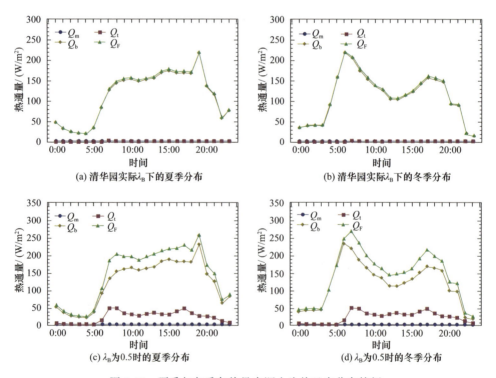

图 3-10 夏季与冬季各热量来源人为热日内分布特征

3.2.4 总的人为热的空间分布特征

工作日与非工作日各路段交通人为热 Q_t 的空间分布图（合理值场景）如图 3-11 所示，最小值出现在 e 和 f 路段，仅有 9.8 W/m²，最大值出现在 s 路段，达 90.4 W/m²，约为最小值的 10 倍。交通人为热的空间分布特征主要由两方面因素控制：一方面是清华园内的车辆限行政策，在使用数据时间内，东南部的 E、F 门对外来车辆限行管理不严，因此东南部 Q_t 值普遍较大；另一方面清华园外侧区域商圈与路网发达程度也影响 Q_t 的分布，由于校外东南侧拥有大型科技园区和集公交、地铁、铁路等于一体的交通枢纽，车辆通行这一区域比清华园西侧、北侧更为频繁。

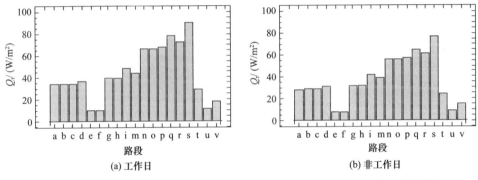

图 3-11　工作日与非工作日各路段交通人为热 Q_t 的空间分布图（合理值场景）

根据建筑统计数据、合理值场景下交通人为热空间分布及人体新陈代谢人为热均值，结合清华园数字地图，应用 ArcGIS 绘制出总的人为热 Q_F 的空间分布，如图 3-12 所示。其中标注有热点的五角星区域表示小时 Q_F 高于 200 W/m²。从热点分布情况来看，高人为热多为高层办公类建筑与教学类建筑所在区域。其中 Q_F 最大值（图中 M 处）出现在第六教学楼 B 区，达 442 W/m²。Q_F 在清华园建设面积上与整个面积上的均值分别为 118.2 W/m² 和 36.5 W/m²。需要说明的是，由于清华园内建筑分散且几乎均为低层建筑，计算所得的 Q_F 相对较小，在城市区域特别是高密度建筑区、商业区，Q_F 可能比清华园高数倍甚至数十倍。

3.2.5 人为热与太阳辐射的比较

为评估人为热在地表能量平衡中的重要性，将理想场景下的 Q_F 与对应典型天的太阳短波入射辐射 S_d 进行比较，如图 3-13 所示。Q_F 在夏季和冬季典型天的平均值分别为 122.2 W/m² 和 119.0 W/m²，而 S_d 在夏季和冬季典型天的平均值分别为 282.4 W/m² 和 129.9 W/m²。对比可以看出，Q_F 与 S_d 量级相当，说明 Q_F 在类似的冬、夏典型天中可能对城市气象环境起显著的影响作用。此外，研究还发

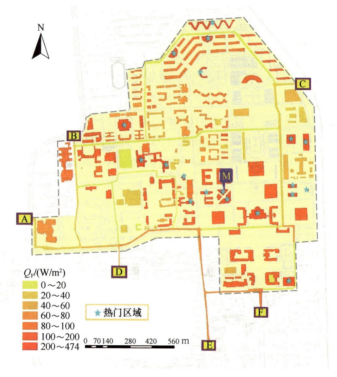

图 3-12　清华园小时峰值人为热 Q_F 空间分布图

现,夏季典型天[图 3-13(a)]的 Q_F 峰值与 S_d 峰值相比滞后了 9 h,这说明人为热强度在太阳辐射强度降低之后仍然持续使整个建设区域热度上升,使人为热峰值产生于傍晚。而在冬季典型天[图 3-13(b)],Q_F 的早晚双峰特征正好与 S_d 日内分布特征相反,说明其相互影响的强度较大。类似的结论也出现在 Quah 和 Roth(2012)对新加坡的人为热研究中,他们发现商业区 Q_F 日均值可以达净辐

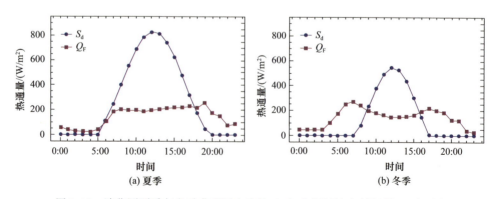

图 3-13　清华园夏季与冬季典型天人为热 Q_F 与太阳短波入射辐射 S_d 对比图

射总量的 87%。此外，Hamilton 等（2009）对伦敦地区的研究中，也发现特定地区 Q_F 在夏季典型天可达净短波辐射的 36%，而冬季可达 2480%。

3.3 城市尺度下人为热时空分布特征

3.3.1 基于实时交通信息的交通人为热

本节研究分析了北京交通缓行与拥堵比例的日内分布情况，将缓行与拥堵所占比例总和作为识别北京交通时间分布特征的参考指标之一，结果如图 3-14 所示。从形态分布上，周一至周五都有明显的双峰特征，这与小区尺度下清华园的交通日内特征相一致；早峰均发生在 8:00，而晚峰则发生在 17:00 和 18:00 不等。周六与周日双峰现象减弱且峰值向中心移动，有晚出早归的特征，且两峰之间比例值差距不大，更似为较缓和的单峰曲线。就峰值大小来看，除周一早峰高于晚峰外，其他时间都是晚峰高于早峰。工作日周三的拥堵程度最高，而非工作日周六的拥堵程度最高。由此可知，北京市出行特征早晨较为稳定，而晚间较为灵活。

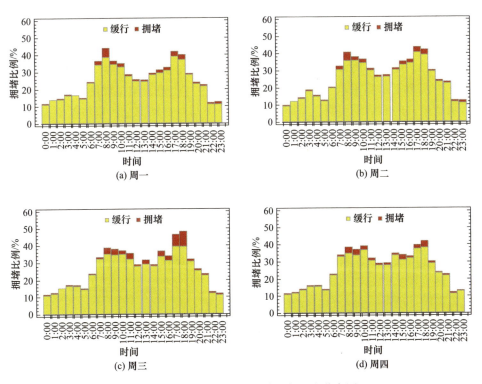

图 3-14 典型周内缓行与拥堵比例日内分布图

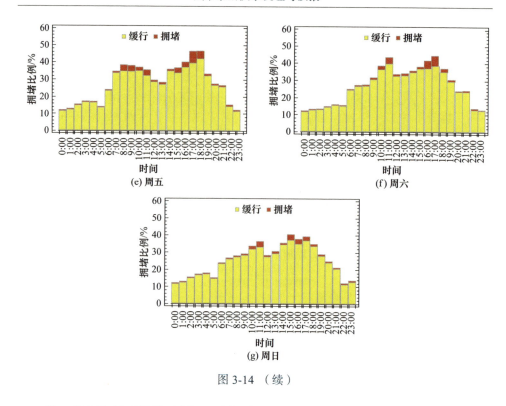

图 3-14 （续）

进一步选取每日早峰（周一至周五的 8:00 及周六、周日 11:00）与晚峰（周一、周二、周五、周六的 17:00，周三、周四的 18:00 与周日的 15:00）的 250 m 网格分辨率下道路平均人为热空间分布情况进行比较，结果如图 3-15 和图 3-16 所示。单日内的结果表明，道路上人为热量级与非道路部分的量级差别很大，反映出交通人为热具有高度空间异质性，其道路人为热的扩散范围也较小。多日的结果对比表明，道路上每天的拥堵发生区域也有较大差别。总体上讲，二环、三环及环内主路的东西向道路在早晚高峰期都较为拥堵，如平安里大街、左安门内大街等；但不同日期拥堵分布比例不同，如周一早峰时主要是左安门内大街与平安里大街拥堵较严重，而周二早峰时则是建国门内大街与左安门内大街较为拥堵。同一日里早晚峰空间分布则较为一致。工作日与非工作日相比，非工作日二环、三环内拥堵现象有所减轻，而三环之外的拥堵情况与工作日几乎没有差别。产生这个现象的原因可能是交通人为热的日空间分布会受车辆限行政策的影响，在非工作日还可能受人们出行方式的影响。

本节研究计算了周一至周日网格最大 Q_t、网格平均 Q_t，以及道路平均 Q_t 日内分布情况，如图 3-17 所示。总体上看，人为热的日内分布与缓行拥堵比例日内分布趋势一致。一周内 Q_t 的网格最大值分布范围为 241.33～305.68 W/m², Q_t 的网格平均值范围为 14.62～22.33 W/m²；而 Q_t 的道路平均值范围为 209.01～

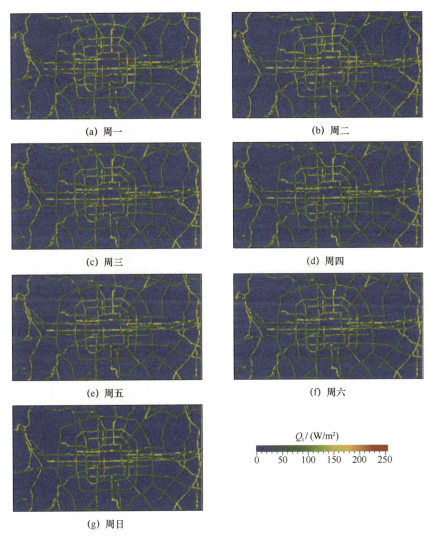

图 3-15 典型周内日早峰时刻交通人为热 Q_t 空间分布图

283.41 W/m²。网格平均下的最大值与道路平均下的均值在同一量级,说明如果研究范围缩小到城市中心区或是道路密集区,交通人为热的局部影响是非常显著的。在这一空间尺度下,网格面积平均人为热量级已经较为显著,对比气象数值模型中城市冠层模型(UCM)对于单位网格人为热的设定(50～90 W/m²),充分说明了应该将交通人为热纳入考虑。但在网格分辨率为 1 km 的气象数值模型中,交通人为热网格平均值最大值不超过 4 W/m²,对城市气候的影响不大,可以忽略。需要指出的是,由于本节研究所选取的路网级别较高,均为二级以上城市道路,未考虑更低级别路网交通排热情况,也忽略了其他交通工具产生的热量消耗,实际的交通人为热可能

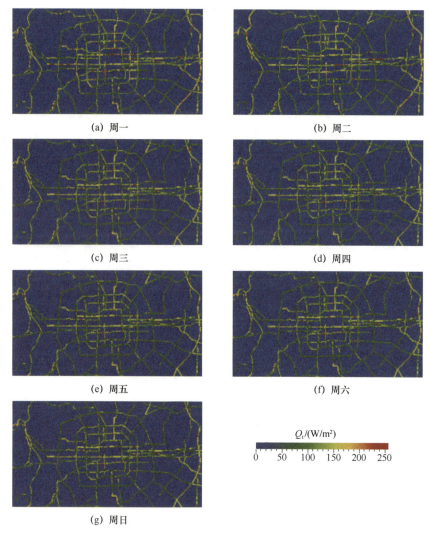

图 3-16 典型周内日晚峰时刻交通人为热 Q_t 空间分布图

比本节研究给出的量级更高。

对上述结果进一步统计分析,将周一至周五划为工作日,周六、周日划为非工作日,由此计算得到工作日与非工作日的缓行拥堵比例、网格与道路平均 Q_t,分别如图 3-18 和图 3-19 所示。工作日缓行拥堵比例峰值发生在 8:00 与 18:00,晚峰高于早峰,其比例约为 43.7%,而最低值发生在夜间,比例约为 11.1%。非工作日缓行拥堵比例峰值发生在 11:00 与 17:00,最大比例达 41.5%,且这一时段内其缓行拥堵比例均高于工作日比例,但其峰值均低于工作日峰值。这进一步表现出工作日峰值明显的特征,而非工作日的拥堵程度较低,拥堵时段相对比较集中。工作日 Q_t 的网格平均值范围为 17.36~21.90 W/m²,非工作日范围为 17.40~

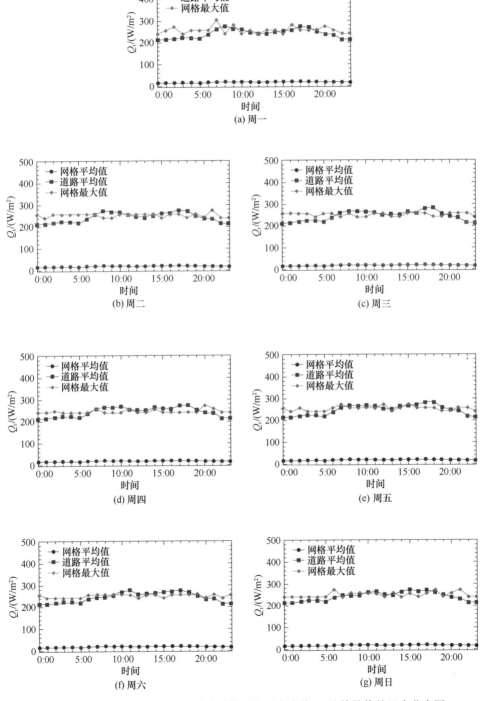

图 3-17 典型周内网格平均、道路平均下交通人为热 Q_t 及其最值的日内分布图

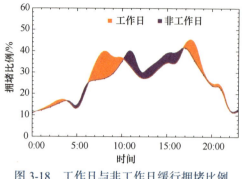

图 3-18 工作日与非工作日缓行拥堵比例日内分布图

21.67 W/m²；工作日 Q_t 的道路平均值范围为 211.96~277.48 W/m²，非工作日范围为 212.75~273.67 W/m²；道路平均值与网格平均值都表现为非工作日最小值高于工作日最小值，而最大值低于工作日最大值。在日内分布特征上，网格平均下部分时段非工作日的人为热值高于工作日，这与道路平均下恰好相反（如凌晨 2:00~4:00）。这说明这些时段非工作日的缓行拥堵比例较小但分布较广，因此分配到网格上数值较大，但分配到道路上数值便较小了。工作日这些时段分布恰好相反，道路缓行拥堵比例较高，但分布较为集中，因此在网格平均上偏低，但道路平均偏高。这也反映出工作日峰值聚而高、非工作日缓而低的特征。

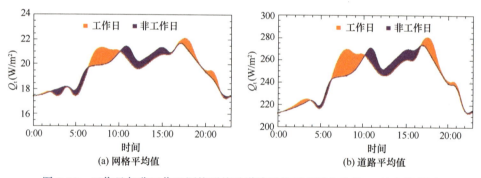

图 3-19 工作日与非工作日网格平均及道路平均下交通人为热 Q_t 日内分布图

虽然这一方法具有较强的普适性与可操作性，但是仍然存在一些局限性。首先，由于拥堵级别只有 3 类，设置的平均车速也只有 3 种，但实际上平均车速复杂多样，因此这一简化可能会对估算造成一定的干扰；若能够获得数据服务商更为详细的路况数据（如北京市交通委员会用交通指数来定义拥堵级别，划分为 10 类），将会增加计算的可靠性。其次，车辆油耗产生的废热 G 与燃油种类、燃油效率、车辆运行状况等许多因素有关，因此设为定值可能过度简化了计算过程。再次，乘用车燃料消耗量 O_w 在本章计算中采用的是若干年前各类乘用车燃料消耗量排放标准的均值，考虑道路上还有非乘用车、摩托车等其他车辆类型未纳入计算，因此假定的 O_w 值比实际值高。

基于以上因子带来的不确定性，本节研究对平均车速 u、汽油燃烧排放的废

热值 G 及乘用车燃料消耗量 O_w 这 3 类因子对计算结果的影响进行了敏感性分析，其中 u 和 G 分别考虑设置 ±10% 的变幅，而 O_w 则分别设置了 37% 与 54% 的降幅，以检验达标排放情景下交通能耗的变化。

进一步计算了敏感因子变化下，网格平均和道路平均下的工作日（周一至周五均值）与非工作日（周六、周日均值）的 Q_t 均值与最值，结果如表 3-5 所示。将原始计算结果作为参考值，各变化下的结果通过不同颜色背景表示变化的幅度。平均速度 ±10% 的变幅带来的 Q_t 变化非线性相关，对日均值和最小值影响均高于 20%，而对最大值的影响相对较小；u 增加 10% 使 Q_t 减小，说明车辆快速稳定行驶时有利于节省能耗；而 u 降低 10% 会使 Q_t 增加，说明拥堵虽然车速降低，但由于密度显著增加，且车速变化耗油比平稳行驶多，热耗更为明显。G 与 O_w 对 Q_t 的影响都与其自身变化线性相关。可以看出，若 O_w 排放降低为 2015 年标准，Q_t 将减少 37%，工作日与非工作日日均值降低为 154 W/m² 左右。因此改进车辆油耗设备、提高排放标准是降低车辆热耗的有效手段，且能降低其有害气体与粒子的排放。

表 3-5 交通人为热 Q_t 的敏感性分析

	类别		缺省值	u(+10%)	u(-10%)	G(+10%)	G(-10%)	O_w(-37%)	O_w(-54%)
网格平均	工作日	日均值	19.53	14.90	23.44	21.47	17.57	12.36	8.95
		最大值	21.90	18.33	24.86	24.10	19.71	13.86	10.05
		最小值	17.36	11.75	21.73	19.10	15.63	11.00	7.95
	非工作日	日均值	19.52	14.83	23.47	21.46	17.57	12.36	8.94
		最大值	21.67	17.95	24.75	23.83	19.50	13.71	9.93
		最小值	17.40	11.82	22.10	19.14	15.67	11.02	7.97
道路平均	工作日	日均值	243.94	186.33	292.78	268.36	219.56	154.43	111.90
		最大值	277.48	232.09	315.06	305.23	249.73	175.65	127.29
		最小值	211.95	143.46	270.82	233.15	190.77	134.17	97.22
	非工作日	日均值	242.97	184.88	292.22	267.29	218.69	153.80	111.45
		最大值	273.67	226.82	312.58	301.04	246.30	173.25	125.55
		最小值	212.75	144.50	271.40	234.03	191.47	134.67	97.60

注：■ 参考值；■ 降幅≥20%；■ 增幅≥20%；■ 降幅<20%；■ 增幅<20%。

3.3.2 基于人类居住指数与城市冠层模型的建筑人为热

本节研究并分析了建筑人为热中各分量的占比，进而确定了建筑人为热的主要成分。城市地区空调显热产生的人为热在建筑人为热中占比最大，达 81.9%，在低密度居住区、高密度居住区和工商业区下垫面分别为 80.52%、80.17% 和 79.66%。可以看到，建筑人为热的耗散主要以空调耗散为主，其次为其他用电设备产生的能耗。

建筑人为热与空调显热在各类城市下垫面的日内分布特征如图 3-20 所示。在量级分布上，工商业区的建筑人为热耗散最大，其峰值达 222.98 W/m²，高密度居住区峰值为 103.54 W/m²，低密度居住区峰值为 34.11 W/m²；在整个城市区域上，由于低密度居住区面积占整个城市面积的 60.97%，在城市区域平均水平，人为热峰值仅为 76.13 W/m²。在峰值产生的时间方面，工商业区的峰值出现最早，为 16:00，高密度居住区与低密度居住区峰值出现时刻分别延迟 1 h，3 类下垫面的降温过程都较为平缓。这是由于城市中建筑高度越高、密度越大的区域，下垫面不透水率越高，风的环流越弱；不透水下垫面的导热能力强，使建筑在白天被辐射增温过程迅速，对太阳辐射变化的敏感程度更高，使峰值仅在辐射峰值后 3 h 时刻出现；而建筑高密地区风的环流较弱，使建筑区域与外部区域湍流交换较小，降温过程缓慢。

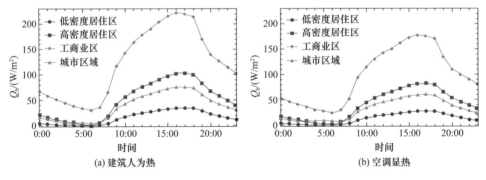

图 3-20 各类城市下垫面建筑人为热 Q_b 的日内分布特征

在日均值的分布上，工商业区为 123.29 W/m²，高密度居住区和低密度居住区分别为 50.29 W/m² 和 15.4 W/m²，占工商业区的 40.79% 和 12.49%，城市区域均值为 38.33 W/m²。各类城市下垫面的空调显热日内分布与总人为热日内分布趋势一致，在此不再赘述。

为研究各类下垫面内的空间分布差异，给出总人为热的箱型图，如图 3-21 所示。可以发现，图 3-21（a）～（c）所示 3 类下垫面总人为热分布较为均匀，然而整个城市区域 [图 3-21（d）] 呈现出明显的偏态分布，这从侧面反映出城市

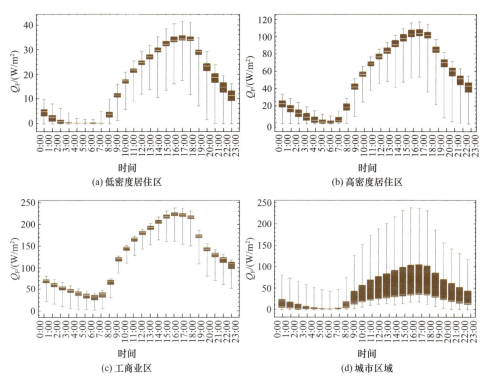

图 3-21 低密度居住区、高密度居住区、工商业区、城市区域总人为热箱型图

下垫面的差异性很明显，在未来单独用一种类型代表城市下垫面可能会忽视某些重要的城市内部陆气水热耦合过程。

建筑人为热的显热耗散与潜热耗散日内分布如图 3-22 所示。显热耗散的日内分布规律与总人为热日内分布规律一致，城市区域日平均显热通量为 38.28 W/m²，日平均潜热通量仅为 0.32 W/m²，几乎可以忽略。在分布趋势上，显热通量的高峰值与低峰值分布正好与潜热通量分布相反。相比起显热通量峰值出现在傍晚，潜热通量的峰值出现在夜间与早晨，这主要是受室内外空气湿度的影响。

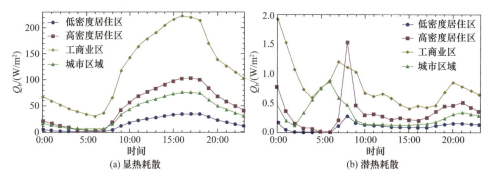

图 3-22 建筑人为热 Q_b 的显热耗散和潜热耗散的日内分布特征

同样，为评估城市建筑人为热在地表能量平衡中的表现，本节研究将3类下垫面及总的城市区域下建筑人为热日内分布与其对应典型天的太阳短波入射辐射 S_d 进行对比，如图3-23所示。典型天太阳短波入射辐射 S_d 均值为331.94 W/m²，对比发现，除了工商业区人为热占太阳短波入射辐射均值的37.14%之外，高、低密度居住区所占比例均低于20%，分别为15.15%与4.64%。在BEM的设置中，区分城市下垫面人为热的主要参数就是建筑的高度及密度，由此可见，在城市尺度下，高密度建筑区人为热是很大的。需要说明的是，由于BEM中对于城市建筑分布的设置与实际情况不一定符合，由HSI划分下垫面类型的分布与实际下垫面分布也有差异，但鉴于人为热源的分布不规律及统计较难，也难以进行实测验证对比，因此，此处分析更侧重于定性分析并评估场景差异对于人为热大小及其重要性的影响。

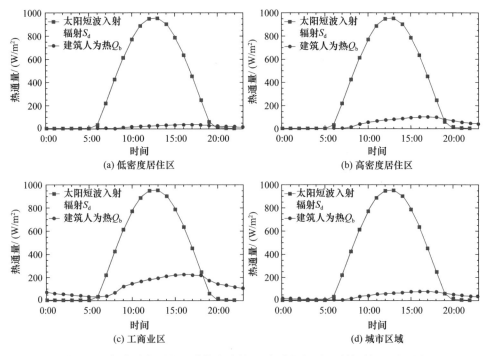

图3-23 各类城市下垫面建筑人为热 Q_b 与太阳短波入射辐射 S_d 对比图

在空间分布上，选取曾出现人为热峰值的16:00、17:00和18:00进行分析，结果如图3-24所示。总体来说，人为热的分布与城市下垫面类型分布几乎一致，北京市中心及各区中心人为热值较高，由各个中心向外呈辐射状降低。同一下垫面虽然建筑结构与类型分布一致，但由于不同地理位置的气象条件有所差异，人为热分布也呈现出差异，但在量级上没有太大改变。北京市中心以北的工商业区人为热值较高，峰值可达238.10 W/m²（发生在16:00），随着时间的推移，在17:00和18:00，

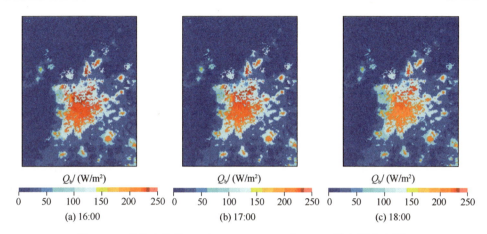

图 3-24　建筑人为热 Q_b 在 16:00、17:00 和 18:00 的空间分布图

工商业区的人为热值由北向南不断降低，而居住区人为热值逐渐升高。

除空间分布外，本节研究还分析了建筑人为热的昼夜分布差异。将北京时间 6:00~18:00 划分为白天，18:00~次日 6:00 划分为黑夜，得到昼夜分别做时间平均后的人为热空间分布，结果如图 3-25 所示。白天人为热最高值为 173.79 W/m²，均值为 25.80 W/m²，夜间人为热最高值仅为 92.9 W/m²，均值仅为白天的 44.14%。分析其原因，在空调全天按目标温度运作时，空调热负荷中的显热部分主要由室内外温差决定，因此白天人为热高于夜间人为热。但是由于建筑材料的比热容远高于植被，城区白天储热高，且扩散慢；而郊区储热低，且地势平坦，热量扩散较快，使热岛效应较强的时刻滞后于人为热峰值时刻。由于热岛效应主要来自建筑储热的夜间释放，在夜间比白天更为显著，城市储热量级远高于人为热量级，因此人为热并非造成城市热岛效应的唯一关键因素。

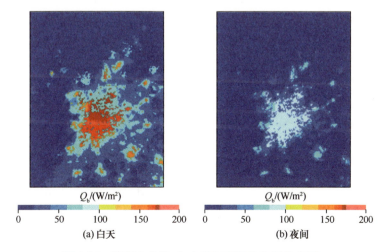

图 3-25　建筑人为热 Q_b 白天与夜间的空间分布图

第4章 改进的城市气象模拟系统 WRF-Turban

中尺度气象模式是开展城市气象水文过程研究的重要工具，已有模式对城市下垫面水热通量的反映不够准确。结合前3章对城市水热过程特征的认识，本章基于广泛应用的中尺度气象模式 WRF 建立了改进的城市气象模拟系统 WRF-Turban，以提升城市水文气象过程的模拟效果。

4.1 城市气象模拟系统 WRF-Turban 简介

城市水文气象过程模拟的核心难点在于准确表现城市复杂下垫面与大气之间的水热通量交互作用，其挑战性来自城市下垫面的高度异质性：城市下垫面不仅存在几何形态、材料性质的空间异质性，还通过强烈的人类活动以人为热的形式产生时间异质性。因此，准确识别主要异质性来源、充分考虑相关城市下垫面的水文气象过程，是构建高性能城市气象模拟系统的重点。

WRF-Turban（WRF-Tsinghua urban）是基于当前应用广泛的中尺度气象模式 WRF，并加入城市模块 Tsinghua Urban 而构建的面向城市气象过程的模拟系统。WRF-Turban 的主要特色在于通过对城市人为热、城市储热和城市水文过程的充分考虑和精细表达，可以更好地模拟城市复杂下垫面与大气之间的水热通量的耦合交互作用过程，提升城市水文气象过程的模拟效果。

中尺度气象模式 WRF 是由美国诸多研究机构共同开发的，其中包括美国国家大气研究中心、美国国家环境预报中心地球系统研究室、空军气象局、联邦航空局、俄克拉荷马大学等。该模式由专门的研究组维护，并定期更新。WRF 既可以进行科学研究，又可以用于业务化的天气预报。由于其广泛的适用性，自 2000 年 12 月第一个版本发布以来，该模式就在不同的研究领域得到了应用，涉及的领域主要包括区域气候模拟及评价、实时天气预报、台风路径模拟及预测等。

WRF 模式在结构上主要包含数据预处理、主模式及后处理3个部分，模式的结构框架如图 4-1 所示。模式中主要有 ARW（weather advanced research WRF）和 NMM（nonhydrostatic mesoscale model）两种动力内核，其中 ARW 主要用于科学研究，NMM 主要偏向应用于业务化预报。WRF-Turban 中采用了 ARW 动力内核。

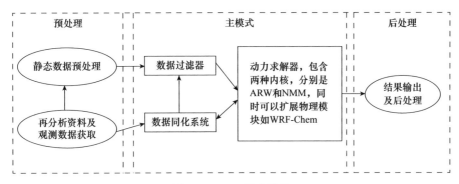

图 4-1　WRF 模式结构

模式中主要的物理参数化方案及内在联系如图 4-2 所示。主要的物理参数化方案包括微云物理方案、积云方案、辐射传输方案、大气边界层方案及地表过程方案。模式中每一种物理参数化方案都对应多个备选子方案，选择不同的子方案也会给模拟结果带来较大的影响。

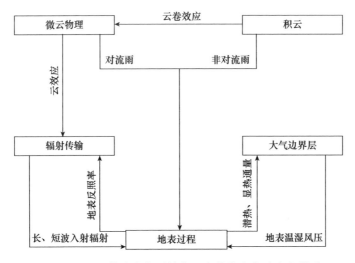

图 4-2　WRF 模式中主要的物理参数化方案及内在联系

值得说明的是，WRF 模式中的地表过程方案主要借助 Noah 陆面过程模型计算地表的能量（显热通量和潜热通量）及水汽通量（Chen et al., 2011a）。Noah 陆面过程模型主要考虑植被覆盖下垫面特征及其季节变化、土壤类型等，对于有城市覆盖的下垫面水热通量的计算，Noah 采用整体参数法，即将城市看作一块不透水面，用一些经验参数表示城市下垫面的物理属性。表 4-1 列出了整体参数法中用到的主要参数。

表 4-1 整体参数法中的主要参数

参数	数值	参数	数值
地表粗糙度 /m	0.8	体积热容 /[J/(m³·K)]	3.0
地表反照率	0.15	土壤热导率 /[W/(m·K)]	3.24

  一些研究者基于 WRF 模式中整体参数法这种城市表示方式开展了相关研究，如 Lo 等（2008）探讨了城镇化对海陆风环流的影响，模式中城市下垫面用整体参数法表示；Liu 等（2006）也基于这种方法开展了实时天气预报研究。然而，整体参数法不能准确地模拟出城市地表热量和动量的传输过程，并且对城市下垫面中的诸多物理现象（如建筑物对辐射的遮挡、吸收和反射等）都不能较好地反映，这将会对 WRF 的模拟结果产生一定影响。

  因此，部分学者采用了较为精细化的城市下垫面表示方式，即单层城市冠层模型，将单层城市冠层模型与 WRF 耦合进行模拟，从而提高对城市下垫面的模拟精度。单层城市冠层模型最早由 Kusaka 等（2001）开发。模型的基本思想是用假想的无限长二维对称街谷来表示城市的几何特征，并同时考虑城市下垫面的三维形状。街谷中考虑了建筑物对辐射的遮挡、反射和吸收，风速剖面用指数函数形式表示。模型中考虑了人为热及其日内变化，并将其作为城市冠层中显热通量的一部分。主要参数如表 4-2 所示，模型示意图如图 4-3 所示。

表 4-2 单层城市冠层模型中的主要参数

参数	低密度区	高密度区	工商业区
建筑物高度 h/m	5	7.5	10
屋顶宽度 l_{roof}/m	8.3	9.4	10
路面宽度 l_{road}/m	8.3	9.4	10
人为热 /(W/m²)	20	50	90
城市所占比例	0.5	0.9	0.95
屋顶热容量 C_R/[J/(m³·K)]	1.0×10^6	1.0×10^6	1.0×10^6
墙壁热容量 C_W/[J/(m³·K)]	1.0×10^6	1.0×10^6	1.0×10^6
路面热容量 C_G/[J/(m³·K)]	1.4×10^6	1.4×10^6	1.4×10^6
屋顶热传导率 λ_R/[J/(m·s·K)]	0.67	0.67	0.67
墙壁热传导率 λ_W/[J/(m·s·K)]	0.67	0.67	0.67
路面热传导率 λ_G/[J/(m·s·K)]	0.4004	0.4004	0.4004
屋顶反照率 α_R	0.2	0.2	0.2
墙壁反照率 α_W	0.2	0.2	0.2
路面反照率 α_G	0.2	0.2	0.2
屋顶发射率 ε_R	0.9	0.9	0.9

续表

参数	低密度区	高密度区	工商业区
墙壁发射率 ε_W	0.9	0.9	0.9
路面发射率 ε_G	0.95	0.95	0.95
屋顶动量粗糙度 Z_{0R}/m	0.01	0.01	0.01

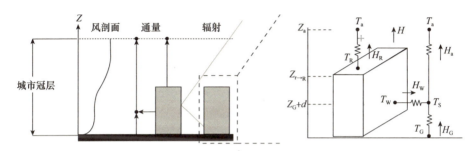

T 为温度；Z 为距地面高度；d 为零平面位移；H 为显热通量。下标 a 为大气底部；R 为屋面；W 为墙面；G 为街道；S 为街谷。

图 4-3 单层城市冠层模型的示意图及相关变量的物理含义

WRF-Turban 模式的创新主要体现在两个模块方面，分别针对城市气象模拟系统的两个难点问题提出了解决方案。

（1）基于人居指数的城市人为热模型：人为热是体现城市下垫面高度时间异质性的最主要来源，其最主要的成分为建筑能耗；准确定位不同能耗类型建筑物的分布，是构建人为热模型的核心。该方案通过人居指数，充分利用灯光指数对地表建筑物的覆盖能力，又融合基于实际地物的修正方法，结合先进的建筑能耗模型，从而建立了更为准确的城市人为热模型。

（2）强化水文过程的城市陆面过程模型：当前流行的城市陆面过程模型特色在于对城市下垫面街谷形态的刻画，从而提升对辐射相关收支项的模拟能力。然而，这些模型缺少对水文过程的充分考虑，从而带来潜热通量估计偏低的问题。该模型通过引入绿化屋顶，强化对水文过程的表达，提升对城市水热通量的模拟能力。

本章其他部分重点介绍 WRF-Turban 以上两个模块的构建思想、物理过程及应用效果。

4.2 基于人居指数的城市人为热模型

4.2.1 基于 DMSP-OLS 夜间灯光数据的下垫面类型分析

DMSP-OLS（defense meteorological satellite program operational line scanner）传感器对地表光源，如城市灯光、火光、闪电等，有着强大的探测能

力。20世纪90年代以来，DMSP-OLS灯光遥感数据在探索人类活动演变及监测生态环境变化两方面逐渐得到了广泛应用。在探索人类活动上，陈晋等（2003）利用DMSP-OLS灯光遥感数据估算了省级尺度的城镇化水平，但未对灯光数据做去噪、消云等处理；之后，卓莉等（2005）在此基础上，进一步加强灯光产品的处理，定义了阈值来区分误差像元与灯光像元，并结合有权重分配的反映城镇化水平的统计指标来进行相关分析，其研究空间尺度也从之前单一的省级尺度扩展到更为细致的城市尺度与县尺度。王晓慧（2013）在长时间尺度上，利用灯光数据提取城市形态与轮廓信息，分析了我国近30年来的城镇扩展格局。除此之外，在探索城镇化进程的研究中，DMSP-OLS数据还可以被用来估算城镇化指标。在人口密度上，卓莉等（2005）首次估算了网格单元上的我国城镇人口密度，但未能有人口普查资料验证；曹丽琴等（2009）用灯光数据与湖北省各县市2000年的人口统计资料建立了线性模型，并用2002年的统计数据进行验证，发现DMSP-OLS数据可以较为精确地预测短时间序列的城镇人口密度。在经济发展上，Welch（1980）选取美国18个城市作为研究区域，最先使用灯光数据建立其与人口密度和电力能源消耗之间的回归模型；之后，Elvidge等（1997）以美国、哥伦比亚等21个国家为例，分析了灯光数据与人口密度、国内生产总值（GDP）及电力能源消耗之间的关系；类似的研究也不断被改善并应用到区域尺度、国家尺度及全球尺度。

在生态环境变化监测方面，DMSP-OLS数据应用最多的是研究城市热岛效应。Gallo等（1995）首次结合NDVI（normal difference of vegetation index）数据，预测了DMSP-OLS灯光数据对于研究城市热岛效应的可行性，并在随后的几年间结合遥感与观测数据研究了美国得克萨斯州城镇化对热岛效应的影响；在国内，谢志清等（2007）综合运用DMSP-OLS数据、NOAA/AVHRR（the National Oceanic and Atmospheric Administration/the advanced very high resolution radiometer）、MODIS（moderate resolution imaging spectroradiometer）反演的地表温度等遥感数据与土地利用统计数据、气象站观测数据，定量考察长江三角洲城市群热岛增温效应对区域微气候的影响。此外，DMSP-OLS数据还用于分析森林火灾及对植被初级生产力的影响等。

本节选取包括北京、河北、天津在内的华北矩形区域为对象，研究基于DMSP-OLS夜间灯光数据对城镇化水平的分析方法和效果。2000~2013年的DMSP-OLS非辐射定标稳定灯光DN值空间分布如图4-4所示。

DN（digital number）值可以分为8个等级，黑色区域代表未探测到光源，紫色区域为灯光饱和区。在空间分布上，DN值以各城区为中心，向外呈辐射状降低。DN值高于50的区域集中在大型城市中心（如北京、天津），以及近郊小城市、区中心（如北京的密云区、天津的武清区等），其中以北京市、天津市高DN值面积最

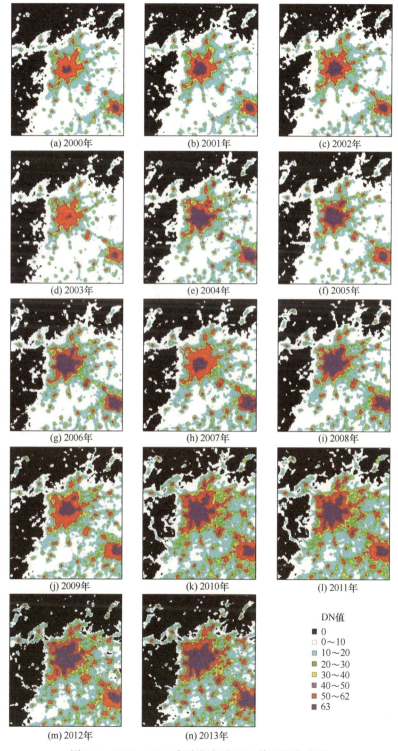

图 4-4　2000～2013 年夜间灯光 DN 值空间分布图

大。而在研究区域的西部及北部分别属于太行山脉与燕山山脉，大多是无人居住区。

在时间分布上，如图4-5所示，DN值高于50的区域面积在2003~2007年与2009~2011年经历了阶段性快速上升的过程，且第二阶段增幅大于第一阶段，而在2011年以后趋于稳定。紫色部分为灯光饱和区，其增长趋势与DN值高于50的增长趋势一致。在空间上，出现灯光饱和区的城镇数量随着时间的增长而增加，从2000年仅在北京与天津市区出现小范围饱和区，到2013年几乎所有区级城市均出现灯光饱和区，充分说明了城市繁华度不断加深，北京市区的灯光饱和区总体趋势是以中心城区向外不断扩大，但在2003年与2009年出现了明显的饱和区域衰减的情况。

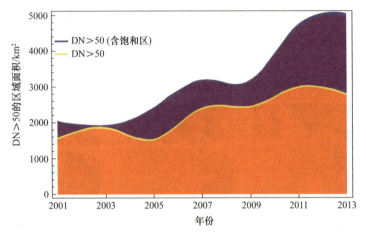

注：橙色部分代表DN＞50但不包括灯光饱和区（DN=63）的区域面积；
紫色部分代表灯光饱和区的区域面积。
图4-5　DN＞50的区域面积年际变化

DN值所反映的城镇化水平可以通过统计年鉴数据来验证。利用2014年北京统计年鉴数据，对2001~2013年反映城镇化水平的统计指标进行了分析，包括地区人口总量与密度，非农业人口占总人口的比重，第二、第三产业产值占地区生产总值的比重，人均国内生产总值等。研究发现，北京市的人口增量年际变化趋势［图4-6（a）］，地区第二、第三产业生产总值增量年际变化趋势［图4-6（b）］与灯光数据中DN值高于50的区域面积的年际变化趋势有很大的相似性，人口增长量在2003年与2009年都有一定幅度的下降，第二、第三产业生产总值增量在2009年大幅下降，这有可能是造成这两个年份灯光饱和区衰减的原因之一；然而在2011~2012年人口增量和第二、第三产业生产总值增量大幅下降，DN值高于50的数目却仍然在增长，这有可能是因为2009年之后受经济增长放缓影响的区域大多为城市范围内达到灯光饱和的区域，未饱和区的面积增长部分受经济因素的影响较小。由此也可以看出，DMSP灯光数据受多方面城镇化指标

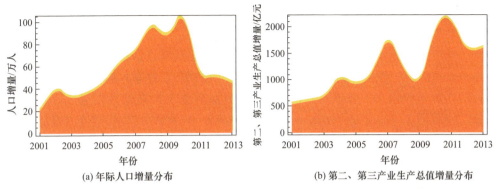

(a) 年际人口增量分布

(b) 第二、第三产业生产总值增量分布

图 4-6　北京地区年际人口增量分布与第二、第三产业生产总值增量分布

因素的影响，单独应用这一数据进行城镇化研究是不全面的，因此在研究城镇化问题上应该融合多元数据进行分析。

为更清楚地看到 DN 值的空间分布变化，以 6 年为间隔选取了 2001 年、2007 年与 2013 年的数据作差。图 4-7（a）是 2007 年相较于 2001 年的增减变化，可以看到，无变化的区域分布在 DN 值低于 10 的地区及 DN 值饱和的地区，如北京、天津这两个大型城市的小面积中心城区均无变化，即基本对应 2001 年的饱和区；而中心城区向外辐射的四周 DN 值均有增加；靠近山脉的周边区域出现 DN 值降低的情况。图 4-7（b）反映了 2013 年相较于 2007 年的增减变化，其分布趋势与之前相似，但 DN 值增加区域明显增多，表明城镇化横向扩张与纵向深入在后 6 年间有了较为迅速的发展。

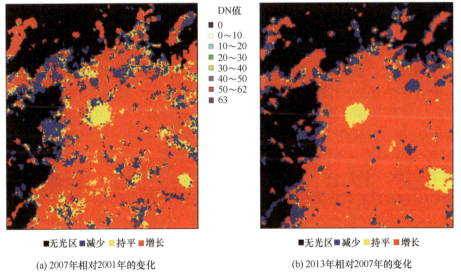

(a) 2007年相对2001年的变化

(b) 2013年相对2007年的变化

图 4-7　区域灯光 DN 值变化情况图

4.2.2 基于人类居住指数的下垫面类型分析

城市复杂下垫面的分布情况与人类居住区分布特征息息相关。人类居住区是指人类生活、工作所在的建设区，包括城市、城镇和农村等。随着人口与经济增长的压力持续增大，林地与农田向人类居住区转化率也在过去几十年间极速增长，特别是在一些发展中国家。因此，获取不断更新的、更具代表性的城市土地下垫面类型是研究城镇化发展及其对城市微气候影响的重要前提。上一节的研究指出，使用单一的夜间灯光数据作为划分城市下垫面类型的依据是不够的，灯光数据受数据本身（如噪声、光晕等）及地区发展程度（如人口、经济增长等）的影响，其对城市下垫面类型的代表性有所欠缺。

本节用一种含有透水率信息的数据集，即 MODIS-NDVI 数据集，来融合 DMSP 灯光数据这种几乎代表不透水下垫面上信息的数据集，可以在一定程度上修正灯光数据无法代表的城镇化发展程度信息，数据融合得到的新指标被定义为人类居住指数（HSI）。

同样，选取包括北京、河北、天津在内的华北矩形区域为对象，2000～2013 年研究区域的 HSI 空间分布如图 4-8 所示。

通过与抽样城市、城镇、村镇进行对比，本节研究将 HSI 划分为 4 种类型：① HSI 低于 55% 为非城镇区域；② HSI 在 55%～85% 范围内为低密度居住区；③ HSI 在 85%～95% 范围内为高密度居住区；④ HSI 高于 95% 为工商业区。需要指出的是，由于城市下垫面类型的空间分布交错复杂，特别是对于大型城市，其居住区与商业区几乎是配套开发的，对于 HSI 的类型划分并非真实对应城市的下垫面类型，而更多的是为了代表城市的发展程度及城市的能耗水平。

可以看到，在整体分布特征上，HSI 与灯光数据的分布特征变化几乎一致，工商业区与高密度居住区的面积随着时间发展以城市为中心不断向四周辐射增加。HSI 相比 DMSP 灯光数据，可以从其空间分布图中看出两方面的改善。一方面，HSI 的分布在 2003 年与 2009 年并未呈现出两个明显的衰减过程，如图 4-9 所示，HSI 分布在 2009 年仍然呈现增长趋势，这说明经过 MODIS-NDVI 数据的修正，HSI 在一定程度上削弱了人口分布、经济发展程度、能源储备与消耗等对其空间格局的影响；另一方面，通过比较城市类型的边缘区域及城市之间的连通区域可以看到，HSI 对应的城市类型边缘明显比 DMSP 灯光数据的边缘内缩锐化，如 HSI 的高密度居住区边界分布基本与 DMSP 灯光数据 DN 值 10～20 的区域对应，但更为清晰、更为紧缩，降低了光晕对城市下垫面类型划分产生的影响。

对比每隔 6 年的 HSI 变化可以看出，HSI 在一定程度上修正了 DMSP 灯光

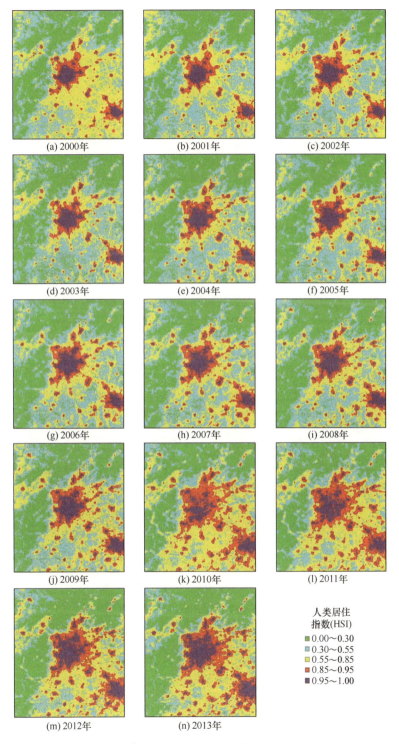

图 4-8 2000～2013 年人类居住指数 HSI 空间分布图

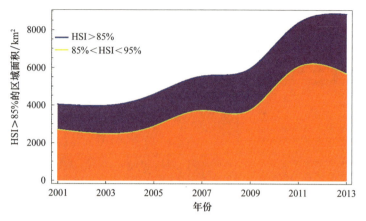

注：橙色部分代表 95%＞HSI＞85% 的区域面积，紫色部分表示 HSI＞95% 的区域面积。

图 4-9　HSI＞85% 的区域面积年际分布

数据由于传感器对光源感知的限制带来的灯光饱和现象，如图 4-10 所示。在图 4-10（a）中，由于灯光饱和导致北京与天津的城区中心两个 DN 值无变化的区域在图 4-10（b）中出现 HSI 降低的趋势，这说明这些区域的 NDVI 值有所增加。分析原因可能是在城镇化进程中，城市规划更加关注城市生态发展，增加了城市区域的绿化程度。

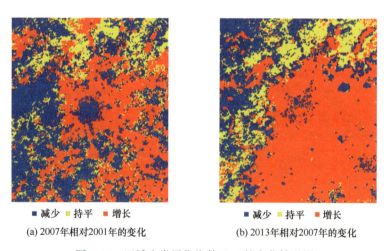

(a) 2007年相对2001年的变化　　　　(b) 2013年相对2007年的变化

图 4-10　区域人类居住指数 HSI 的变化情况图

综上所述，与单一使用 DMSP 灯光数据相比，采用 HSI 可以改善城市下垫面类型的划分效果。本节研究进一步收集了全区域的 MODIS 土地覆盖数据，数据中包括各种土地覆盖类型，如表 4-3 所示；再用基于 HSI 得到的工商业区、高密度居住区和低密度居住区 3 种城市类型代替原 MODIS 数据中的单一城市类型，即可以得到城市下垫面信息的土地覆盖类型分布。

表 4-3 MODIS 各种土地覆盖类型代码对照表

代码	土地覆盖类型	代码	土地覆盖类型
1	常绿针叶林	13	城市和建成区
2	常绿阔叶林	14	作物和自然植被镶嵌体
3	落叶针叶林	15	雪地
4	落叶阔叶林	16	裸土
5	混合林	17	水体
6	郁密灌木林	18	郁密冻土带
7	稀疏灌木林	19	混合冻土带
8	有林草原	20	贫瘠冻土带
9	稀树草原	21[*]	商业/工业/交通密集区
10	草原	22[*]	高密度居住区
11	永久湿地	23[*]	低密度居住区
12	作物		

[*] 下垫面类型不属于 MODIS 原有类型,而是城市参数化方案特有的类型。

最终,将全区域的土地覆盖类型作为中尺度气象模型 WRF 的输入数据,即可通过 WRF 中的建筑能耗模型 BEM 来计算城市尺度的建筑人为热。

4.3 强化水文过程的城市陆面耦合过程模型

4.3.1 模型构建原理

为更好地模拟城市复杂下垫面与大气之间水热通量的耦合交互作用过程,并反映新型城市下垫面——绿化屋顶在城市中的作用,本节研究以普林斯顿城市冠层模型(Princeton urbon canopy model,PUCM)为核心,首先构建了能考虑不同材料特性、包含土壤水运动的普林斯顿屋顶模型 PROM(Princeton roof model),将 PROM 集成进入 PUCM,并对 PUCM 的传热和土壤水模块的物理参数化方案进行了改进,对传热计算模式进行了优化。包含 PROM 的 PUCM 模型的整体结构如图 4-11 所示。

传统单层城市陆面过程模型 UCM 的主要特点是以街谷形态为主要几何特征,考虑了太阳短波入射辐射和大气长波辐射在城市中的再分配过程,因此,可以更好地模拟城市下垫面对辐射的"俘获效应"。PUCM 从单层 UCM 发展而来,其主要特点是考虑了城市下垫面材料的不均一性和水文过程,具体包括以下几种内容。

(1)引入多种类型的城市下垫面,对路面、墙壁、屋顶类型进行进一步划

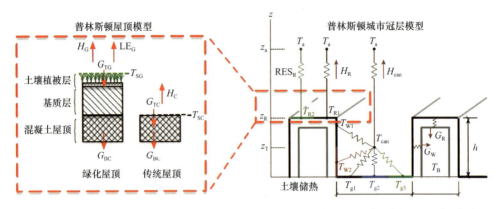

H 为显热通量；LE 为潜热通量；G 为地热通量；T 为温度；z 为距地面高度；h 为建筑高度；RES 为空气动力学阻抗；下标 G 为绿化屋顶；下标 C 为传统普通屋顶；下标 B 为底部；下标 a 为大气底部；下标 R 为屋面；下标 W 为墙面；下标 g 为街道；T_{can} 为街道空气测点温度，下标 can 为街谷；数字指代不同材料类型。

图 4-11 包含 PROM 的 PUCM 模型结构示意图

分，以考虑不同材料特征的城市下垫面上发生的陆面过程。PUCM 将路面分为沥青、混凝土和草地 3 种子类型，将墙壁分为砖石和玻璃两种子类型，将屋顶分为普通屋顶和绿化屋顶。经过这些划分后，PUCM 对在不同下垫面上的水热通量按面积比例加权平均，进而得出城市下垫面整体的水热通量。

（2）对不透水下垫面加入蓄水层，对含水下垫面（地面草坪、绿化屋顶）考虑水分变化过程，并根据这些水文过程改进了潜热通量的修正计算方案。

（3）采用格林函数方法求解热传导过程，可以得到热传导方程的精确解析解，从而为获得更精确的表面温度和表面热通量奠定了基础。

经过实际验证发现，改进的 PUCM 对城市下垫面水热通量的模拟具有良好的效果，并具有灵活的扩展性，可以进一步发展其应用范围。

由于 PUCM 对屋顶部分的水热通量表现较为简单，而屋顶在城市下垫面陆面过程模拟中具有重要地位，本节研究重点通过改进 PUCM 原有屋顶模块及相关物理参数化方案和求解方法，将 PUCM 模型做了改进。PUCM 的原有屋顶模块对屋顶只给定了单一材料的参数，而一般屋顶均由多层材料构成。特别是绿化屋顶，包含了材料性质差异较大的植被土壤层、基质层、蓄排水层等结构，因此，采用单一材料参数较难准确地模拟其内部传热过程。此外，PUCM 的原有屋顶模块采用水箱模型来模拟绿化屋顶的水分变化情况；限于水箱模型的结构，原有屋顶模块难以反映绿化屋顶内部水分的不均匀分布情况，因而对潜热通量的修正计算考虑较为简单。

为了更好地模拟屋顶的实际水热物理过程，本节研究在建立 PROM 模型时，首先将 PUCM 的单层格林函数热传导求解模式发展为多层模式，使 PROM 具备计算不同材料层传热过程的能力。之后用基于理查德方程的地下水运动模块替换原有水箱模型，使 PROM 具备计算不均匀含水层水分运动的能力。最后将 PROM 模型集合进 PUCM 模型，得到强化了水文过程的 PUCM 模型。

4.3.2 主要物理过程的参数化方案

PUCM 根据城市下垫面几何及材料特征，利用地表能量平衡方程求解城市下垫面的各个能量收支项。城市下垫面的地表能量平衡方程可表达为

$$R_n + Q_F = H + LE + G \tag{4-1}$$

式中，R_n 为净辐射；Q_F 为人为热源；H 为显热通量；LE 为潜热通量；G 为地表热通量。其中，R_n 由短波及长波辐射的入射、出射等 4 个分量构成：

$$R_n = S_d + L_d - S_u - L_u \tag{4-2}$$

式中，S 为短波辐射；L 为长波辐射；下标 d 为入射方向；下标 u 为出射方向。

PUCM 的主要物理过程可分为入射辐射的分配过程、水热通量的湍流输送过程、表面温度及热通量传导过程和含水下垫面的水分运动过程。以下对各过程的参数化方案进行数学方程表述。

1. 入射辐射的分配过程

根据 Kusaka 等（2001）的方案，PUCM 采用已被验证的二次反射方案描述入射辐射的分配过程。

在街谷中，归一化的阴影长度 l_{shadow} 为

$$l_{shadow} = \begin{cases} h\tan\theta_z \sin\theta_n, & l_{shadow} < w \\ w, & l_{shadow} \geq w \end{cases} \tag{4-3}$$

式中，h 和 w 分别为归一化的建筑物高度和街谷宽度；θ_n 为太阳方位角 θ_{sun} 与街谷走向 θ_{can} 的差值；太阳方位角 θ_{sun} 由下式给出：

$$\cos\theta_{sun} = (\cos\theta_z \sin\phi - \sin\delta)\csc\theta_z \sec\delta \tag{4-4}$$

式中，ϕ 为纬度（北纬为正）；δ 为太阳赤纬；θ_z 为太阳天顶角，由下式给出：

$$\cos\theta_z = \sin\phi\sin\delta - \cos\phi\cos\delta\cos\omega_t \tag{4-5}$$

式中，ω_t 为太阳小时角（以 24 h 为周期），并由以下关系给出：

$$\omega_t = \frac{\pi t_{UTC}}{12} + \lambda \tag{4-6}$$

$$\delta = \phi_r \cos\left[\frac{2\pi(d_n - d_r)}{d_y}\right] \tag{4-7}$$

式（4-6）和式（4-7）中，λ 为经度（东经为正）；t_{UTC} 为世界标准时；ϕ_r 为北子午线所在的纬度；d_n 为北半球的年内日历日（以 1 月 1 日为第 1 天）；d_r 为北半

球夏至日的日历日（173）；d_y 为每年的日历日总数（365.25）。

对 PUCM 中各个子下垫面，它们接收到的净短波辐射为

$$S_{R,k} = (1-\alpha_{R,k})(S_{d,D}+S_{d,Q}) \tag{4-8}$$

$$S_{W,k} = (1-\alpha_{W,k})\left\{\begin{array}{l} S_{d,D}\dfrac{l_{shadow}}{2h}+S_{d,Q}F_{WS}(1-\alpha_{W,k}) \\ +S_{d,D}\dfrac{w-l_{shadow}}{w}\overline{\alpha}_G F_{WG}+S_{d,Q}F_{WG} \\ +S_{d,D}\dfrac{l_{shadow}}{2h}\alpha_{W,k}F_{WW}+S_{d,D}F_{WS}F_{WW}\alpha_{W,k} \end{array}\right\} \tag{4-9}$$

$$S_{G,k}=(1-\alpha_{G,k})\left[S_{d,D}\dfrac{w-l_{shadow}}{w}+S_{d,Q}F_{GS}+S_{d,D}\dfrac{l_{shadow}}{2h}\overline{\alpha}_W F_{GW}+S_{d,Q}F_{WS}F_{GW}\overline{\alpha}_W\right] \tag{4-10}$$

式（4-8）～式（4-10）中，$S_{d,D}$ 和 $S_{d,Q}$ 分别为地表水平面接收到太阳入射辐射的直射量和散射量；α 为反照率；下标 S、R、W 和 G 分别指天空、屋顶、墙壁和路面；k 为序数下标，代表子下垫面的序数；F_{ij} 为物体 i 与 j（i，j 为 S、R、W、G）之间的视场角，PUCM 中涉及的不同物体间的视场角由以下关系给出：

$$F_{SG}=F_{GS}=\sqrt{1+\left(\frac{h}{w}\right)^2}-\frac{h}{w} \tag{4-11}$$

$$F_{WW}=\sqrt{1+\left(\frac{w}{h}\right)^2}-\frac{w}{h} \tag{4-12}$$

$$F_{GW}=0.5(1-F_{GS}) \tag{4-13}$$

$$F_{WG}=F_{WS}=0.5(1-F_{WW}) \tag{4-14}$$

$\overline{\alpha}_W$ 和 $\overline{\alpha}_G$ 分别为路面和墙壁的等效反照率，可由以下关系给出：

$$\overline{\alpha}_W=\sum_{k=1}^{N}f_k\alpha_{W,k} \tag{4-15}$$

$$\overline{\alpha}_G=\sum_{k=1}^{N}f_k\alpha_{G,k} \tag{4-16}$$

式（4-15）和式（4-16）中，f_k 为序数为 k 的子下垫面在相应下垫面类别中的面积比例；N 为子下垫面的总数目。

类似地，对 PUCM 中各个子下垫面，它们接收到的净长波辐射为

$$L_{R,k}=\varepsilon_{R,k}(L_d-\sigma T_{R,k}^4) \tag{4-17}$$

$$L_{W,k} = \varepsilon_{W,k}(F_{WS}L_d + \overline{\varepsilon}_G F_{WG}\sigma \overline{T}_G^4 + \varepsilon_{W,k}F_{WW}\sigma T_{W,k}^4 - \sigma T_{W,k}^4)$$
$$+ \varepsilon_{W,k}(1-\overline{\varepsilon}_G)F_{GS}F_{WG}L_d + 2(1-\overline{\varepsilon}_G)\varepsilon_{W,k}F_{GW}F_{WS}\sigma T_{W,k}^4$$
$$+ \varepsilon_{W,k}(1-\overline{\varepsilon}_{W,k})F_{WS}F_{WW}L_d + (1-\overline{\varepsilon}_{W,k})\overline{\varepsilon}_G F_{GW}F_{WW}\sigma T_G^4$$
$$+ \varepsilon_{W,k}\varepsilon_{W,k}(1-\overline{\varepsilon}_{W,k})F_{WW}F_{WW}\sigma T_{W,k}^4 \quad (4\text{-}18)$$

$$L_{G,k} = \varepsilon_{G,k}(F_{GS}L_d + 2\overline{\varepsilon}_W F_{GW}\sigma \overline{T}_W^4 - \sigma T_{G,k}^4)$$
$$+ 2\varepsilon_{G,k}(1-\overline{\varepsilon}_W)F_{WS}F_{GW}L_d + (1-\overline{\varepsilon}_W)\varepsilon_{G,k}F_{GW}F_{WG}\sigma T_{G,k}^4$$
$$+ 2\varepsilon_{G,k}\overline{\varepsilon}_W(1-\overline{\varepsilon}_W)F_{WW}F_{GW}\sigma \overline{T}_W^4 \quad (4\text{-}19)$$

式(4-17)～式(4-19)中，ε 为热发射率 $\overline{\varepsilon}$ 为热发散率平均值；σ 为 Stefan-Boltzmann 常数；T 为表面温度；$\overline{T}$ 为表面温度平均值。

2. 水热通量的湍流输送过程

PUCM 对水热通量湍流输送过程的表现分为屋顶和街谷两部分，总体的水热通量是屋顶与街谷两部分的比例加权平均值。下面对屋顶和街谷的水热通量湍流输送过程进行方程描述。

对屋顶，其表面的显热通量 H 和潜热通量 LE 由下式给出：

$$H_{CR} = H_{GR} = \frac{c_p \rho_a (T_R - T_a)}{\text{RES}_R} \quad (4\text{-}20)$$

$$\text{LE}_{GR} = \beta_e \frac{L_v \rho_a (q_R^* - q_a)}{\text{RES}_R + \text{RES}_V} \quad (4\text{-}21)$$

式中，c_p 为定压比热容；ρ_a 为空气密度；T_R 为屋顶表面温度；T_a 为空气温度；RES_R 为空气动力学阻抗；RES_V 为冠层阻抗；β_e 为与含水层水分有关的蒸发折减系数；L_v 为蒸发潜热；q_R 为屋顶比湿；q_a 为空气比湿；下标 CR 和 GR 分别指普通屋顶和绿化屋顶。

空气动力学阻抗 RES_R 由以下关系给出：

$$\text{RES}_R = \frac{C}{U_a a^2(Z_r) F_h(Z_r)} \quad (4\text{-}22)$$

$$a(z) = \frac{\kappa}{\ln(z/z_{0m})} \quad (4\text{-}23)$$

$$\begin{cases} F_h(z) = \dfrac{\ln(z/z_{0m})}{\ln(z/z_{0h})} \times \left(1 - \dfrac{b\text{Ri}_b}{1+C_h\sqrt{\text{Ri}_b}}\right), & \text{Ri}_b \leqslant 0 \\ F_h(z) = \dfrac{\ln(z/z_{0m})}{\ln(z/z_{0h})} \times \dfrac{1}{1+b\text{Ri}_b}, & \text{Ri}_b > 0 \end{cases} \quad (4\text{-}24)$$

$$C_h^* = 3.2165 + 4.3431\mu + 0.536\mu^2 - 0.0781\mu^3 \quad (4\text{-}25)$$

$$\mu = \ln(z_{0m}/z_{0h}) \tag{4-26}$$

$$C_h = a^2 b \frac{\ln(z/z_{0m})}{\ln(z/z_{0h})} C_h^* \left(\frac{z}{z_{0h}}\right)^{p_h} \tag{4-27}$$

$$p_h = 0.5802 - 0.1571\mu + 0.0327\mu^2 - 0.0026\mu^3 \tag{4-28}$$

以上各式中，U_a 为大气模型底部第一层处所测的风速；κ 为 von Karman 常数；Z_r 为大气参考高度；z_{0m} 为动量粗糙长度；z_{0h} 为热粗糙长度；C 和 b 是两个常数，$C=0.74$，$b=9.4$；Ri_b 为整体 Richardson 数，由下式给出：

$$Ri_b(z) = \frac{gz\Delta T}{\bar{T} U^2(Z_r)} \tag{4-29}$$

式中，g 为重力加速度；ΔT 为屋顶表面温度与 Z_r 处空气温度的差值；$\bar{T}$ 为屋顶表面温度与 Z_r 处空气温度的平均值；$U(Z_r)$ 为 Z_r 处平均风速。

根据 Wang 等（2013），冠层阻抗 RES_V 定义为

$$RES_V = RES_{V,min} \frac{1}{LAI} \frac{F_{SR} F_\theta}{F_e F_T} \tag{4-30}$$

式中，$RES_{V,min}$ 为由植被类型确定的最小冠层阻抗；LAI 为叶面积指数；F_{SR}、F_θ、F_e 和 F_T 分别为与太阳辐射、土壤水分、蒸汽压差和空气温度有关的修正系数，这些系数由以下各式给出：

$$F_{SR} = \frac{1+f}{f + RES_{V,min}/RES_{V,max}} \tag{4-31}$$

$$f = 0.55 \frac{S_d}{S_{d,lim}} \frac{2}{LAI} \tag{4-32}$$

$$F_\theta = \begin{cases} 1, & \theta > 0.75\theta_s \\ \dfrac{0.75\theta_s - \theta_r}{\theta - \theta_r}, & \theta_r \leq \theta \leq 0.75\theta_s \\ +\infty, & \theta < \theta_r \end{cases} \tag{4-33}$$

$$F_e = 1 - 0.025[e^*(T_s) - e_a] \tag{4-34}$$

$$F_T = 1 - 0.0016(25 - T_a)^2 \tag{4-35}$$

以上各式中，$RES_{V,max}$ 为最大冠层阻抗（一般取值 5000 s/m）；$S_{d,lim}$ 为启动光合作用所需的最小太阳辐射（森林一般取 30 W/m²，农田作物一般取 100 W/m²）；θ 为体积含水率；θ_s 为饱和体积含水率；θ_r 为凋萎含水率；$e^*(T_s)$ 为表面温度为 T_s 时的饱和水汽压；e_a 为空气水汽压；T_a 为空气温度。

蒸发折减系数 β_e 由下式给出：

$$\beta_e = \frac{\theta - \theta_r}{\theta_s - \theta_r} \tag{4-36}$$

式中符号含义与式（4-33）相同。

对于街谷，其水热通量根据能量守恒关系，通过分别计算路面和墙壁的水热通量之后，利用街谷等效空气温度和湿度计算得到，如下式所示。

$$H_{can} = \frac{C_p \rho_a (T_{can} - T_a)}{\text{RES}_{can}} \quad (4\text{-}37)$$

$$\text{LE}_{can} = \frac{L_v \rho_a (q_{can} - q_a)}{\text{RES}_{can}} \quad (4\text{-}38)$$

式中，T_{can} 为街谷等效空气温度；q_{can} 为街谷等效空气比湿；RES_{can} 为街谷空气动力学阻抗。

街谷空气动力学阻抗 RES_{can} 由以下关系给出：

$$\text{RES}_{can} = \frac{C}{(U_a - U_{can}) a^2 (Z_R - Z_T) F_h (Z_R - Z_T)} \quad (4\text{-}39)$$

街谷中各表面的显热通量 H 由以下各式给出：

$$H_{G,k} = \frac{C_p \rho_a (T_{G,k} - T_{can})}{\text{RES}_G} \quad (4\text{-}40)$$

$$H_{W,k} = \frac{C_p \rho_a (T_{W,k} - T_{can})}{\text{RES}_W} \quad (4\text{-}41)$$

式中，T_G 为路面温度；T_W 为墙壁温度；RES_G 和 RES_W 分别为路面和墙壁的空气动力学阻抗，由以下关系给出：

$$\text{RES}_G = \text{RES}_W = \frac{1}{11.8 + 4.2\sqrt{U_{can}^2 + W_{can}^2}} \quad (4\text{-}42)$$

式中，U_{can} 为街谷中水平方向风速；W_{can} 为街谷中垂向风速。根据 Masson（2000）由以下关系给出：

$$U_{can} = \frac{2}{\pi} \exp\left(-\frac{1}{4} \frac{h}{w}\right) \frac{\ln\left(\dfrac{h/3}{z_{0,\text{town}}}\right)}{\ln\left(\dfrac{\Delta z + h/3}{z_{0,\text{town}}}\right)} |U_a| \quad (4\text{-}43)$$

$$W_{can} = \sqrt{C_d} |U_a| \quad (4\text{-}44)$$

式（4-43）和式（4-44）中，$z_{0,\text{town}}$ 为城市下垫面整体粗糙长度；C_d 为根据街谷中的空气温度和湿度计算得到的拖曳力系数。

对于街谷中的潜热通量 LE，由于在 PUCM 的街谷中设置了不同机制的含水下垫面，表达形式不统一，以下分别表述。

PUCM 中认为墙壁表面蓄水能力较低，因而其表面没有潜热通量，故有

$$LE_{W,k}=0 \quad (4\text{-}45)$$

对于路面，PUCM 认为不透水面（沥青、混凝土路面）表层具有一定的蓄水能力，而自然透水面（草地）由于植被土壤结构具有较好的蓄水能力，因此，它们表面均有潜热通量。对不透水面和自然透水面，其潜热通量可由以下各式给出：

$$LE_{G,imp}=\begin{cases} 0, & \delta_w=0 \\ \dfrac{\rho_a L_v (q^*_{G,imp}-q_{can})}{RES_G}, & \delta_w>0 \end{cases} \quad (4\text{-}46)$$

$$LE_{G,nat}=\beta_e L_v E_{p,nat} \quad (4\text{-}47)$$

式（4-46）和式（4-47）中，ρ_a 为空气密度；q 为空气比湿；上标 * 指饱和情况；下标 imp 指不透水面；下标 can 指街谷空气；下标 nat 指自然透水面；β_e 为蒸发折减系数，由式（4-36）给出；$E_{p,nat}$ 为自然透水面上的潜在蒸发量，对不同下垫面类型的潜在蒸发量分别由下式给出：

$$E_{p,nat}=\begin{cases} \dfrac{\rho_a(q^*_{G,nat}-q_{can})}{RES_G}, & \text{土壤} \\ \dfrac{\rho_a(q^*_{G,nat}-q_{can})}{RES_G+RES_V}, & \text{植被} \end{cases} \quad (4\text{-}48)$$

计算得到路面和墙壁的水热通量后，根据能量守恒定律，街谷的水热通量满足以下关系：

$$H_{can}=\dfrac{2h}{w}\sum_{k=1}^{N_W} f_{w,k}H_{w,k}+\sum_{k=1}^{N_G} f_{G,k}H_{G,k} \quad (4\text{-}49)$$

$$LE_{can}=\sum_{k=1}^{N_G} f_{G,k}LE_{G,k} \quad (4\text{-}50)$$

联立式（4-37）、式（4-38）和式（4-49）、式（4-50），即可得到

$$T_{can}=\dfrac{T_a/RES_{can}+(2h/w)(\overline{T}_W/RES_W)+\overline{T}_G/RES_G}{1/RES_{can}+(2h/w)(1/RES_W)+1/RES_G} \quad (4\text{-}51)$$

$$q_{can}=\dfrac{q_a/RES_{can}+\overline{q}_G/RES_G}{1/RES_{can}+1/RES_G} \quad (4\text{-}52)$$

再将式（4-51）和式（4-52）代入式（4-40）、式（4-41）、式（4-46）～式（4-48）中，即可计算得到街谷中各子下垫面的水热通量。最终可计算得到城市下垫面整体水热通量为

$$H_u=r\sum_{k=1}^{N_R} f_{R,k}H_{R,k}+wH_{can} \quad (4\text{-}53)$$

第4章 改进的城市气象模拟系统 WRF-Turban

$$\mathrm{LE_u} = r\sum_{k=1}^{N_R} f_{R,k}\mathrm{LE}_{R,k} + w\mathrm{LE}_{can} \qquad (4\text{-}54)$$

式中，r 为归一化的建筑物宽度。

3. 表面温度及热通量传导过程

PUCM 通过求解一维热传导方程来获得表面温度和热通量。一维热传导方程可表述为

$$\rho c_p \frac{\partial T}{\partial t} = \frac{\partial}{\partial z}\left(k\frac{\partial T}{\partial z}\right) \qquad (4\text{-}55)$$

根据 Wang 等（2011）利用格林函数方法，可得到上述方程的解为

$$T(z,t) = T_0 + \int_0^t f_1(t-\tau)\,\mathrm{d}g(z,\tau) - \int_0^t f_2(t-\tau)\,\mathrm{d}g(d-z,\tau) \qquad (4\text{-}56)$$

$$G(z,t) \equiv -k\frac{\partial T}{\partial z}$$
$$= -k\left[\int_0^t f_1(t-\tau)\,\mathrm{d}g(z,\tau) + \int_0^t f_2(t-\tau)\,\mathrm{d}g(d-z,\tau)\right] \qquad (4\text{-}57)$$

式（4-56）和式（4-57）中，f_1 和 f_2 为上、下两个边界的热通输入量；T_0 为初始温度分布；k 为热导率；$g(z,t)$ 为格林函数的基础解，$g=\partial g/\partial z$ 为 g 的空间导数。

对不同下垫面类型，由于求解空间域不同，格林函数的基础解 $g(z,t)$ 也不同。对于求解域为有限空间的屋顶和墙壁，其对应的格林函数基础解为

$$g(z,t) = \frac{\alpha t}{kd} + \frac{d}{6k}\left[3\left(1-\frac{z}{d}\right)^2 - 1\right]$$
$$-\frac{2d}{\pi^2 k}\sum_{n=1}^{\infty}\frac{1}{n^2}\cos\left(\frac{n\pi z}{d}\right)\exp\left[-\alpha t\left(\frac{n\pi}{d}\right)^2\right] \qquad (4\text{-}58)$$

式中，$\alpha = k/(\rho C_p)$ 为热扩散率；n 为求和指标数。对于求解域为半无限空间的路面，其对应的格林函数基础解为

$$g(z,t) = \frac{2\sqrt{\alpha t/\pi}}{k}\exp\left(-\frac{z^2}{4\alpha t}\right) - \frac{z}{k}\mathrm{erfc}\left(\frac{z}{2\sqrt{\alpha t}}\right) \qquad (4\text{-}59)$$

式中，$\mathrm{erfc}\left(\dfrac{z}{2\sqrt{\alpha t}}\right)$ 为误差补函数。

对所有城市下垫面类型，其上边界条件根据地表能量平衡关系，由下式得出：

$$f_1 = -k\left.\frac{\partial T}{\partial z}\right|_{z=0} = R_n - H - \mathrm{LE} \qquad (4\text{-}60)$$

对有限空间求解域的屋顶和墙壁，其下部边界条件由底部温度得出：

$$T(d, t>0) = T_B \qquad (4\text{-}61)$$

式中，T_B 为底部温度。对半无限空间的路面，其下边界条件由通量得出：

$$f_2 = -k\left.\frac{\partial T}{\partial z}\right|_{z=\infty} = 0 \quad (4\text{-}62)$$

对于城市中屋顶、墙壁等类型的有限厚度的下垫面，其一般由多层性质不同的人工材料复合而成，其各层热力学性质均有明显差异。特别对于绿化屋顶，其各材料层热力学参数有显著差异，较难采用单一热力学参数替代。因此，改进的PUCM中发展了原有针对单层均一材料的热传导过程解法，将之拓展为多层复合材料的热传导解法。

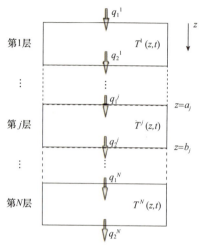

图4-12 多层复合材料热传导求解模式示意图

图4-12所示的多层复合材料共由 N 层构成，为求解各层的温度及热通量，可在各层接触处设定温度及热通量相等的连续条件如下：

$$T^{j-1}(b_{j-1}, t) = T^j(a_j, t) \quad (4\text{-}63)$$

$$q_2^{j-1}(t) = q_1^j(t) \quad (4\text{-}64)$$

利用单层均一材料的热传导过程解法给出的温度及热通量解式（4-56）、式（4-57）及边界条件式（4-60）、式（4-61）和式（4-62），以及以上连续条件，可解得多层结构空间连续的温度及热通量结果。基于格林函数热传导方程解的离散形式及数值求解方法见Wang等（2011）。

4. 含水下垫面的水分运动过程

如图4-13所示，城市含水下垫面上发生降雨、蒸散发、入渗、产流等水文过程。强化了水文过程的PUCM通过如下水量平衡方程表达各过程相关水量的平衡关系：

$$P - E - I - (R_s + R_b) = \Delta W \quad (4\text{-}65)$$

式中，P 为降雨量；E 为蒸散发量；I 为入渗量；R_s 为地表径流量；R_b 为壤中流量；ΔW 为含水层的蓄变量。

在PUCM中，降雨强度作为输入条件，则降雨过程不需要表达出来；蒸散发过程通过上述潜热通量的相关方程进行表

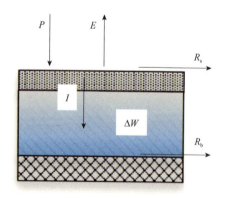

图4-13 PUCM中含水层水量平衡关系示意图

达；由于 PUCM 认为入渗发生在路面草地和绿化屋顶上，入渗强度由导水率控制；地表径流根据地表水量平衡计算得出；含水下垫面的蓄变量由整体水量平衡关系式（4-65）得出。

入渗量 I 可表达为

$$I = \min(P, K_t) \quad (4\text{-}66)$$

式中，P 为降雨强度；K_t 为含水层顶部区域的导水率。

表面径流量 R_s 为

$$R_s = P - I \quad (4\text{-}67)$$

壤中流量 R_b 为

$$R_b = \max(q_b, K_b) \quad (4\text{-}68)$$

式中，q_b 为含水层底部的水分通量；K_b 为含水层底部的导水率。

在含水层中，利用体积含水率 θ 表达的理查德方程描述含水层中的水分运动，该方程如下所示：

$$\frac{\partial \theta_i}{\partial t} = D(\theta_i) \frac{\partial^2 \theta_i}{\partial z^2} + \frac{\partial K(\theta_i)}{\partial z} \quad (4\text{-}69)$$

式中，$D(\theta)$ 为水分扩散率；$K(\theta)$ 为导水率；i 为离散化的含水层的空间子层序数；z 为垂向坐标。PUCM 采用 Brooks-Corey 模型的定义来描述 $K(\theta)$ 和 $D(\theta)$，如下所示。

$$K(\theta) = K_s \left(\frac{\theta}{\theta_s}\right)^{2b+3} \quad (4\text{-}70)$$

$$D(\theta) = K(\theta) \frac{\partial \psi(\theta)}{\partial \theta} \quad (4\text{-}71)$$

$$\psi(\theta) = \psi_s \left(\frac{\theta}{\theta_s}\right)^b \quad (4\text{-}72)$$

式中，K_s 为饱和导水率；$\psi(\theta)$ 为土壤水势函数；ψ_s 为土壤饱和条件下水势；θ_s 为饱和导水率；b 为由土壤类型确定的参数。

4.3.3 模型验证

由于本节研究的主要工作是对 PUCM 的屋顶模块 PROM 进行改进，对 PCUM 的验证重点集中在屋顶模块。

本节研究采用北京的清华绿化屋顶实验站（以下简称清华站）和美国普林斯顿绿化屋顶实验站（以下简称普林斯顿站）的气象水文观测数据对 PCUM 的屋顶模块进行验证，两处实验站的场景及绿化屋顶的典型结构和试验装置布置如图 4-14 所示，所用观测仪器如表 4-4 所示。

(a) 清华站　　　　　　　　　　(b) 普林斯顿站

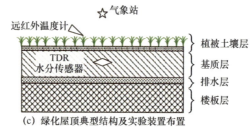

(c) 绿化屋顶典型结构及实验装置布置

图 4-14　清华站、普林斯顿站场景及两站所用绿化屋顶的典型结构及试验装置布置

表 4-4　清华站及普林斯顿站绿化屋顶所用观测仪器列表

观测项目	观测仪器	
	清华站	普林斯顿站
辐射	Hukseflux CNR1	Hukseflux NR01
空气温湿度	Campbell HMP45C	Campbell HMP45C
大气压	Vaisala CS106	Vaisala CS106
降雨量	Campbell TE525M	Campbell TB4
风速风向	Met One 034b	Young Sentry Set 03002
表面温度	Campbell IRR-P	Campbell IRR-P
土壤含水量	Campbell CS616	Campbell CS616

　　选取 2011 年 6 月 16～18 日为验证期，之前 1 周为率定期，并选用相应时期内数据进行率定和验证工作。在选取的验证期中，清华站有两次降水过程，普林斯顿站有一次降水过程，因而可以检验 PROM 对外界降水输入后屋顶含水层水分的模拟效果。清华站和普林斯顿站绿化屋顶几何参数通过实际测量获得（表 4-5），水力及热力学参数通过率定获得（水力参数如表 4-6 所示，热力学参数如表 4-7 所示）。

表 4-5　清华站及普林斯顿站绿化屋顶几何参数　　　　　　（单位：cm）

参数	清华站	普林斯顿站
植被土壤层厚度	5	10
基质层厚度	15	5
混凝土楼板层厚度	20	25

表 4-6　清华站及普林斯顿站绿化屋顶基质层水力参数

参数	清华站	普林斯顿站	参数	清华站	普林斯顿站
BC 模型中参数 b	2.33	2.33	饱和导水率 / (m^3/m^3)	0.42	0.39
饱和含水量 / (m^3/m^3)	0.66	0.46	饱和土水势 /m	0.5	0.5
残余含水量 / (m^3/m^3)	0.04	0.02			

表 4-7　清华站及普林斯顿站绿化屋顶热力学参数

参数		清华站	普林斯顿站
表面反照率		0.3	0.28
表面热发散率		0.95	0.95
体积热容 /[(MJ/($m^3 \cdot K$)]	土壤植被层	1.6	1.2
	基质层	2.0	2.2
	混凝土楼板层	2.9	2.9
热导率 /[(W/($m \cdot K$)]	土壤植被层	0.8	1.0
	基质层	1.2	1.3
	混凝土楼板层	1.8	1.8

清华站和普林斯顿站绿化屋顶表面温度（T_S）观测值和模拟值的对比结果如图 4-15 所示。两站观测值与模拟值对比的均方根误差分别为 0.9 ℃和 1.0 ℃。PROM 的模拟值与观测值吻合较好，且对于晴天、雨天均可以模拟出完整的表面温度变化过程。值得注意的是，对清华站 6 月 16 日下午时段的模拟，PROM 模拟值略高于观测值；对普林斯顿站 6 月 17 日及 18 日下午时段的模拟，PROM 同样出现模拟值略高的情形。总体而言，PROM 对表征热反应的表面温度模拟效果较好。

清华站和普林斯顿站绿化屋顶基质层体积含水量（VWC）观测值和模拟值的对比结果如图 4-16 所示。两站观测值与模拟值对比的均方根误差分别为 0.007 m^3/m^3 和 0.012 m^3/m^3。在验证期内清华站经历了两次降水过程，普林斯顿站经历了一次降水过程，PROM 可以很好地模拟出土壤水分对外界降水的响应过程，且可以模拟出在无雨时段基质层水分通过蒸、散发作用减少的过程。总体而言，采用理查德方程的 PROM 可以较好地模拟含水层的水分变化过程。

由以上验证结果可知，PROM 可以较好地模拟绿化屋顶上发生的热量传导及水分变化过程。因此，集成了 RPOM 的 PUCM 可被用于更好地模拟城市下垫面的水热通量，并进一步研究城市下垫面水热通量的控制要素及相关机理。

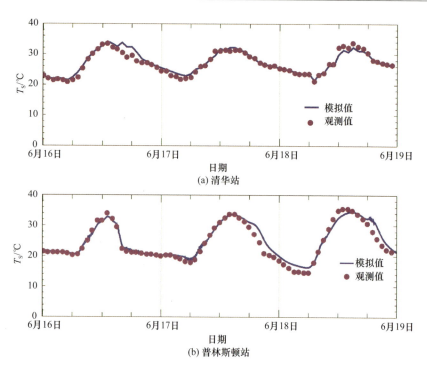

图 4-15　清华站和普林斯顿站绿化屋顶表面温度 T_S 实测值和模拟值的对比结果

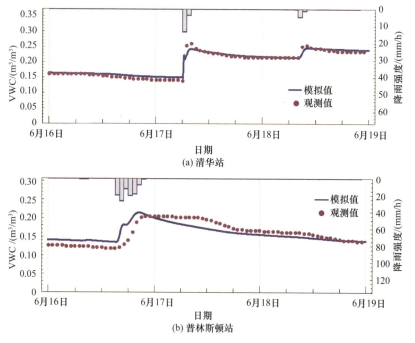

图 4-16　清华站和普林斯顿站绿化屋顶基质层体积含水量（VWC）观测值和模拟值的对比结果

第二部分
城市化对暴雨和洪水的影响规律与机理

第5章 山前平原城市对暴雨和洪水的影响规律与机理

山前平原地区和海（或大湖）滨地区是大城市所处的两种典型地理环境。本章选择北京作为山前平原城市的代表，分析山前平原城市对暴雨的影响规律与机理。基于中尺度气象模式构建气象模拟系统，对2008～2012年夏季（6～8月）开展数值情景模拟，通过分析暴雨云团的演变规律及对流活动的变化，揭示城市下垫面对北京地区夏季降雨的影响机制。

5.1 夏季降雨的场次特征

本节以2008～2012年北京夏季降雨为研究对象，首先对降雨场次进行划分，然后分析场次降雨的空间分布特征。

5.1.1 降雨场次的划分方法

本节对降雨的研究建立在场次尺度上，因此需要借助有效的方法将独立的降雨事件从连续的降雨观测中分割出来。降雨事件识别方法如图5-1所示。

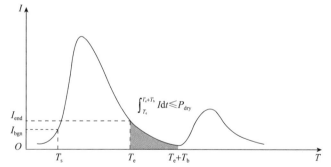

I_{bgn}, I_{end}—起始和终止雨强阈值，mm/h；T_s, T_e, T_b—起始、终止时刻及间期历时，h；P_{dry}—间期累积雨量阈值，mm。

图5-1 降雨事件识别方法示意图

首先设定降雨起始及终止雨强的阈值，雨强超过起始雨强阈值则认为降雨过程开始；降雨事件终止时间的确定需要同时满足两个判别条件，即雨强小于终止雨强阈值，并且降雨间期（定义为本场降雨事件结束与下场降雨事件开始之间的时间间隔）的累积雨量小于特定阈值。如图 5-1 所示，降雨事件识别方法需要确定 4 个参数，分别是起始雨强阈值 I_{bgn}、终止雨强阈值 I_{end}、降雨间期历时 T_b 及间期累积雨量阈值 P_{dry}。

本节研究对北京地区 118 个雨量站的连续降雨系列进行了降雨事件识别。降雨观测数据由北京市水文总站提供，并挑选出 2008~2012 年夏季的观测记录进行分析，数据的时间分辨率为小时，研究区域及气站点空间分布如图 5-2 所示。为了保证降雨事件识别方法对区域内所有站点都具有适用性，根据站点所处地理位置的下垫面属性，挑选出两个具有典型代表性的站点：城区站和郊区站，用于确定降雨事件识别方法中涉及的 4 个参数，并将得到的参数应用到其他站点的降雨事件识别中。

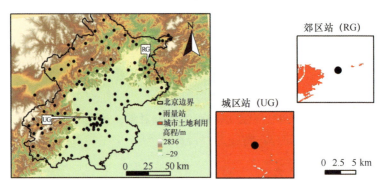

图 5-2 研究区域及气象站点空间分布

根据北京夏季降雨的季节特征及 Tian 等（2012）的研究，本节研究将降雨事件的起始和终止雨强阈值分别设为 0.5 mm/h 和 0.1 mm/h。对降雨间期历时及间期累积雨量阈值的确定，本节研究分别采用双参数和单参数敏感性分析方法，即让目标参数在一定范围内变动，基于确定的参数分别去识别城区站和郊区站的降雨事件，并且认为当识别出的降雨事件总数保持稳定时，可最终确定参数的取值。确定两个参数的流程如下：

（1）降雨间期历时 [图 5-3（a）]：根据经验设定间期历时的取值范围为 2~12 h，间期累积雨量阈值为 1~7 mm。对于每个历时的取值（如取 T_b=5 h），间期累积雨量阈值 P_{dry} 可以在 1~7 mm 范围内变动。可以看出，随着降雨历时的增加，两个站点识别出的降雨事件总数先减少后趋于稳定，拐点对应的数值为 6 h，于是降雨间期历时取为 6 h。

（2）间期累积雨量阈值 [图 5-3（b）]：根据经验设定间期累积雨量阈值的变化范围为 1~10 mm，采用同样的方法去识别两个代表站点的降雨事件。降雨事件的总数随着阈值的增加仍然是先减少而后趋于稳定，据此确定间期累积雨量阈值为 4 mm。

第5章 山前平原城市对暴雨和洪水的影响规律与机理

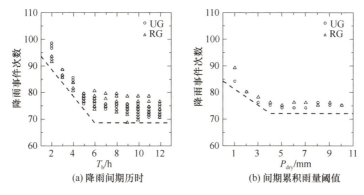

图 5-3 降雨间期历时和间期累积雨量阈值的确定

降雨间期历时及间期累积雨量阈值确定后，本节研究对起始和终止雨强阈值的取值进行了敏感性分析，发现这两个参数对降雨事件识别方法不敏感。例如，设定起始和终止雨强阈值在 0.1~0.5 mm/h 范围内变动，识别出的降雨事件总数变幅在 5% 以内，因此认为这两个参数的取值是合理的。

至此，降雨事件识别方法的 4 个参数都已确定。本节研究对每个站点全部降雨事件的历时及相应历时降雨事件的频次进行了统计，如图 5-4 所示。

从图 5-4 中可以看出，随着降雨历时的增加，北京全区对应降雨事件的频率呈指数递减变化。整体来看，北京地区 2008~2012 年夏季以短时降雨为主，历时为 2 h 的降雨事件占所有夏季降雨事件的 40%，历时小于 6 h 的降雨事件占总数的 75%。

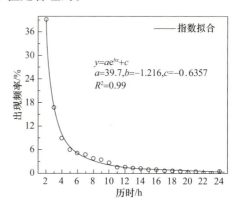

图 5-4 不同历时降雨事件的频次分布

5.1.2 强降雨事件的空间分布特征

将降雨期内瞬时雨强超过 20 mm/h 的降雨定义为强降雨事件。图 5-5（a）为北京地区 2008~2012 年夏季强降雨事件频次的空间分布。从图中可以看出，北京夏季强降雨事件集中分布在两个区域，分别是城区（A区）和怀柔-密云-平谷地区（B区）。怀柔-密云-平谷地区位于北京平原和山区的交界处，该区有微弱的地形起伏，同时也位于城市的下风向区。图 5-5（b）显示了北京地区 2008~2012 年夏季平均累积降雨量的空间分布。通过与图 5-5（a）对比可以发现，北京夏季降雨量的空间分布与强降雨事件的频次一致。这表明北京夏季降雨量主要由强降雨事件决定，历时短、雨强大的降雨事件的累积降雨总量所占夏季降雨量的比例较高。

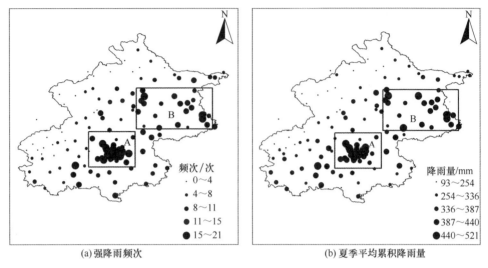

图 5-5 北京地区 2008~2012 年夏季强降雨事件频次及夏季平均累积降雨量的空间分布

5.2 模式设置与验证

5.2.1 模式基本设置及参数化方案

本节基于城市气象模拟系统 WRF-Turban 构建了北京地区 2008~2012 年夏季的气象模拟系统。模式中耦合了单层城市冠层模型，以便对城市下垫面的水热通量及地表其他气象要素进行精确模拟。另外，本节研究将分析模式中两种不同的城市下垫面表示方法（整体参数法和单层城市冠层模型）对夏季降雨模拟的影响。

本节研究采用的 WRF 版本为 ARW（版本号为 3.3），模式采用 3 层单向嵌套区间设置，如图 5-6 所示。3 层嵌套区域的水平网格数分别为 70×60、61×46 和 70×61，网格水平间距分别为 27 km、9 km 和 3 km。模式在垂直方向上剖分为 28 层，并且设 100 hPa 为模式层顶。模式在 3 层区域内的积分时间步长分别为 135 s、45 s 和 15 s，模拟结果的输出时间间隔分别为 48 h、24 h 和 3 h。模式模拟所需要的初始数据及边界数据由美国国家环境预报中心全球再分析资料提供。全球再分析资料的空间分辨率为 1°×1°，时间分辨率为 6 h。模式的运行时间是 2008~2012 年每年的 5 月 31 日 00:00（UTC）~9 月 1 日 00:00（UTC）（其中 UTC 为世界标准时间 cordinated universal time 的缩写，下同）。每组模拟的前 24 h 认为是模式的预热期，不用于后续的分析。

研究表明，降水模拟对模式中微云物理方案和积云方案尤其敏感，然而对于不同地区，微云物理方案和积云方案的选择也不相同。本节研究通过开展敏感性试验，选择出适合北京地区夏季气象模拟的微云物理方案和积云方案。

敏感性试验以2008年8月为分析对象，根据单月降雨的模拟结果确定合适的方案，并将确定的方案应用于2008~2012年夏季完整的气象模拟中。模式模拟的时段为2008年8月1日00:00（UTC）~2008年9月1日00:00（UTC），模式中的其他设置如前所述。本节研究分别选择 Lin scheme（Lin et al., 1983）和 WSM6（Hong and Lim, 2006）两种微云物理

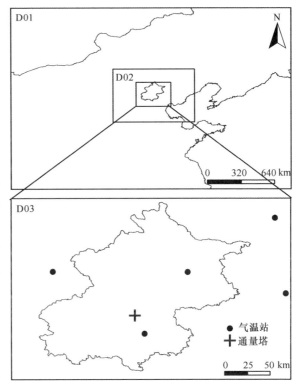

图 5-6　模式 3 层嵌套区间设置

方案，以及 New Grell 和 Kain-Fristch 两种积云方案作为备选方案。值得说明的是，模式只为最外层区域（D01）设置了积云方案，内层两个区间的网格水平间距小于 10 km，不设任何积云方案（Li and Pu, 2009）。此外，积云方案的调用频率也是影响降雨模拟的一个重要参数，不同积云方案的调用频率也不相同，本节研究同样对这个参数进行了敏感分析。

图 5-7 为基于 TRMM 卫星降雨估计产品的北京地区 2008 年 8 月累积降雨量空间分布。从图中可以看出，2008 年 8 月的累积降雨量有两个分布中心，一个中心位于北京市与河北省的西南交界，另一个中心位于北京东北部密云至怀柔地区。从降雨中心的强度和空间范围来看，东北部的降雨中心要强于西南部，并且覆盖范围更广。

通过敏感性试验发现，当积云方案为 New Grell 时，降雨的模拟结果与观测值偏差甚远。这说明 New Grell 积云方案不适合模拟北京地区的夏季降雨，因此后续敏感性试验中不再继续考虑包含 New Grell 积云方案的其他组合。敏感性方案设置如表 5-1 所示。

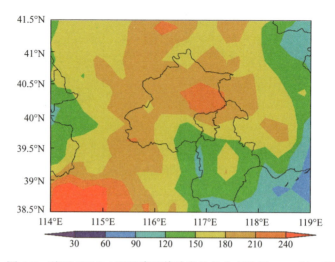

图 5-7　基于 TRMM 卫星降雨估计产品的北京地区 2008 年 8 月
累积降雨量空间分布（单位：mm）

表 5-1　敏感性方案设置

编号	微云物理方案	积云方案	积云方案调用频率 /min
方案一	WSM6	Kain-Fristch	0
方案二	WSM6	New Grell	0
方案三	WSM6	Kain-Fristch	5
方案四	Lin scheme	Kain-Fristch	0
方案五	Lin scheme	Kain-Fristch	5
方案六	Lin scheme	New Grell	0

6 组敏感性试验对北京地区 2008 年 8 月累积降雨量空间分布的模拟结果如图 5-8 所示。

通过与实测降雨空间分布（图 5-7）对比可以发现，方案三设置（WSM6 和 Kain-Fristch）较好地模拟出了单月降雨的空间分布特征。至此，模式的微云物理方案和积云方案确定为 WSM6 和 Kain-Fristch，最外层区间的积云方案调用频率为 5 min。

模式中用到的其他参数化方案根据经验确定，其中大气边界层方案采用 YSU（Yonsei University），辐射传输方案采用 RRTM（rapid radioactive transfer model）长波传输及 New Goddard 短波传输方案，地表过程方案采用 Monin-Obukhov 相似理论。模式参数化方案及土地利用数据设置模型总结在表 5-2 中。

第 5 章 山前平原城市对暴雨和洪水的影响规律与机理

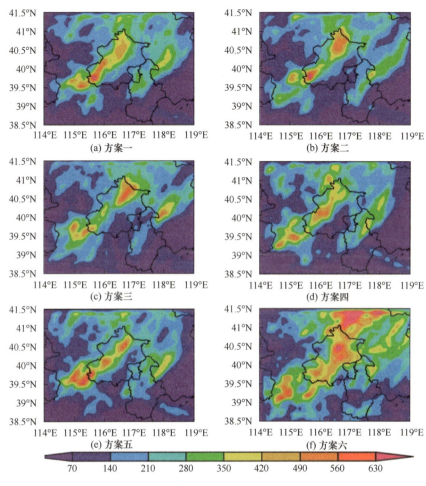

图 5-8 6 组敏感性试验对北京地区 2008 年 8 月
累积降雨量空间分布的模拟结果（单位：mm）

表 5-2 模式参数化方案及土地利用数据设置模型

方案类别	设置模型
微云物理	WSM6
大气边界层	Yonsei University（YSU）
长波辐射	RRTM
短波辐射	New Goddard
地表过程	Monin-Obukhov
积云方案	Kain-Fristch（只对 D01 区间有效）
城市模拟	单层城市冠层模型
陆面过程	Noah 陆面过程模型
土地利用数据	MODIS 30s 及三类城市土地利用数据（侯爱中，2012）

5.2.2 模式结果验证

为了使后续的分析更加可靠，本节研究首先对模拟结果进行验证，基础数据相关属性如表 5-3 所示，相关站点的空间分布如图 5-6 所示。

表 5-3 基础数据相关属性

类别	观测要素	时间分辨率	来源及备注
TMPA	降雨	d	版本 3B42V6
国家标准气象站	气温（2 m）	d	中国气象局
通量塔	气温（140 m 及 280 m）	h	中国科学院，大气物理研究所
	湿度（140 m 及 280 m）	h	

基于站点观测对模拟的气温和湿度进行评价，选取 3 种评价指标，分别为平均偏差（mean bias，MB）、均方根偏差（root mean square error，RMSE）及相关系数（correlation coefficient，CC），各指标的计算方法如下：

$$MB_j = \frac{1}{T}\sum_{i=1}^{T}(Sim_{ij} - Obs_{ij}) \tag{5-1}$$

$$RMSE_j = \sqrt{\frac{1}{T}\sum_{i=1}^{T}(Sim_{ij} - Obs_{ij})^2} \tag{5-2}$$

$$CC_j = \frac{\sum_{i=1}^{T}(Obs_{ij} - \overline{Obs_j})(Sim_{ij} - \overline{Sim_j})}{\sqrt{\sum_{i=1}^{T}(Obs_{ij} - \overline{Obs_j})^2 \sum_{i=1}^{T}(Sim_{ij} - \overline{Sim_j})^2}} \tag{5-3}$$

式中，T 为模拟时段长度；j 为站点编号；Obs_i 和 Sim_i 分别为观测和模拟系列，i 为模拟时段，$1 \leq i \leq T$；对于 2 m 气温的评价，先计算每个站点的评价指标，再求所有站点的均值。各评价指标的计算结果如表 5-4 所示。

表 5-4 气温和绝对湿度的评价结果

评价指标	标准气象站 2 m 气温 /℃	通量塔（140 m）		通量塔（280 m）	
		气温 /℃	绝对湿度 /（g/kg）	气温 /℃	绝对湿度 /（g/kg）
MB	1.56	0.75	2.75	0.70	0.68
RMSE	2.54	2.43	3.98	2.45	3.60
CC	0.62	0.70	0.50	0.68	0.52

从表 5-4 可以看出，模式对气温和绝对湿度的模拟效果较好，虽然模拟结果整体偏高于观测值，但是都在可接受的偏差范围之内（Wang et al.，2012）。

本节研究借助 TMPA 数据对 WRF 模式模拟的降雨结果进行验证，TMPA

数据版本为 3B42V6，时间分辨率为天，空间分辨率为 0.25°。本节研究关注 2008～2012 年夏季降雨的 3 种统计指标及其空间分布。3 种指标分别为极端日雨量（95th 百分位数）、平均日雨量及极端降雨天数（模拟期内日雨量超过极端日雨量的天数）。三者的统计含义如图 5-9 所示。

图 5-10 为 2008～2012 年降雨统计指标的模拟结果与 TMPA 降雨反演结果的对比。整体来看，极端日雨量和平均日雨量的空间分布都是沿着地形坡度由东南向西北方向减少；而极端降雨天数的空间分布则呈现相反的变化规律。总体来说，模式能够较好地模拟出北京地区 2008～2012 年夏季降雨的统计特征及其空间分布。

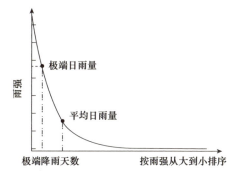

图 5-9　3 种降雨指标的统计含义

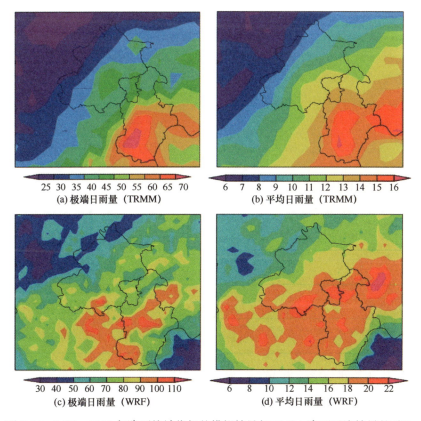

图 5-10　2008～2012 年降雨统计指标的模拟结果与 TMPA 降雨反演结果的对比

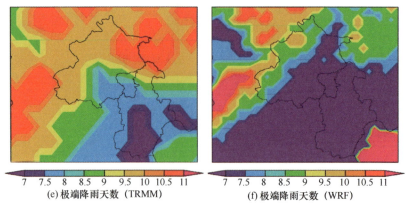

图 5-10 （续）

5.2.3 模拟情景设置

为了分析城市下垫面对 2008～2012 年北京夏季降雨的影响，本节研究设置了两种独立的模拟情景，分别简称为 CRL（Control，控制情景）和 NRB（no urban，去除城市情景）。NRB 情景与 CRL 情景设置的差别在于北京城区的城市土地利用类型被农田取代。通过比较 CRL 和 NRB 两种情景模拟结果的差异（差异定义为 CRL－NRB，下同），就可以定量评估城市下垫面的影响，从而揭示城市下垫面对夏季降雨的影响机制。

5.3 城市对暴雨云团空间分布的影响

5.3.1 暴雨云团识别算法

根据天气雷达测雨原理，夏季对流性降雨一般对应较大的雷达反射回波强度（Tapia et al.，1988；Smith et al.，1996）。雷达反射回波强度与雷达反射率因子有关，反射率因子 Z 可以通过气象雷达方程获得（Krajewski and Smith，2002；芮孝芳，2007），其物理含义为单位体积中降水粒子直径 6 次方的累和，即 $\sum_{vol} D_i^6$，单位为 mm^6/m^3，记为 dBZ，其中：

$$dBZ = 10 \lg Z \tag{5-4}$$

图 5-11 显示了北京地区 2013 年 8 月 11 日 16:40（当地时间）的雷达反射回波场。雷达的空间分辨率为 90 m，时间分辨率为 10 min，雷达最大监测半径为 36 km，观测仰角固定设置为 4°。

从图 5-11 中可以看出，颜色较深的区域对应较强的反射回波强度，这些区域对应的降雨也较强。高反射率因子的空间区域可以认为是暴雨云团所在的位置，因此本节研究将直接分析北京夏季暴雨云团的演变规律，尤其关注暴雨云团在不同空间区域的分布特征，尝试为城市下垫面对夏季降雨的影响提供直接证据。这里所说的暴雨云团是指雷达反射回波强度高于一定阈值的对流单体。

为了分析暴雨云团的分布特征，需要将独立的暴雨云团从连续的反射回波场中

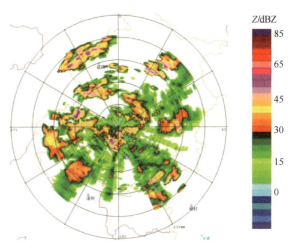

图 5-11　北京地区 2013 年 8 月 11 日 16:40（当地时间）的雷达反射回波波场

识别出来，为此本节研究开发了基于二维雷达反射回波强度的暴雨云团识别算法 SCI-2D（storm cell identification-2D），并从模式模拟的反射回波场中将暴雨云团识别出来。SCI-2D 算法是基于固定高度的雷达反射回波场，简称 CAPPI（constant altitude plan position indicator）。CAPPI 本质上是雷达反射回波场的水平剖面，在算法中看作一个二维矩阵，每个格点上的取值为反射回波强度（dBZ），二维矩阵的大小即为雷达监测范围。

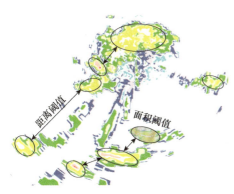

注：黄色区域表示较强的雷达反射回波。
图 5-12　暴雨云团识别算法示意图

SCI-2D 算法的核心思想是对每一时刻的反射回波场进行"遍历"搜索，根据强度阈值、距离阈值及面积阈值 3 个指标将独立的暴雨云团识别出来。暴雨云团识别算法示意图如图 5-12 所示。

SCI-2D 暴雨云团识别算法的基本流程描述如下：

（1）根据强度阈值将回波场中超过阈值的格点标注为"潜在暴雨云团"，低于阈值的则标记为"非暴雨云团"。

（2）对所有潜在的暴雨云团进行边缘识别，判断云团与云团边缘之间的距离，并认为超过距离阈值则标注成两个独立的云团，否则认为属于同一个连续的暴雨云团。

（3）需要对所有识别出的单独云团的覆盖面积进行判定，只有覆盖面积超过一定阈值的云团才被用于后续的分析。暴雨云团的面积定义为云团覆盖格点数与

单个格点面积的乘积。对于每个识别出来的暴雨云团，将其几何中心位置表示为云团的空间位置。显而易见，距离阈值和面积阈值越大，识别出的暴雨云团总数也就越少。

为了验证 SCI-2D 算法识别暴雨云团的可靠性和稳定性，本节研究对气象雷达监测的一次降雨过程进行了回顾式检验，并将 SCI-2D 识别出的暴雨云团与 TITAN（thunderstorm identification tracking and nowcasting）（Dixon and Wiener，1993）算法的识别结果进行了比较。评价指标采用探测成功率（probability of detection，POD）（Zahraei et al.，2013），计算方法如下：

$$POD = \frac{Num_{SCI-2D}}{Num_{TITAN}} \times 100\% \tag{5-5}$$

式中，Num_{SCI-2D} 和 Num_{TITAN} 分别表示由 SCI-2D 和 TITAN 算法识别出的暴雨云团总数。POD 的值越接近 100，表明算法效果越好。

选择 3 种强度阈值，分别为 30 dBZ、40 dBZ 和 50 dBZ，不同强度阈值下探测成功率的计算指标如表 5-5 所示。

表 5-5 暴雨云团识别算法（SCI-2D）评价结果

强度阈值/dBZ	TITAN 识别单体总数	探测成功率/%
30	741	97
40	579	92
50	402	90

从表 5-5 中可以看出，对于不同的强度阈值，SCI-2D 算法的探测成功率都在 90% 以上，识别出的单体总数与 TITAN 算法相差不大。通过人工判别的方法，发现 SCI-2D 识别出的暴雨云团位置也与 TITAN 一致。因此，基于以上评价结果，可以认为 SCI-2D 算法对暴雨云团的识别有较高的可靠性和稳定性，可以用于后面的分析。

5.3.2 暴雨云团的空间分布特征

基于暴雨云团识别算法 SCI-2D，对北京地区 2008~2012 年夏季暴雨云团的空间分布特征进行研究，采用基于 WRF 模式模拟得到的反射回波强度（dBZ）对暴雨云团进行识别。模式最内层区间的空间分辨率为 3 km，因此在进行暴雨云团识别时距离阈值和面积阈值分别设为 3 km 和 9 km²。本节研究中暴雨云团识别选用的强度阈值为 40 dBZ。一般而言，40 dBZ 对应强度较高的对流性降雨过程（Tapia et al.，1988；Fowle and Roebber，2003；Parker and Knievel，2005）。

图 5-13 显示了基于全球气候再分析资料得到的我国 2008~2012 年华北地区夏季低空（位势高度为 700 hPa）盛行风场。

第5章 山前平原城市对暴雨和洪水的影响规律与机理

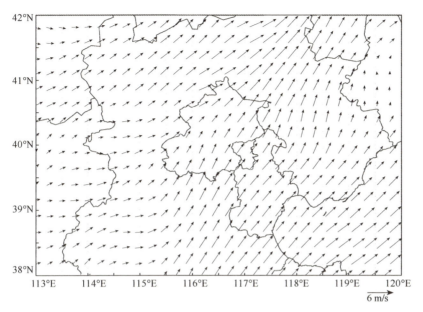

图 5-13　基于全球气候再分析资料得到的我国 2008~2012 年华北地区夏季低空
（位势高度为 700 hPa）盛行风场

根据夏季盛行风风向，将北京及周边区域划分为 5 个子区 R1~R5（图 5-14）。除了 R5 的下垫面土地利用以城市为主以外，其余 4 个子区都是以农田为主，各子区的空间覆盖面积基本相同。R2~R5 基本位于北京的平原区范围内，地形变化幅度较小，只有 R1 的小部分区域位于平原和山区的交界处，该区的降雨在一定程度上会受地形的影响（孙继松和杨波，2008）。本节研究首先对全模拟期（2008~2012 年）的暴雨云团进行分析，得到北京地

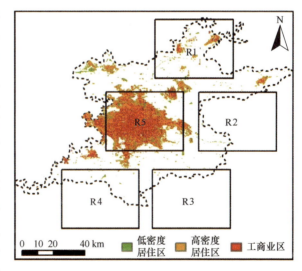

注：虚线为平原区边界，海拔低于 100 m。
图 5-14　北京及周边夏季盛行风风向研究区划分

区全区的普遍特征，之后单独分析盛行风向下不同子区的分布特征。由于 5 个子区的差异主要为下垫面属性，通过对比暴雨云团在 5 个子区的分布差异便可以分析出北京城区下垫面对暴雨云团的影响规律。

1. 全模拟期内暴雨云团的空间分布特征

图 5-15 为全模拟区内不同子区暴雨云团的频率分布曲线，可以看出不同子区之间的分布曲线有一定差别，但是整体的规律是随着暴雨云团面积的增加，相应面积暴雨云团出现的频次呈指数形式递减，其中的频次是指出现在特定子区内暴雨云团的个数。

R4 区面积较大的暴雨云团（>1000 km²）出现频次要明显高于其他子区，而 R1、R2 和 R5 区则极易出现面积较小的暴雨云团

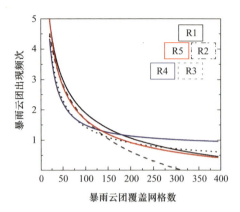

图 5-15　全模拟区内不同子区暴雨云团频率分布曲线

（<1000 km²），其频次明显高于 R3 和 R4 区。此外，R2 和 R5 两区的分布曲线在 0~1000 km² 范围内十分接近（R3 和 R4 两区也有相同的特征）。这可能是由于 R2 和 R5 位于相同的纬度，两区相对于西南风向的空间位置比较接近。R3 和 R4 两区类似，后面主要分析 R1、R4 和 R5 区三者之间的差异。

2. 盛行风条件下暴雨云团的空间分布

基于对北京城区 R5 内平均风向的统计分析，按照风向将全部模拟期划分为不同的时段。图 5-16 显示了北京城区 R5 风向的频率分布，可以明显地看到，北京城区夏季盛行西南风，其次是南风，其余风向出现的概率相差不大。将西南风控制下的降雨事件单独挑出，重点关注西南风向下 R1、R4 和 R5 区内暴雨云团的空间分布特征。

图 5-17（a）为盛行风条件下 R1、R4 和 R5 区暴雨云团的频率分布曲线。从图中可以看出，暴雨云

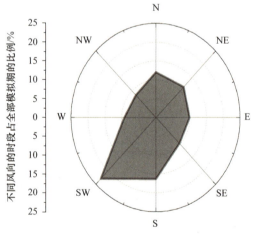

图 5-16　北京城区 R5 风向的频率分布

团的频率分布形式都是随着云团面积的增加，相应面积的云团出现频率呈指数递减的趋势，该趋势与全模拟期表现一致。与全模拟期相比，3 个子区暴雨云团频率分布之间的差异更为显著。具体表现为：R4 区大暴雨云团（>900 km²）的频率明显高于 R5，而小暴雨云团（<450 km²）的频率少于 R5 区；R1 区的频率分布曲线整体高于 R4 和 R5 区，表明 R1 区暴雨云团出现的频率超过 R4 和 R5 区，

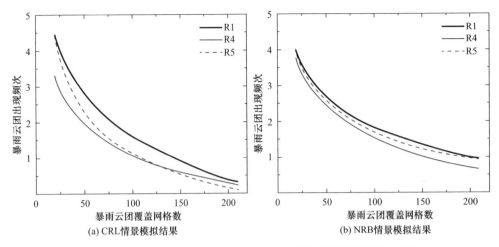

图 5-17 盛行风条件下 R1、R4 和 R5 区暴雨云团的频率分布曲线

与暴雨云团面积无关。

根据盛行风向可知，R4 和 R1 区分别为城市上风向区和城市下风向区。3 个子区具有相似的地理特征，唯一显著的差别在于 R5 区被北京主城区覆盖，下垫面土地利用类型与其余两个子区不同，下垫面的差异也就直接导致了图 5-17（a）中暴雨云团频率分布曲线之间的差异，可以认为城市上风区 R4 大面积暴雨云团较多，这些大暴雨云团在通过城区 R5 时受城市下垫面的影响发生了分离，从而导致小暴雨云团在城区出现的频次增加；通过比较 R4 和 R5 区暴雨频率分布曲线的差异，特别是小于 450 km² 暴雨云团频率分布的差异，可以进一步推断出小暴雨云团在城区 R5 有激发的过程；对于城市下风区的 R1 而言，中等大小（450~1200 km²）的暴雨云团显著多于 R5 区，表明小暴雨云团在城市下风区也有合并的过程；然而合并之后小暴雨云团个数并没有显著减少，这就表明暴雨云团在 R1 区也有激发的过程。考虑 R1 中的部分区域有一定的地形起伏，因此受地形抬升作用的影响，大气系统的稳定性可能会减弱，从而有利于暴雨云团的生成（傅抱璞，1992；张朝林等，2005；Sohoulande Djebou et al.，2014）。另外，R1 区紧邻北京市重要的水源地密云水库（库容接近 40 亿 m³），密云水库能够为对流活动提供丰富的水汽来源，也有利于暴雨云团在 R1 区的激发。

基于 Kolmogorov-Smirnov 统计方法（简称 K-S 检验）对盛行风条件下 R1、R4 和 R5 区暴雨云团频率分布曲线之间的差异进行显著检验，即检验任意两个分布是否相同。K-S 检验方法如下所述（Kottegoda and Ross，2008）。

假设两个分布一致，计算累积概率分布的最大差距，即

$$D_n = \sup_x \left| F_n(x) - G_n(x) \right| \tag{5-6}$$

式中，$F(x)$ 和 $G(x)$ 为两个待检验的累积概率分布；sup 表示差距的最大

值。假设 K-S 检验统计量的理论分布形式 K 为正态分布（Kottegoda and Ross, 2008; Degroot and Schervish, 2012），通过比较 D_n 与 K_a 临界值的差别即可接受或拒绝原假设（显著水平设为 5%）；如果 D_n 超过临界值，则拒绝原假设，即认为两个分布具有显著差异。检验结果表明，R1、R4 和 R5 区的频率分布曲线之间差异显著。

为了进一步验证 R5 区内城市下垫面对暴雨云团频率分布的影响，对 NRB 情景的模拟结果做了同样的分析，结果如图 5-17（b）所示。NRB 情景中 R5 区内的城市下垫面用农田取代，从图中可以看出，各子区暴雨云团的频率分布曲线没有明显的差别。同样对 3 个子区的频率分布做 K-S 检验，检验结果表明三者源于同一分布。

无论是从物理机制还是从数理统计角度，研究都表明夏季暴雨云团在通过城区时形态发生了显著的变化。暴雨云团形态变化特征可以总结为：大暴雨云团在通过城区时发生分离，并在通过主城区之后合并；小暴雨云团也会在城区和城市下风区激发；由于城市下风区位于平原和山区交界，暴雨云团的活动也在一定程度上受地形的影响。

5.4 城市对降雨强度频次和发生条件的影响

5.4.1 降雨强度及频次的变化

图 5-18 显示了 2008～2012 年夏季平均累积降雨量、极端降雨强度（99th 百分位数）及中等降雨强度（50th 百分位数）在两种模拟情景中的变化。相对于 NRB 情景，CRL 情景中的夏季平均累积降雨量、极端降雨强度及中等降雨强度整体偏高。受到城市下垫面的影响，最内层区域的夏季平均累积降雨量平均增加了 38 mm，并且以城区中南部的增加最为显著，城市下风区也有增加，但是增幅较小 [图 5-18（a）]。经统计，2008～2012 年的夏季累积降雨量除了在 2012 年略有减少外，其余 4 年都有不同程度的增加。5 年夏季累积降雨量的变幅分别为 11%、14%、5%、9% 和 −4%。

相比于夏季平均累积降雨量的变化，极端降雨强度的分布更加集中，即主要有两个中心，分别位于主城区（中南部）和城市下风区 [图 5-18（b）]，两个中心的空间位置与 5.1 节得到的夏季暴雨事件的空间聚集特征一致。极端降雨强度最大增幅约为 15 mm/h。此外，极端降雨强度在城市下风区的增幅明显小于城区，与夏季平均累积降雨量表现一致。二者变化的一致性表明北京夏季降雨量主要由降雨强度较大的降雨事件贡献。与极端降雨强度和夏季平均累积降雨量相比，中等降雨强度在两个模拟情景中的差异不显著，但是可以辨别出中等降雨强

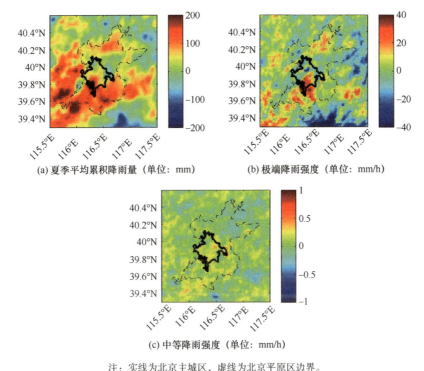

(a) 夏季平均累积降雨量（单位：mm）　(b) 极端降雨强度（单位：mm/h）

(c) 中等降雨强度（单位：mm/h）

注：实线为北京主城区，虚线为北京平原区边界。

图 5-18　2008~2012 年夏季两种模拟情景中的变化

度在城区有微小的增加趋势，而在城市下风区没有明显变化。

通过对比 CRL 和 NRB 两种情景下降雨的差异，可以发现城市下垫面使 2008~2012 年夏季平均累积降雨量、极端降雨和中等降雨强度都在城区增加，其中夏季平均累积降雨量和极端降雨强度在城市下风区也有增加的趋势，但是增幅小于城区。

除了比较两种情景下降雨强度的差异，本节研究还分析了不同强度的降雨出现的频次变化，即不同强度阈值内的降雨时段占全部降雨时段的比例，计算方法如下：

$$\text{Freq}_i = \frac{\sum \text{Period}_i}{\text{RainPeriod}} \times 100\% \qquad (5\text{-}7)$$

式中，i 表示降雨强度的不同阈值，分为 5 类；Period_i 和 RainPeriod 分别表示降雨强度为 i 的降雨时段和全部降雨时段。

图 5-19 显示了 2008~2012 年北京夏季城区不同强度降雨的频次变化。可以看出，强降雨（>12 mm/h）的频次变化最为显著，平均增幅约为 22%；其次是次级强降雨（5~12 mm/h），平均增幅约为 13%；中等强度降雨（0.3~4 mm/h）

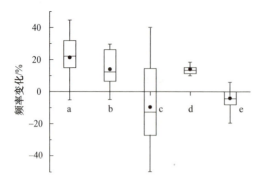

注：a～e 对应的雨强区间分别为＞12 mm/h、5～12 mm/h、4～5 mm/h、0.3～4 mm/h 和＜0.3 mm/h。箱型图特征值从上到下依次为最大值、75th 百分位数、中值、25th 百分位数和最小值，黑点表示均值。

图 5-19　2008～2012 年北京夏季城区不同强度降雨的频次变化

的区域平均增幅与次级强降雨一致，而区域内的变异性小于强降雨和次级强降雨。

基于以上分析可以看出，北京城区的极端及中等强度降雨的量级和频次在城区都有增加，这就表明受城市下垫面的影响，北京城区及城市下风区的强降雨事件增多，量级也有所增加，从而使北京夏季累积降雨量增多。

5.4.2　对流活动发生条件的变化

上一节的研究发现，城市下垫面对北京夏季降雨有影响，尤其是对强降雨的影响显著。通过研究城市下垫面对对流活动的改变可以揭示城市下垫面对夏季降雨（尤其是强降雨）的影响机制。

1. 动力条件

描述对流活动特征的参数主要有平衡高度（equilibrium level，EL）、大气边界层（planetary boundary layer，PBL）厚度、对流有效位能（convective available potential energy，CAPE）、对流抑制能量（convective inhibition，CIN）、抬升凝结高度（lifted condensation level，LCL）和自由对流高度（level of free convection，LFC）等。主要参数的物理含义可以借助温度对数压力图来说明（Stull，1988；朱乾根等，2007），如图 5-20 所示。

实际大气中不饱和气块的抬升首先是按照干绝热直减率抬升，即沿着图 5-20 中的干绝热线达到抬升凝结高度，气块达到饱和后再按照湿绝热直减率抬升。大气中实际的温度分布称为层结曲线，气块自身温度分布曲线为干绝热线和湿绝热线。湿绝热线与层结曲线的第一个交点（图 5-20 中的 F 点）为自由对流高度。气块达到自由对流高度之后只需要借助气块自身浮力就可以实现自由抬升，到达平衡高度。

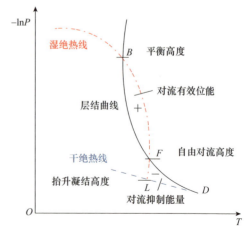

图 5-20　大气层结曲线、干绝热线和湿绝热线示意图

湿绝热线与状态曲线之间的面积表示气块自身的不稳定能量，也称为对流有效位能，具体含义为

$$\text{CAPE} = \int_{P_{\text{LFC}}}^{P_{\text{EL}}} R \cdot \Delta T \, \mathrm{d}\ln P \qquad (5\text{-}8)$$

式中，CAPE 为对流有效位能，kJ；R 为理想气体状态常数，约等于 8.31 J/(mol·K)；P 为气压，Pa；T 为温度，K。

理想气块浮升理论认为，对流有效位能越大，气块的不稳定能量越大，气块垂直上升速度越大，对流性天气也就越强。与 CAPE 对应的是图 5-20 中 DFLD 包围的区域，通常被称为对流抑制能量，即对流能够发生需要从外界获取足够的抬升能量，如借助地形抬升等。

图 5-21 显示了最大对流有效位能、大气边界层厚度及自由对流高度在两种模拟情景中的差异。最大对流有效位能为对流有效位能的最大值，一般对应最不稳定层（通常是在表层）的对流位能。从图 5-21（a）中可以看出，最大对流有效位能在城区有显著的减少。相对于 NRB 情景，CRL 情景将农田替换成了混凝土或者沥青的墙面或路面，使长、短波辐射被地表吸收和存储，同时城市人为热源也增加了地表的热量来源，最终的结果是使城市下垫面潜热通量减少，显热通量增加，对流有效位能在城区显著减少可能与潜热通量的减少有关。

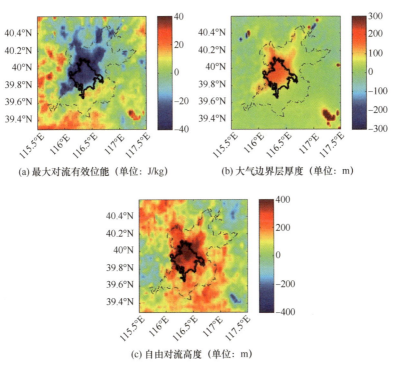

(a) 最大对流有效位能（单位：J/kg）

(b) 大气边界层厚度（单位：m）

(c) 自由对流高度（单位：m）

注：实线为北京主城区，虚线为北京平原区边界。

图 5-21　最大对流有效位能、大气边界层厚度及自由对流高度在两种模拟情景中的差异

与对流有效位能变化不同的是,大气边界层厚度及自由对流高度在城区都表现出显著增加[图 5-21(b)和(c)],在其他空间区域没有明显的变化。抬升凝结高度变化趋势与自由对流高度一致。

自由对流高度、抬升凝结高度及大气边界层厚度在城区的显著增加与城市下垫面的物理属性直接相关。与自然植被的下垫面相比,城市下垫面通过改变地表反照率和热传导率等物理属性,直接导致地表的能量分配与传输方式发生改变,使显热通量显著增加,潜热通量减少(孙挺,2013)。此外,城市地区人为热源的排放通常以显热的形式传输到边界层内部,进一步增加了城区的显热通量。城市地区能量的变化特征也就直接产生了城市热岛效应。显热通量的增加为气块的上升运动提供了足够的能量,从而增强了对流活动的强度,进一步通过影响自由对流高度、抬升凝结高度及大气边界层的厚度,对大气边界层内的降雨过程产生影响。

2. 水汽条件

城市冠层中气温的升高也会增大空气中的饱和水汽压,气温和饱和水汽压之间的数学关系符合克劳修斯-克拉佩龙(Clausius-Clapeyron,CC)方程的描述,即气温每升高 1℃,饱和水汽压增加 7%(Held and Soden,2006),关系式如下:

$$\mathrm{d}\ln e_s = \frac{L}{RT^2}\mathrm{d}T \qquad (5\text{-}9)$$

式中,e_s 为饱和水汽压,Pa;T 为温度,K;L 为水的蒸发潜热,kJ/mol;R 为理想气体状态常数,约等于 8.31 J/(mol·K)。

图 5-22 为北京城区全年日平均气温与日降雨强度之间的关系。气温与雨量站位于主城区,用于表示城区空间范围内的水热条件。将气温划分成若干组,并且每隔 2℃ 为一组,根据对应温度组合内的日降雨量确定相应的降雨百分位数,本节研究取 99th、95th 和 90th 3 种百分位数,用于表示城区的极端降雨情况。从图 5-22 中看出,降雨量在不同的温度之间略有波动,但是整体上降雨量与气温符合 CC 方程描述的 7% 的比例关系。许多研究者在不同国家和地区对 CC 关系进行了检验(Allan and Soden,2008;Lenderink and van Meijgaard,2008,2010;Shaw et al.,2011)。

从图 5-22 中可以发现,当气温超过 15℃ 时,二者之间的比例接近

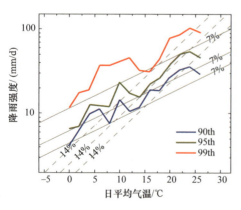

图 5-22 北京城区全年日平均气温与日降雨强度之间的关系

14%，属于"超CC关系"（super Clausius-Claperyron）（Kevin et al.，2003；Lenderink and van Meijgaard，2008）。一般而言，这种"超CC关系"发生在强对流活动的条件下，并且在夏季尤其显著。可能的解释是，积雨云中凝结潜热释放的热量进一步增强了对流的强度，从而使气温和降雨的比例关系超过了理论阈值。

饱和水汽压的增加提升了空气中水汽的容纳能力，从而为降雨过程提供了良好的水汽条件。与此同时，城市地表的显热传输过程也为气团的抬升提供了充足的动力条件。在二者的共同作用下，夏季对流性降雨在城区得到显著增强。

因此，通过对比和分析模式对北京2008~2012年夏季降雨的模拟结果及不同数值模拟情景下对流活动的关键影响要素，可以认为北京城区下垫面的热量（尤其是显热通量）传输过程是影响夏季降雨（尤其是强降雨）的关键因素。

第 6 章　湖滨城市对暴雨的影响规律与机理

城市下垫面对降雨的影响需要考虑研究区所处的地理环境，如对于湖滨城市，局部区域的大气环流（如湖陆风）也会对降雨过程产生影响，从而使城市下垫面对降雨的影响机制变得复杂。本章以美国密尔沃基市为研究对象，通过对湖滨城市夏季典型降雨过程进行模拟和分析，探讨复杂地形条件下城市下垫面对降雨的影响机制。

6.1　研究区概况

本章选取美国密尔沃基市作为湖（海）滨地区城市的典型代表，研究其城市对夏季暴雨的影响规律与机理。密尔沃基市位于美国中部，是威斯康星州的最大城市，地处密歇根湖（北美五大湖之一）的西岸，是一个典型的湖滨城市。被研究区地势平坦，平均海拔为 100～600 m，多年平均降雨量在 700 mm 左右，属于美国中西部温带气候，同时受五大湖的影响，属于大陆性气候区。该地区在 1992～2006 年经历了较为快速的城镇化进程。

图 6-1 显示了密尔沃基地区 1995～2010 年 6～9 月场次降雨平均累积降雨量的空间分布及夏季（6～8 月）云－地闪电（cloud to ground lightning）频次空间密度。云－地闪电数据由美国闪电探测网（national lightning detection network，NLDN）提供。从图 6-1（a）可以看出，1995～2010 年夏季降雨中心分布在密尔沃基主城区的西部，并且降雨等值线在主城区有显著的变化梯度，中心最大平均累积降雨量为 90 mm，并在城区外围迅速减小至 50 mm。累积降雨等值线显著的变化梯度及其所处位置表明，该地区夏季降雨中心较易出现在密尔沃基市的主城区。云－地闪电频次空间密度分布特征与场次降雨平均累积降雨量的分布一致，表明该地区夏季暴雨的空间格局与平均降雨量表现一致。

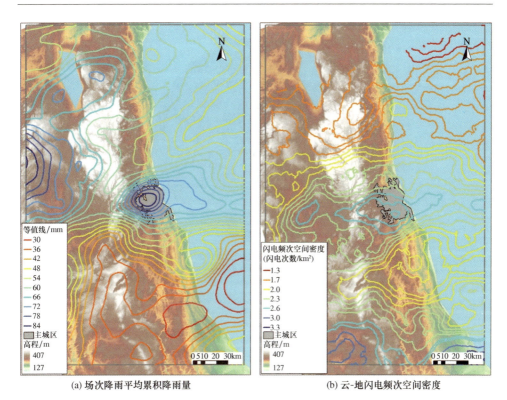

(a) 场次降雨平均累积降雨量　　　　　(b) 云-地闪电频次空间密度

图 6-1　密尔沃基地区 1995～2010 年 6～9 月场次降雨平均累积降雨量的空间分布及夏季（6～8 月）云－地闪电频次空间密度

6.2　典型降雨过程

以被研究区内 2010 年 7 月 22～23 日（以下简称为"7.22"）的一场降雨过程来表示该地区夏季降雨的典型特征。"7.22"降雨过程覆盖美国中西部的大部分州市（包括艾奥瓦州、伊利诺伊州和威斯康星州等），累积降雨量的中心分布在威斯康星州和伊利诺伊州的交界地带，降雨区大体呈西北—东南走向（图 6-2）。

这次降雨过程的最大降雨强度为 60 mm/h，产生的洪峰量级约为 1 m³/(s·km²)（图 6-3），暴雨引发的洪峰是该地区 2000～2010 年发生的第三大洪峰。这次洪水过程导致的经济损失仅在威斯康星州就超过了 2770 万美元，其中密尔沃基市的经济损失约为 2410 万美元。

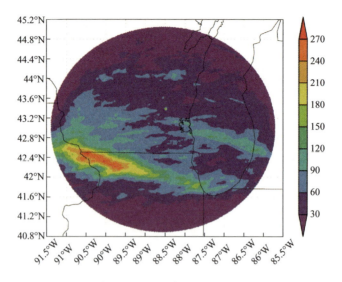

图 6-2 "7.22"降雨过程累积降雨量的空间分布（单位：mm）

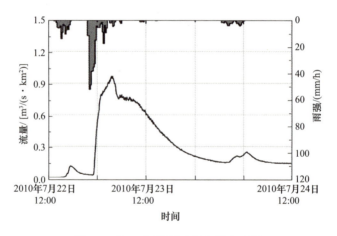

图 6-3 "7.22"降雨过程和洪水过程

6.2.1 降雨前期天气背景

图 6-4 显示了这次降雨的前期天气背景，两个显著的高压中心分布在北美大陆。主高压中心控制美国东南部地区，次高压中心出现在美国西部地区，高压脊线伸向墨西哥湾地区；低压中心位于北美五大湖的北部、美国和加拿大边境附近。这种高、低压的组合分布为大尺度的水汽传输提供了良好通道。

Johnson（1989）基于等熵分析法对这次降雨过程的水汽来源及水汽传输的动力特征进行了分析。与传统基于等压面或等高面的分析方法不同，等熵分析法是在等位温面上分析特定时刻的天气状况。位温的定义如下（朱乾根等，2007）：

第 6 章 湖滨城市对暴雨的影响规律与机理

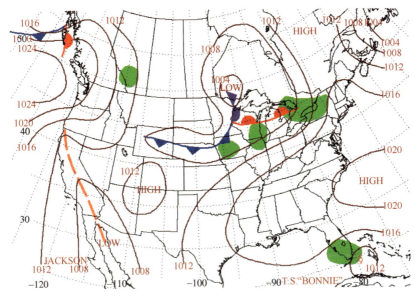

图 6-4 "7.22"降雨过程发生的前期天气背景

$$\theta = T\left(\frac{1000}{P}\right)^{R/C_p} \quad (6-1)$$

式中，θ 为位温；T 和 P 分别为气温（K）和压强（hPa）；R 为理想气体状态常数，J/(mol·K)；C_p 为等压比热容，J/(kg·K)。

与等压或者等高分析法相比，等熵分析法考虑了湿气团绝热上升的过程，因此从等熵面上来看水汽的运动路径在空间上是连续的。图 6-5 为基于等熵分析法得到的"7.22"降雨过程在不同时刻[7月22日9:00（UTC）、15:00（UTC）、21:00（UTC）和7月23日3:00（UTC）]的天气状况，包括湿度场、风场和气压场的空间分布特征。

从图 6-5 可以看出，整个降水过程受西南风控制，平均风速从 5 m/s 增强为 20 m/s，而后逐渐减小。水汽传输受主控风向的影响，从墨西哥湾北上进入美国中部地区。在 9:00（UTC），水汽分布相对均匀，气压等值线的梯度不显著[图 6-5（a）]；在 15:00（UTC），湿气团发生了空间聚集，绝对湿度最大值为 13 g/kg，位于美国中部的内布拉斯加州，属于水汽传输带的上游[图 6-5（b）]；21:00（UTC）出现了这次降雨过程的主雨峰，湿气团从水汽传输带的上游移动到强降雨区（威斯康星州）。气团在移动的过程中气压从 750 hPa 减至 650 hPa，表明气团经历了显著的动力抬升作用。水汽传输带覆盖内布拉斯加州、堪萨斯州、艾奥瓦州和威斯康星州等地区，传输带内的平均风速约为 20 m/s。这种水汽传输具有典型的低空急流特征，低空急流通常能够加强水汽辐合中心的形成，并

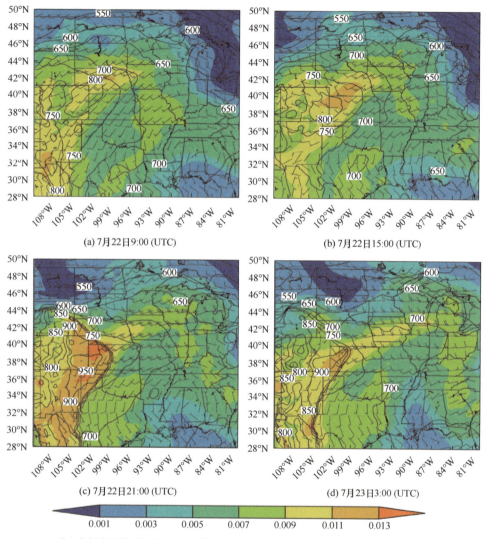

注：色标表示绝对湿度，kg/kg；数字标注为气压，hPa；单个风杆表示风速为 10 m/s。

图 6-5　基于等熵分析法得到的"7.22"降雨过程在不同时刻的天气状况

常常伴随极端降雨事件的发生。水汽传输在 7 月 23 日 3:00（UTC）有减弱的趋势［图 6-5（d）］。快速并且极为湿润的水汽传输过程是产生这次强降雨过程的直接原因。

值得说明的是，图 6-6 显示在雨峰出现之前［15:00（UTC）］大气环境中蕴含了较高的对流有效位能。对流有效位能在威斯康星州和伊利诺伊州的交界处表现出较强的梯度（等值线分布较密，如图 6-6 中黑框表示，同时也是降雨中心的位置），对流有效位能的最大值约为 2000 J/kg，最小值约为 500 J/kg。显著的对流有效位能梯度表明这次降雨过程具备了较好的动力条件。良好的水汽供给及动力条件使这次降雨过程有较大的空间覆盖范围和降雨强度。

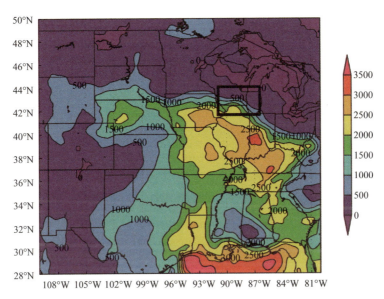

图 6-6　7月22日15:00（UTC）对流有效位能的空间分布（单位：J/kg）

6.2.2　暴雨云团的演变规律

1. TITAN 算法原理

基于暴雨识别和追踪（thunderstorm identification tracking and nowcasting，TITAN）算法（Dixon and Wiener，1993）对这次降雨过程暴雨云团的形态及结构的演变特征进行分析。TITAN 算法的原理简要介绍如下。

TITAN 的核心是基于雷达三维反射率因子对暴雨云团已经存在的运动路径及形态和结构进行回顾式分析，并对暴雨云团未来的状态进行预测，其主要功能可分为 3 个部分：识别、追踪和预测。TITAN 算法首先需要将极坐标形式的雷达数据转换为笛卡儿坐标，以便对分析结果的解译及相关参数进行计算。此外，TITAN 对实测雷达数据还要进行简单预处理，如去除地物杂波等，相关预处理方法可参考 Dixon 和 Wiener（1993）。

1）识别

暴雨云团识别是 TITAN 算法及其他类似算法中的关键环节。本节研究开发的 SCI-2D（storm cell identification 2D）算法就是一种暴雨云团识别算法，而 TITAN 算法需要对三维暴雨云团进行识别，因此除了判别任意水平高度云团之间的距离，还要考虑垂直方向上的间距。TITAN 算法将识别出的三维暴雨云团投影到二维平面上,用椭圆表示云团投影后的形状,从而就把三维问题转换成了二维问题,同时也便于后续处理。暴雨云团形态和结构的主要参数,如平均反射率、最大反射率及其出现的高度等可以在识别过程计算出来。

2)追踪

图6-7为连续两个时间间隔中暴雨云团的可能移动路径。这个环节的关键在于从t_2时刻找出与t_1时刻中各个暴雨云团所对应的云团。如果能够确定每两个相邻时刻所对应云团的位置,那么整个暴雨云团的运动路径就可以确定下来。为了找到对应暴雨云团的位置,TITAN算法中有3条假设:

(1)运动路径宜短不宜长,考虑雷达监测的时间间隔较短,为5~6 min,暴雨云团在相邻时刻运动的距离不会太长。

(2)相似性准则,云团在相邻时刻应具有相似的形状和大小。

(3)路径长度限制,相邻时刻云团的运动路径有上限(可根据云团移动速度预估)。

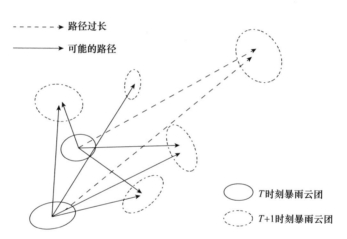

图6-7 连续两个时间间隔中暴雨云团的可能移动路径

从本质上讲,寻找相邻时刻对应暴雨云团的过程是一个数学优化问题,即通过最小化目标函数找到相邻时刻暴雨云团的位置。假设暴雨云团i在t_1时刻的状态为$S_{1i}=(\overline{x_{z1i}}, \overline{y_{z1i}}, V_{1i})$,暴雨云团$j$在$t_2$时刻的状态为$S_{2j}=(\overline{x_{z2j}}, \overline{y_{z2j}}, V_{2j})$,$t_1$和$t_2$时刻分别有$n_1$和$n_2$个暴雨云团。任意两个暴雨云团状态之间的"距离"用$C_{ij}$表示,即

$$C_{ij}=w_1 d_p + w_2 d_v \tag{6-2}$$

式中,w_1和w_2为权重系数(都设为1.0);d_p和d_v分别表示位置和形状的"距离",并且

$$d_p=\sqrt{(\overline{x_{z1i}}-\overline{x_{z2j}})^2+(\overline{y_{z1i}}-\overline{y_{z2j}})^2} \tag{6-3}$$

$$d_v = |V_{1i}^{1/3} - V_{2j}^{1/3}| \tag{6-4}$$

最优化问题的约束条件基于第三条假设，即 $d_p/\Delta t < s_{max}$，其中 s_{max} 为允许出现的最长路径。目标函数的最小化如下式：

$$Q = \sum_{i=1}^{n_t} C_{ij} \tag{6-5}$$

即对相邻时刻出现的所有暴雨云团的"距离"进行累加，其中 $n_1 \leq \min(n_1, n_2)$。

此外，确定相邻时刻暴雨云团的路径时还要考虑暴雨云团自身形态的变化，如分离和合并，如图 6-8 所示。对于分离，TITAN 基于 t_1 时刻暴雨云团的位置预测出其在 t_2 时刻可能出现的位置，之后对所有 t_2 时刻新出现的暴雨云团位置进行检验。如果这些新的云团落在了预测的范围内，那么就认为 t_1 时刻的暴雨云团发生了分离。新的暴雨云团通过上面提到的最优化过程得到，将没有任何历史对应关系的云团认为是新出现的云团。云团合并的判断方法与分离类似。

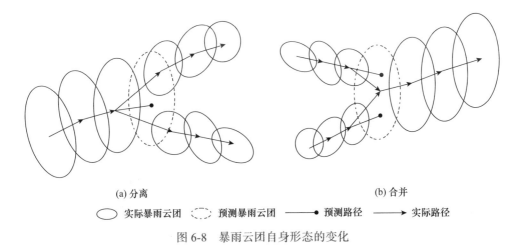

(a) 分离　　　　　　　　　　　　　(b) 合并

○ 实际暴雨云团　　⌒⌒ 预测暴雨云团　　●—— 预测路径　　—→ 实际路径

图 6-8 暴雨云团自身形态的变化

3）预测

暴雨云团的预测不仅指对云团运动路径的预测，还包括对暴雨云团形态和结构的预测。TITAN 算法的基本假设是：①暴雨云团可近似认为沿直线运动；②云团的增长和衰减速率也呈线性变化。

TITAN 算法对暴雨云团的预测建立在对历史状态分析的基础之上，其过程本质上是对历史状态进行加权线性回归，其中历史状态的权重以指数形式递减。假设 p_i 表示暴雨云团的一个参数，其中 $i=0$ 表示当前时刻，$i=1$ 表示上一时刻，依此类推，$i=0, 1, \cdots, n_t-1$。历史状态的权重设为 $W_i = \alpha^i$（$0 < \alpha < 1$），对 $w_i p_i$ 和 t_i 进行线性回归，如图 6-9 所示。确定出回归直线的坡度即为当前时刻参数 p_0 的变率，对下一时刻 p_t 的预测按照下式计算：

$$p_t = p_0 + \frac{\mathrm{d}p}{\mathrm{d}t} \cdot \Delta t \tag{6-6}$$

式中，Δt 为时间间隔，通常为雷达波束扫描一周所需的时间，为 5～6 min。

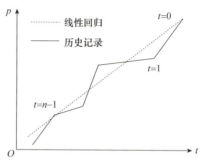

图 6-9　历史状态参数线性回归

2. "7.22"暴雨云团的演变特征

图 6-10 显示了基于 TITAN 算法识别出的"7.22"降雨过程的累积降雨量及暴雨云团演进路径。暴雨云团在 7 月 22 日 22:40（UTC）～23:00（UTC）通过密尔沃基市的主城区，主云团在城区的西北部发生短暂的滞留和回旋，这一演进特征也就直接导致这场降雨的累积降雨中心出现在城区的西北部。

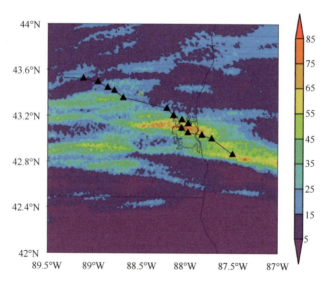

注：实线表示密尔沃基主城区及行政边界；色标表示累积降雨量，mm；▲表示暴雨云团演进路径。

图 6-10　基于 TITAN 算法识别出的"7.22"降雨过程的累积降雨量及暴雨云团演进路径

第6章 湖滨城市对暴雨的影响规律与机理

基于 TITAN 算法同时可以得到暴雨云团主要的形态及结构参数的动态演变特征。图 6-11 显示了"7.22"暴雨云团的形态及结构参数的演变特征。相对于暴雨云团的完整演进过程，本节研究更加关注暴雨云团通过主城区时的演变特征。除了主要暴雨云团的移动速率外，其余 3 个参数在暴雨云团通过主城区时都表现出显著的增长，暴雨云团的移动速率一直维持在 70 km/h [图 6-11（d）]。雷达最大反射率及其出现的高度常常用于表征大气边界层内对流活动的强度（Smith et al., 1996），对于这次降雨过程，雷达最大反射率在暴雨云团通过主城区时从 55 dBZ 增加到 65 dBZ [图 6-11（a）]，并在暴雨云团通过城区后维持这一水平（超过 60 dBZ）；最大反射回波高度也从 3 km 增加为 9 km，平均高度超过 6 km [图 6-11（b）]。最大反射回波高度与反射层顶的高度变化一致，反射层顶的高度平均值为 12 km，最大值为 18 km，出现在 7 月 22 日 22:00（UTC）。这两个参数都与大气边界层中强烈的对流活动显著相关。因此，受城区大气边界层垂向对流活动的影响，暴雨云团最大反射回波高度及反射层顶在城区都有明显的增加，这就表明暴雨云团在通过城区时，在结构上表现为垂直向上发展。

图 6-11（c）显示了简单暴雨云团个数的演变特征。这里的"简单暴雨云团"是指没有任何形态变化（分离或者合并）的暴雨云团。通常来讲，简单暴雨云团是从复合暴雨云团中分离出来的，并且这些简单暴雨云团最终也将重新合并成复合暴雨云团，或是直接消亡。简单暴雨云团个数可以用于直接表征暴雨云团形态的改变。从图 6-11（c）中可以看出，简单暴雨云团个数在暴雨云团通过主城区时表现出显著增加，证明主要暴雨云团在通过城区时发生了显著的分离；通过城区后，简单暴雨云团个数有所减少，表明云团发生了合并。这一结论与北京地区 2008~2012 年夏季暴雨云团的形态演变特征一致。

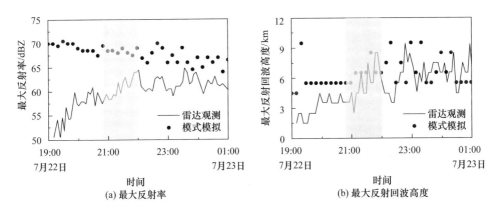

图 6-11 "7.22"暴雨云团的形态及结构参数的演变特征

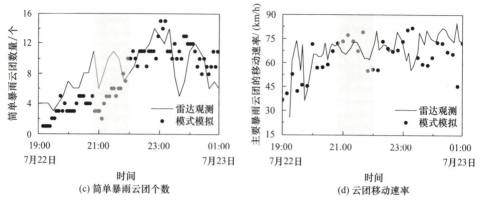

(c) 简单暴雨云团个数

(d) 云团移动速率

注：灰色阴影区为暴雨云团通过密尔沃基主城区的时间。

图 6-11 （续）

6.3 模式设置与验证

6.3.1 模式基本设置及参数化方案

本节基于城市气象模拟系统 WRF-Turban 构建密尔沃基市的气象模拟系统，对"7.22"降雨过程进行模拟。WRF 模式设置了 3 层单向嵌套区间（图 6-12）。模式中 3 层区间的水平网格数分别为 100×100、181×172 和 250×250，网格的水平间距分别为 9 km、3 km 和 1 km。模式在垂向上剖分为 55 层，模式层顶设为 100 hPa。在 3 层嵌套区域的积分时间步长分别为 30 s、10 s 和 10 s 或 3 s，模拟结果的输出时间间隔分别为 6 h、3 h 和 1 h。模式模拟的初始场和边界场来自北美地区再分析资料，数据的空间分辨率为 32 km，时间分辨率为 3 h。模式模拟的时段为 7 月 21 日 00:00（UTC）～7 月 24 日 00:00（UTC），包括这场降雨的全部过程。

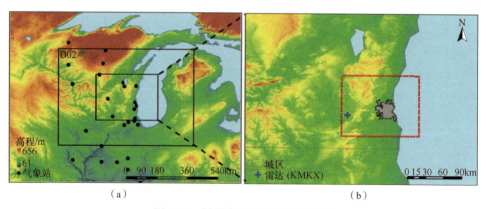

图 6-12 被研究区概况及模式设置

模式中耦合了单层城市冠层模型,用于更加精确地表示城市下垫面的水热通量及其他物理属性。土地利用数据来自美国地质调查局提供的NLCD（national land cover data）2006年的数据集。

WRF模式中用到的主要物理参数化方案总结在表6-1中。

表6-1 模式参数化方案设置

方案类别	设置模型	方案类别	设置模型
微云物理	WSM6	地表层	Monin-Obukhov
大气边界层	YSU（Yonsei University）	城市下垫面	单层城市冠层模型
长波辐射	RRTM	陆面模式	Noah陆面过程模型
短波辐射	New Goddard	土地利用数据	NLCD 2006

6.3.2 模拟结果验证

基于多种观测资料,对CRL情景的模拟结果进行验证。地面气象数据来自美国的自动地面观测系统（automated surface observing system,ASOS）的观测站点,共有26个站点分布在被研究区内,站点的空间分布如图6-12（a）所示。26个气象站主要提供2 m气温和绝对湿度的观测数据,数据的时间分辨率为1 h。密尔沃基市水务管理局为这次降雨过程提供了连续的降雨实测雨量数据,主城区内共分布有21个雨量站。此外,美国下一代天气雷达监测站网WSR-88D的KMKX雷达不仅可以反演出这次降雨过程的降雨强度,还能对大气边界层内的风场进行动态监测,借助VAD（velocity azimuth display）方法对大气边界层内的水平风剖面（风速和风向）进行分析。VAD资料主要用于验证模式对降雨过程中风场的模拟结果。模式验证使用的观测数据如表6-2所示。

表6-2 观测数据的相关属性

类别	观测要素	时间	来源及备注
雨量站	降雨	1 h	21个站点
气象站	气温和绝对湿度	1 h	26个ASOS站点
雷达	降雨	5～6 min	美国下一代天气雷达
	水平风剖面	5～6 min	

从累积降雨量及降雨过程、气温和绝对湿度、风剖面、暴雨云团演进特征4个方面对模拟结果进行验证。

1. 累积降雨量及降雨过程

图6-13显示了"7.22"降雨过程累积降雨量的空间分布。通过对比可以发现,模式准确地模拟出了暴雨中心的位置,即位于威斯康星州和伊利诺伊州交

界。与雷达反演结果相比，模式模拟结果略有偏高，模式中累积降雨量的最大值约为 300 mm，而雷达反演结果约为 270 mm；此外，模式中降雨的空间分布范围更广。雷达反演的累积降雨量与模拟结果之间的平均绝对误差约为 8.1 mm，均方根误差为 36.6 mm，二者的空间相关系数为 0.46。相关系数通过显著度为 5% 的显著度检验（黄振平，2003），表明模拟结果与实测值有较好的一致性。从较大空间范围来看，模式模拟的累积降雨量偏高于雷达观测结果，对于关注的密尔沃基主城区，区域降雨强度在模式中略有低估。

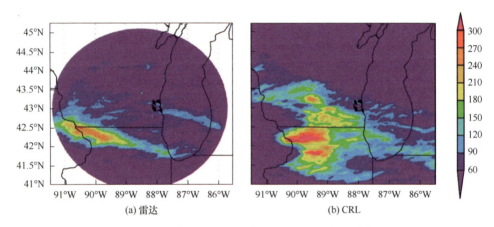

图 6-13 "7.22" 降雨过程累积降雨量的空间分布（单位：mm）

图 6-14 显示了 "7.22" 暴雨云团的演进过程。从图中可以看出，模式能够较好地模拟出降雨过程的演进时间，并且暴雨云团在不同时刻的空间形态也与雷达观测结果表现一致。然而，模式模拟的反射率最大值要明显小于实测雷达反射率，这就导致了模式中对城区降雨的模拟值小于实测结果。

图 6-15 为 "7.22" 降雨过程中密尔沃基市城区面平均降雨强度的变化。模式中区域平均降雨强度的变化与雷达监测结果在时间上表现一致，雨峰出现在 7 月 22 日 21:00（UTC）左右，模式对雨峰量级大概低估 5 mm/h。

2. 气温和绝对湿度

表 6-3 评估了模式对 2 m 气温和绝对湿度的模拟结果，采用 3 种评价指标，分别是平均偏差（MB）、均方根误差（RMSE）和相关系数（CC）。评价结果将区域内全部 26 个 ASOS 气象站点综合来考虑，并将观测系列分为白天（当地时间 8:00~20:00）和晚上（当地时间 20:00~次日 8:00）两个时段，从而用于评价模式在不同时段的模拟效果。整体来看，模式在夜晚时段的模拟结果要好于白天时段；绝对湿度模拟结果的一致性（用相关系数表示）在白天时段的表现要好于夜晚时段，气温则恰好相反。这可能与模式对辐射的计算偏差有关，白天受太

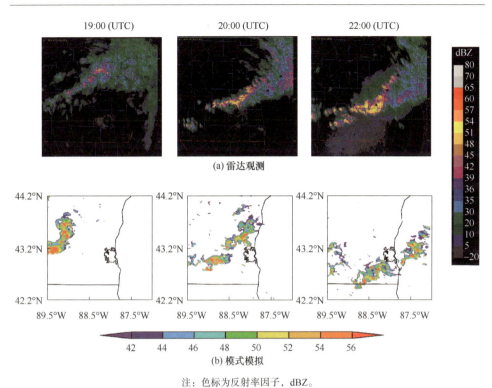

注：色标为反射率因子，dBZ。

图 6-14 "7.22"暴雨云团的演进过程

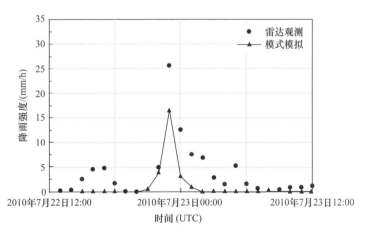

图 6-15 "7.22"降雨过程密尔沃基市城区面平均降雨强度的变化

阳辐射的影响，偏差较大。然而无论是气温还是绝对湿度，模式的模拟结果都略有高估，这就可能直接导致累积降雨量在较大空间范围内被高估（图6-14）。北京地区的降雨模拟结果也有相同的表现。

表 6-3　气温和绝对湿度模拟的评价结果

参数	平均偏差 MB			均方根误差 RMSE			相关系数 CC		
	全部	白天	晚上	全部	白天	晚上	全部	白天	晚上
气温 /K	0.55	0.92	0.17	2.25	2.53	1.87	0.81	0.68	0.76
绝对湿度（g/kg）	0.45	0.94	0.04	1.90	2.07	1.65	0.73	0.80	0.66

3. 风剖面

图 6-16 为在整个降雨过程风剖面的动态演变。雷达观测的 VAD 风剖面和 WRF 模式模拟的风场都插值到了相同的时间间隔（1 h）及垂直分层（200 m）。

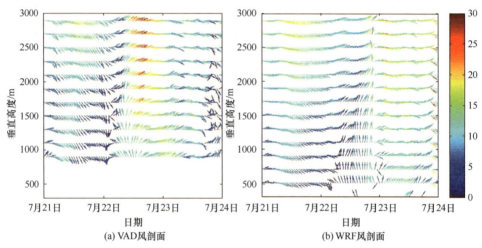

(a) VAD 风剖面　　　　　　　　(b) WRF 风剖面

注：色标表示风速，m/s；箭头方向表示风向，箭头垂直向上表示北风，向下表示南风。

图 6-16　整个降雨过程风剖面的动态演变

从整体上来看，降雨发生前[7月22日12:00（UTC）之前]主要以西北风为主，当水汽传输到威斯康星州时[18:00（UTC）]，低空风（1500 m 以下）以偏南风为主，而高空（1500 m 以上）主要为西南风，高空风速超过 25 m/s。在整个降雨过程中，平均风速也超过 15 m/s，具有低空急流的特征。与雷达监测结果相比，该模式较好地模拟出了风场的动态演变特征。低空风的模拟与观测结果基本一致，表明 WRF 模式可以捕捉到这次降雨过程伴随发生低空急流的特征。

4. 暴雨云团演进特征

基于前面所述 TITAN 算法及模式模拟出的降雨反射率因子，进一步分析模式对暴雨云团演进特征的模拟能力。

模式对最内层区间 7 月 22 日 18:00（UTC）～7 月 23 日 3:00（UTC）（主雨期）重新进行了精细化模拟，模拟结果的输出时间间隔改为 10 min，以适应 TITAN 算法对数据的要求。模拟的反射率因子与雷达具有一致的空间分辨率（1 km）。

图 6-11 比较了模式模拟与基于雷达观测的暴雨云团形态和结构参数的演变特征，分析的参数分别是最大反射率、最大反射回波高度、简单暴雨云团个数和主要暴雨云团的移动速率。通过对比可以发现，模式能够模拟出最大反射率的变化趋势，但是反射率强度为 65~70 dBZ，略高于实测值。模式对暴雨云团其他 3 个参数的模拟结果要显著好于对最大反射率的模拟，如模式准确地模拟出简单暴雨云团个数的变化特征，无论是绝对数量还是变化趋势（通过城区时显著增加），模拟结果与雷达反演结果都较为一致，表明模式能够准确地捕捉到暴雨云团的动态演进特征。

通过对模拟的降雨、气温及绝对湿度、风剖面的动态变化及暴雨云团形态和结构的演进特征进行验证，可以认为模式较好地反演出了"7.22"降雨过程的空间和时间特征，并且准确捕捉到了动态特征。整体来看，模式模拟出的气温及湿度与实测值相比偏高，从而导致模式对累积降雨量模拟的高估，然而这些模拟偏差都在合理的范围，未来的研究可以探讨进一步提高模拟精度的有效途径。

6.3.3 模拟情景设置

数值模拟研究的主要目的有两个：一是分析城市下垫面对"7.22"降雨过程的影响；二是分析模式中不同的城市下垫面表示方式对数值模拟结果的影响。因此，除了前面提到的模式设置（以下简称为 CRL 情景），本书研究另外单独设置了两种模拟情景。

（1）情景一：简称为 NUM 情景，与 CRL 情景的差别表现在模式中城市下垫面的表示方式。NUM 情景中没有采用单层城市冠层模型，城市地表的水热通量在模式中采用 Noah 陆面过程模型中简化的整体参数法。整体参数法和单层城市冠层模型除了在城市下垫面描述方法上有显著差别外，二者的差别还表现在模式中计算包含城市下垫面土地类型格点的平均通量，如图 6-17 所示。

对于模式中每个计算网格，首先需要根据土地利用数据判断格点中各种土地类型所占的比例，假设城市所占比例为 F_r，其他土地类型所占比例为 F_v。

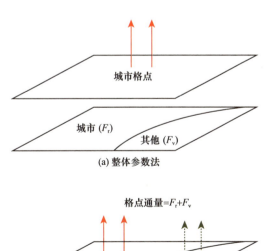

图 6-17 整体参数法及单层城市冠层模型对城市格点水热通量的计算关系

对于整体参数法,模式根据 F_r 和 F_v 的相对大小,确定格点的属性(城市还是非城市)。如果 $F_r > F_v$,那么标注为"城市"格点,所有土地类型都被看作城市,并根据整体参数法计算网格上的水热通量;如果 $F_r < F_v$,那么标注为"非城市"格点,所有土地类型都被看作被植被覆盖,并根据 Noah 陆面过程模型计算网格的水热通量。

然而对于单层城市冠层模型,模式分别计算不同面积上的水热通量(城市部分由城市冠层模型计算,其余由 Noah 陆面过程模型计算),然后通过相应的比例系数计算整个网格上的平均通量,即

$$F_{lux} = F_r \cdot UCM + F_v \cdot Noah \qquad (6-7)$$

式中,UCM 和 Noah 分别表示城市冠层模型和 Noah 陆面模型计算的通量。

通过对两种方法的描述可以看出,单层城市冠层模型对格点水热通量的计算方式更符合实际情况;整体参数法认为所有城市土地类型为主导的格点都被城市下垫面覆盖,本质上放大了城市下垫面的作用,因而也会对模拟结果产生影响。由于 NUM 和 CRL 情景在模式中都包含城市下垫面,将二者统称为城市情景。

(2)情景二:模式中密尔沃基主城区的城市土地利用[图 6-12(b)]用农田取代,通过对比 CRL 和 NRB 两种情景,可以得到城市下垫面对模拟结果的影响。

6.4 湖滨城市对降雨过程的影响机理

模式情景模拟的结果对比如图 6-12 中红色虚线区域,该区域以密尔沃基主城区为中心,包含城市、农田及水面等主要的土地利用类型,如图 6-18 所示。

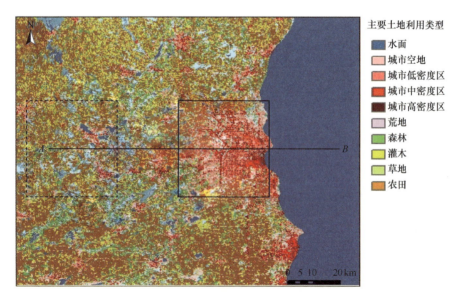

注:黑色实线为密尔沃基主城区;虚线为城区邻近的农田区。

图 6-18 密尔沃基城市区域

图 6-19 为密尔沃基主城区内气象要素在 3 种模拟情景（CRL、NUM 和 NRB）中的模拟结果。通过 3 种情景对比，可以发现 NRB 情景中潜热通量的峰值是 NUM 的 2 倍，而显热通量的变化则恰好相反。CRL 情景中潜热通量和显热通量的变化介于 NRB 和 NUM 之间。3 种模拟情景中通量变化的相位是一致的，但是白天时段的差别大于晚上时段。潜热通量和显热通量在 3 种模拟情景中的具体差别分析如下：对于 NRB 情景，城市植被覆盖度增加，从而提供了充足的水汽

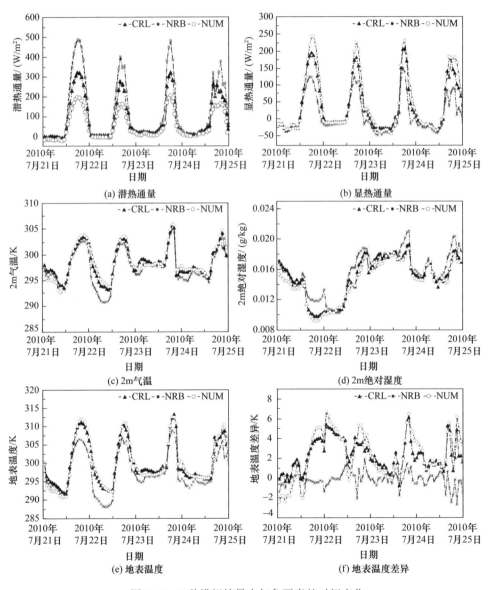

图 6-19　3 种模拟情景中气象要素的时间变化

来源，导致下垫面蒸散发增强；而对于两种城市情景（CRL 和 NUM），区间内植被覆盖有限，地表蒸、散发强度较弱，潜热通量相应也较小。显热通量的差异也和不同情景中下垫面的物理属性有关（孙挺，2013）。城市的出现使不透水路面及建筑物表面增加，太阳短波辐射受建筑物遮挡、反射等作用而被地表吸收，地表长波辐射也受同样的影响，使城市下垫面的净辐射增强，从而显著增加了NUM 和 CRL 情景中的显热通量。

通过对比两种情景中潜热通量和显热通量的模拟结果可以发现，NUM 情景的显热通量高于 CRL 情景，而潜热通量则相反。NUM 和 CRL 两种情景的差异在于模式中城市下垫面的表示方式分别是整体参数法和城市冠层模型法，这就验证了前面的分析，即整体参数法会高估模式中城市下垫面的影响。

气温和绝对湿度（图 6-19）两个气象要素在 CRL 和 NUM 两种情景的差异明显小于 CRL 及 NUM 与 NRB 情景的差异，表明气温和绝对湿度对土地利用类型的敏感程度要弱于模式中城市下垫面的表示方式。此外，在降雨开始之前 [7 月 22 日 12:00（UTC）]，两种城市情景（CRL 和 NUM）的气温略高于 NRB 情景，绝对湿度小于 NRB 情景。当降雨开始之后（以及整个降雨过程内），3 种情景的气温和绝对湿度差异不大。通过对这次降雨过程前期天气背景的分析可知，这次降雨过程是由大尺度的水汽传输引起的，尤其在降雨开始之后大气边界层内平流活动较强，使城区内气温和水汽含量在大气边界层内充分混合。因此，考虑气温会受大气活动的影响，本节研究采用地表温度（surface skin temperature，SST）表征城市下垫面的热力学属性。

与气温模拟结果不同的是，3 种情景中地表温度的差异比较明显，两种城市情景（CRL 和 NUM）模拟的区域平均地表温度比 NRB 情景高 3~5 K，最高值出现在中午，并且白天时段显著高于晚上时段。将城市热岛效应 UHI 定义为主城区和临近郊区范围内平均地表温度的差值，即

$$\text{UHI} = \overline{T_{\text{skin}}^{\text{urban}}} - \overline{T_{\text{skin}}^{\text{rural}}} \tag{6-8}$$

式中，$\overline{T_{\text{skin}}^{\text{urban}}}$ 和 $\overline{T_{\text{skin}}^{\text{rural}}}$ 分别表示城区和郊区的平均地表温度。城市热岛强度在整个降雨过程中的变化如图 6-19（f）所示。

采用地表温度表征城市热岛效应主要有两个原因：一是模式中地表温度的计算主要受地表辐射收支及下垫面属性的影响，不容易受大气环流的影响；二是地表温度是衡量地表辐射特征的主要因子，并且直接影响大气边界层内对流活动的强度（Jin and Dickinson, 2010; Jin, 2012）。

从图 6-19（f）中可以看出，两个城市情景（CRL 和 NUM）产生的地表温度差比 NRB 情景平均高 3~5 K，其中白天时段高 4~6 K，晚上时段高 0~2 K。一般认为城市热岛最强时刻出现在傍晚，城区平均气温比郊区高 2~4 K。由于本节研究的城市热岛效应由地表温度定义，地温差值最为显著的时刻出现在正

午,而不是傍晚;并且热岛效应强度也略高于前人研究。NUM 情景的热岛强度高于 CRL 情景,差异产生的原因与模式中城市下垫面的表示方式有关。对于 NRB 情景,密尔沃基主城区与邻近郊区的土地利用类型在模式中没有任何差别(与模式中农田取代城市下垫面有关),因此 NRB 情景的地表温度差值在 0 ℃附近波动,表明不存在城市热岛现象。

受城市下垫面热力学属性的影响,主城区和郊区上空的垂直风剖面也表现出明显的差异。图 6-20 为 7 月 22 日 21:00(UTC)3 种模拟情景的垂直风剖面。可以看出在 NUM 和 CRL 情景中,主城区上空的气流以上升运动为主,垂直运动速度超过 3.5 m/s,上升区分别位于城市中心(NUM 情景)和城区的西北边界(CRL 情景);然而对于 NRB 情景,主城区位置的气流以下沉运动为主,最大下沉速度为 2.5 m/s。

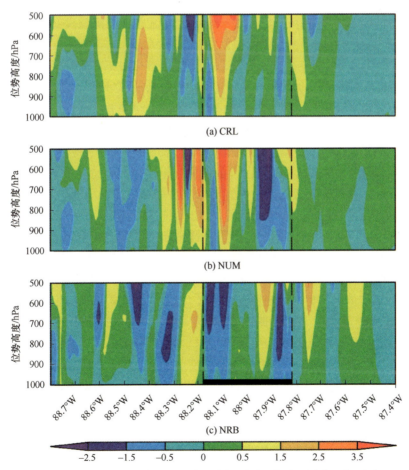

注:AB 线的位置如图 6-18 中所示;黑色区域表示主城区范围;垂直向上为正方向。
图 6-20　7 月 22 日 21:00(UTC)3 种模拟情景的垂直风剖面(单位:m/s)

由于边界层内垂直气流的运动，地表海平面气压也会受到扰动。图 6-21 为 7 月 22 日 21:00（UTC）3 种模拟情景的海平面气压场的空间分布。由于两种城市情景（CRL 和 NUM）中气流在主城区以上升运动为主，因此降低了地表海平面气压，而 NRB 情景以下沉气流为主，海平面气压升高。从图 6-21 中可以明显看出，NRB 情景中主城区内的海平面气压要高于另外两种模拟情景，大约高出 200 hPa。

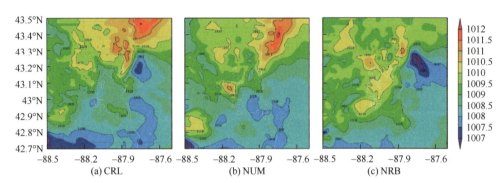

图 6-21　7 月 22 日 21:00（UTC）3 种模拟情景的海平面气压场的空间分布（单位：hPa）

通过对降雨发生前期大气边界层气团垂向运动及下垫面海平面气压状况的分析可以看出，两种城市情景（CRL 和 NUM）中主城区上空的大气边界层存在显著的对流活动，与城市下垫面的热力学特征直接相关。

另外，垂直方向上的对流活动也使下垫面的气压发生改变，从而增大了主城区与位于城区东部密歇根湖区之间的地表气压梯度，而气压梯度是气流运动主要的驱动力。在该研究区内，地表气压梯度是湖陆风演进的动力（Freitas et al.，2006；Wen et al.，2010；Chen et al.，2011b）。图 6-22 为 7 月 22 日 21:00（UTC）3 种模拟情景水平风的垂直剖面，用于表示湖陆风的演进。虽然降雨发生前大尺度大气环流被西南风（陆风）控制，但是仍然可以清晰地识别出湖风在低空的演进。

从图 6-22 可以看出，对于 CRL 情景，湖风的演进在湖-陆边界上形成了"楔形"区域，湖风可以演进到城区的西部边缘；NUM 情景也出现了与 CRL 情景相似的"楔形"区域，但是空间范围相对更广，这个区域同样能够深入主城区的西边，并且在垂直方向向上延展至 1200 m。NUM 情景中湖风的演进强度要显著高于 CRL 情景；对于 NRB 情景，湖风演进形成的"楔形"区域面积较小，仅扩展到湖陆边界，这就表明当湖风演进到湖陆边界附近时便逐渐消亡，没能够进入密尔沃基主城区。在 NRB 模拟情景中，气流的水平运动仍受强劲陆风的控制。

另外，值得注意的是，NRB 情景中陆风的强度要远远高于两种城市情景（CRL 和 NUM）。这一方面是由于 NRB 情景中农田取代了城市，使地表粗糙度降低，减小了城市冠层对边界层气流的"拖曳"作用；另一方面是由于两种城市情景中湖风的演进在一定程度上与陆风形成"对峙"，使陆风的演进速度受了影响。

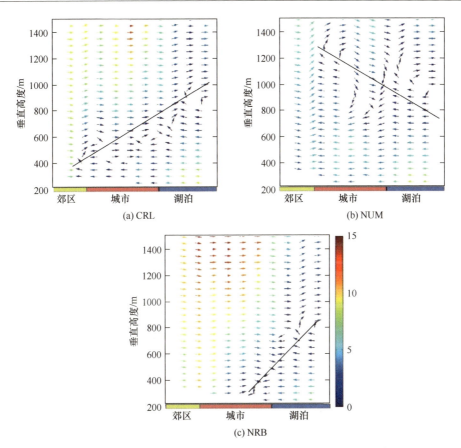

注：箭头颜色表示风速，m/s，箭头方向表示风向，指向右侧为陆风，左侧为湖风；
黑线表示湖陆风锋的交界面。

图 6-22　7 月 22 日 21:00（UTC）3 种模拟情景水平风的垂直剖面示意图

考虑这次降雨过程的水汽来源为大尺度的水汽传输，湖陆风的演进会对水汽辐合中心的形成及其空间位置产生影响。图 6-23 显示了 3 种模拟情景对雨峰时刻［7 月 22 日 22:00（UTC）］的降雨强度及水汽辐合中心的模拟结果。可以看出，水汽辐合中心的位置与最大雨强位置一致。对于两个城市情景（CRL 和 NUM），水汽辐合中心出现在主城区内部（NUM 情景）或者城区的西北边界（CRL 情景）；而对于 NRB 情景，水汽辐合中心在强劲陆风的作用下偏移到主城区外围的东北方向。

水汽辐合中心的位置直接导致 3 种模拟情景中主城区降雨强度的差异，在 NUM 和 CRL 情景中，雨峰强度分别为 22 mm/h 和 16 mm/h，而在 NRB 情景中，雨峰强度只有 7 mm/h（图 6-24）。

一方面，大气边界层内部的上升气流改变了湖－陆地表之间的气压梯度，增进了湖风的演进；另一方面，湖风演进到主城区，与陆风形成"对峙"，又进一

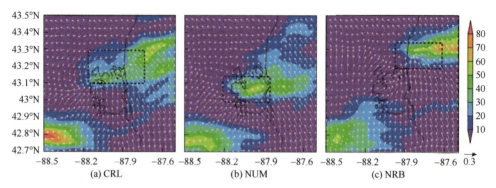

注：色标表示降雨强度，mm/h；箭头表示水汽通量，垂直向上表示正北，且箭头方向呈顺时针变化；黑色虚线表示水汽辐合中心的位置；黑色实线为密尔沃基城区。

图 6-23　7 月 22 日 22:00（UTC）的雨强和水汽通量

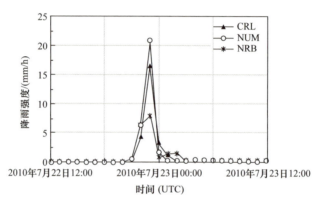

图 6-24　3 种模拟情景的下垫面平均降雨强度变化

步为边界层内部的对流活动提供了动力，二者形成正反馈作用，为维持对流活动提供了动力，从而导致水汽辐合中心出现在城区。

通过对比不同情景中"7.22"降雨过程的模拟结果，可以揭示密尔沃基城区下垫面对这次降雨过程的影响机制：城区下垫面改变了地表的能量分配方式，短波辐射被地表建筑物吸收和存储，直接导致地表温度升高，显热通量增强，潜热通量减少。显热通量为大气边界层内的对流活动提供了动力，使气团在主城区内以垂直上升运动为主，而在郊区则表现为下沉。对于密尔沃基-密歇根湖地区而言，气流的垂向运动对地表气压形成了扰动，增强了湖区与陆地之间的气压梯度，进而为湖风的演进提供了动力，使湖风得以深入主城区内部。与此同时，湖风的演进与陆风在主城区形成"对峙"，进一步增强了大气边界层内部气团的垂向上升运动，形成正反馈机制，从而使水汽辐合中心出现在主城区。对于这场降雨过程而言，城市下垫面对能量的分配方式是使城区降雨增强的直接原因，而湖陆风的水平演进和垂向对流的耦合形成正反馈机制，在一定程度上加剧了这种影响。

第 7 章 人为热排放对夏季降雨的影响规律

人为热对城市地区的陆气水热耦合过程有显著影响，但其对城市降雨分布和强度的影响还缺少系统研究。本章以北京地区 2014 年 7 月的多场降雨为研究对象，基于中尺度气象模拟系统，分析和揭示城区下垫面及其产生的人为热对夏季水文气象环境的影响规律。

7.1 人为热排放模式与情景设置

本节对北京地区的气象模拟系统加以改进并应用。模式中采用 WRF 3.6.1 版本进行计算，模式以北纬 39.915°、东经 116.384° 为参考经纬度，采用 3 层单向嵌套区间设置，其中最内层网格（D03）几乎覆盖整个北京地区，并预留较多的下风向缓冲区以保证达到降雨分析的需求。3 层嵌套网格的网格数量分别为 200×200、220×220 和 133×169，网格边长分别为 9 km、3 km 和 1 km。模式在垂直方向上地面以上部分剖分为 28 层，地面以下剖分为 4 层。模拟结果输出时间间隔分别为 3 h、1 h 和 1 h。模拟时间为 6 月 30 日 00:00（UTC）～7 月 2 日 15:00（UTC），本节研究只分析 6 月 30 日 16:00（UTC）～7 月 2 日 15:00（UTC）时间段的数据（即北京时间 7 月 1 日 00:00～7 月 2 日 23:00），而之前的 16 小时的计算作为系统预热计算，不用于后续分析。模拟所需的气象数据来自美国国家环境预报中心全球再分析资料，其空间分辨率为 1°×1°，时间分辨率为 6 h。模式中的主要物理参数化方案设置如表 7-1 所示。

表 7-1 物理参数化方案设置

参数化方案类别	参数名称	方案选择	方案代号
微云物理方案	mp_physics	WSM3	3
长波辐射方案	ra_lw_physics	RRTM	1
短波辐射方案	ra_sw_physics	MM5	1
陆面过程方案	sf_surface_physics	Noah	2
城市方案*	sf_urban_physics	UCM、UCM、BEM	1、1、3
边界层方案	bl_pbl_physics	MYJ	2
积云方案	cu_physics	未开启	0

* 城市方案中 D01 和 D02 层网格采用 UCM 参数化方案，而 D03 层网格采用 BEM 参数化方案。

需要说明的是，城市方案中的 BEM 方案是多层城市冠层方案，计算量较大，为节省计算时间，研究中将外两层网格城市冠层方案设置为 UCM 单层冠层方案，而在最内层网格中设置为 BEM 多层冠层方案进行计算。而且，由于本节研究关注人为热对降雨的影响仅限于北京地区，虽然 UCM 与 BEM 方案都提供加载人为热的选项，但是为了避免干扰，在 D01 与 D02 层中的 UCM 方案中关闭了人为热的选项，仅在 D03 层的 BEM 方案中考虑人为热。

模式中耦合了城市冠层模型，以更准确地反映城市下垫面中的复杂情况，如建筑物的类型、高度、遮挡情况等。对于 UCM 单层冠层模型，其对人为热的参数化设定只定义了 3 种城市下垫面类型的人为热最值及其日内分布特征，未充分考虑其不同热源的比例及日内分布的差异；而在非工业型城市（如北京）中，人为热主要来源于建筑能耗，包括建筑内的照明、电器设备使用及空调通风系统的热耗，其中又以空调通风系统的能耗为主；而建筑能耗模型 BEM 能够较好地表达在外部气象强迫之下，人类与建筑互动产生的建筑人为热的时空分布情况，因此在 D03 层选择 BEM 模型来耦合 WRF 进行计算。单层城市冠层模型 UCM 与建筑能耗模型 BEM 的主要参数如表 7-2 所示。

表 7-2 单层城市冠层模型 UCM 与建筑能耗模型 BEM 的主要参数

城市方案	参数类别	参数代号	参数取值		
			工商业区	高密度居住区	低密度居住区
UCM	建筑物高度 /m	ZR	10	7.5	5
	屋顶宽度 /m	ROOF_WIDTH	10	9.4	8.3
	路面宽度 /m	ROAD_WIDTH	10	9.4	8.3
	人为热峰值 / (W/m^2)	AH	90	50	20
UCM, BEM	城市所占比例	FRC_URB	0.95	0.9	0.5
	屋顶热容量 / [J/(m^3·K)]	CAPR	1.0×10^6	1.0×10^6	1.0×10^6
	墙壁热容量 / [J/(m^3·K)]	CAPB	1.0×10^6	1.0×10^6	1.0×10^6
	路面热容量 / [J/(m^3·K)]	CAPG	1.4×10^6	1.4×10^6	1.4×10^6
	屋顶热传导率 /[J/(m·s·K)]	AKSR	0.67	0.67	0.67
	墙壁热传导率 /[J/(m·s·K)]	AKSB	0.67	0.67	0.67
	路面热传导率 /[J/(m·s·K)]	AKSG	0.4004	0.4004	0.4004
	屋顶反照率	ALBR	0.2	0.2	0.2
	墙壁反照率	ALBB	0.2	0.2	0.2
	路面反照率	ALBG	0.2	0.2	0.2
	屋顶发射率	EPSR	0.9	0.9	0.9
	墙壁发射率	EPSB	0.9	0.9	0.9
	路面发射率	EPSG	0.95	0.95	0.95

续表

城市方案	参数类别		参数代号	参数取值		
				工商业区	高密度居住区	低密度居住区
BEM	屋顶动量粗糙度 /m		ZOR	0.01	0.01	0.01
	空调性能系数		COP	3.5	3.5	3.5
	窗墙比		PWIN	0.2	0.2	0.2
	热交换器效率		BETA	0.75	0.75	0.75
	空调使用状态①		SW_COND	1	1	1
	空调启动时刻		TIME_ON	00:00	00:00	00:00
	空调关闭时刻		TIME_OFF	24:00	24:00	24:00
	空调目标温度 /K		TARGTEMP	297	298	298
	舒适温度范围 /K		GAPTEMP	0.5	0.5	0.5
	空调目标湿度 /(kg/kg)		TARGHUM	0.005	0.005	0.005
	舒适湿度范围 /(kg/kg)		GAPHUM	0.005	0.005	0.005
	人员密度 /(人/m²)		PERFLO	0.02	0.01	0.01
	设备能耗峰值 /(W/m²)		HSEQUIP SCALE FACTOR	36	20	16
	街道参数	街道方位角 /(°)	STREET DIRECTION	0, 90	0, 90	0, 90
		街道宽度 /m	STREET WIDTH	20	25	30
		建筑宽度 /m	BUILDING WIDTH	20	17	13
	建筑高度 /m②		BUILDING HEIGHTS	15(10%) 20(25%) 25(40%) 30(25%)	10(20%) 15(60%) 20(20%) —	5(15%) 10(70%) 15(15%) —

注：▨ 区域表示情景设置时改动的参数类型。
① 空调使用状态，1 表示使用，0 表示不使用。
② BEM 模式下不同下垫面建筑高度和所占比例均有差异，括号内的百分比数据表示此类高度建筑所占比例。

本节研究中设置了两类情景来分析人为热的时空分布对北京地区夏季降雨的影响规律：第一类是在时间上改变 BEM 多层模式中对人为热热源的相关设定，第二类是在空间上改变下垫面分布情况。在该理念下，共设计了 4 种情景方案进行模拟，如表 7-3 所示。为研究人为热的时间分布差异对降水的影响，在方案一、方案二中下垫面分布不变的情况下，分别设置了不开启 BEM 模式下的人为热和完全开启人为热两种情景。为研究其空间差异对降水的影响，方案二、方案三、方案四分别采用了 3 类土地利用方案，如图 7-1（a）～（c）所示进行计算，其中图 7-1（a）是前面给出的结合 HSI 计算得到的下垫面类型分布，图 7-1（b）

为在图 7-1(a)基础上将工商业区整体北移 15 km 后得到的下垫面分布,图 7-1(c)为在图 7-1(a)基础上将 3 种城市下垫面随机分布得到的方案。设置这 3 类下垫面的情景是为了探索在实际情况下、高能耗区移动情况下及城市能耗分布随机的情况下城市人为热对降雨空间分布的影响。

表 7-3 不同方案的参数化设置

类别	方案一	方案二	方案三	方案四
土地利用方案	A	A	B	C
热交换器效率	缺省值	缺省值	缺省值	缺省值
空调使用状态	00:00	1:00	1:00	1:00
空调启动时刻	00:00	00:00	00:00	00:00
空调关闭时刻	00:00	24:00	24:00	24:00
人员密度 /(人/m²)	0	缺省值	缺省值	缺省值
设备能耗峰值 /(W/m²)	0	缺省值	缺省值	缺省值

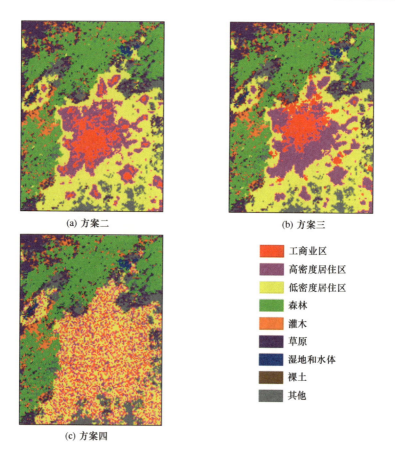

(a) 方案二 (b) 方案三

(c) 方案四

图 7-1 方案二、方案三和方案四的土地利用类型场景设置

7.2 人为热时间异质性对降雨的影响

7.2.1 对降雨时间分布的影响

根据北京夏季降雨的分布特征及相关研究，本节研究将降雨事件的起始和终止降雨强度分别设为 0.5 mm/h 和 0.1 mm/h。通过方案一与方案二的对比可以发现，考虑了人为热的方案二中，其降雨起始时间提前且降雨历时增长。方案一中，研究时段内共发生了两次降雨事件，一次出现在 7 月 1 日 13:00~7 月 2 日 00:00，另一次出现在 7 月 2 日 19:00~21:00；而方案二中第一次降雨时间与方案一一致，但第二次降雨事件发生在 7 月 2 日 17:00~22:00。在降雨的日间分布上，如图 7-2（a）所示，未考虑人为热时，城市区域各类下垫面的降雨强度分布基本一致，其微小差异源于气象场中气温及风速等空间异质的影响；考虑人为热时［图 7-2（b）］，对第一场雨强较大的降雨事件来说，不同下垫面的雨强峰值分布表现出明显的差异性。低密度居住区降雨峰值达 8.04 mm，而高密度居住区为 5.02 mm，工商业区人为热值最高，但雨强峰值只有 3.92 mm，仅为低密度居住区的 48.76%。对比两种方案中各类下垫面区域降雨强度，如图 7-3 所示，对于所占面积最大的低密度居住区，考虑人为热的降雨强度峰值均高于未考虑人为热的情况；而高密度居住区与工商业区两场雨强峰值呈现相反的对比性。对于整个城市下垫面来说，第一场降雨事件两种方案表现较为一致，而在第二场降雨事件中，方案二降雨峰值高于方案一，分别为 2.33 mm 和 0.89 mm，并且出现了双峰分布。

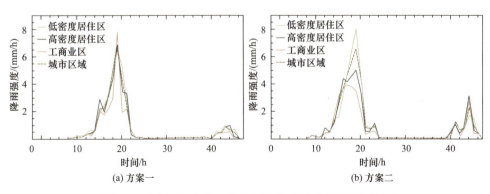

图 7-2　方案一与方案二城市区域降雨强度日间分布特征

图 7-4 为方案一和方案二城区累积降雨量日间分布特征。可以看出，方案一中工商业区累积降雨量较小，其他两类区域累积降雨量分布基本一致；而在方案二中，3 类下垫面区域累积降雨量差异分布明显，并呈现出与人为热分布相反的

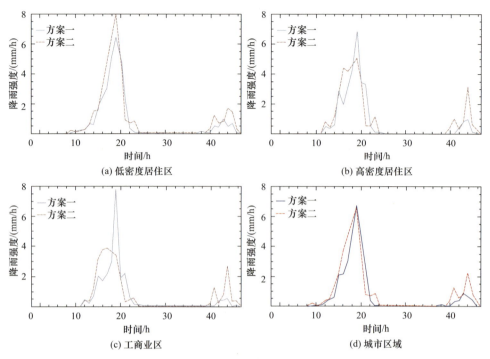

图 7-3 低密度居住区、高密度居住区、工商业区及整个城市区域在方案一与方案二中的降雨强度对比图

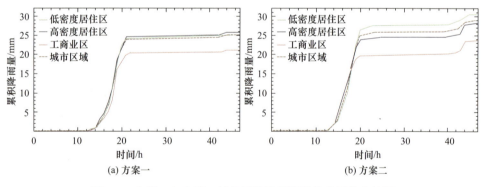

图 7-4 方案一与方案二城市区域累积降雨量日间分布特征

特征,即平均人为热越高的区域降雨量越小。这一分布也与降雨中心所在位置有关,本书后面会分析到由于城市区域的初始降雨中心主要出现在低密度居住区,这一城市类型的降雨主要由天气系统控制,人为热对其的作用居于次要位置。对比两种方案中3类城市下垫面及整个城区累积降雨量,如图7-5所示。研究后期发现方案二各区域累积降雨量均高于方案一,城区平均累积降雨量增加了3.80 mm,说明人为热增大了城区降雨量。这是由于城区上空一定强度的人为热

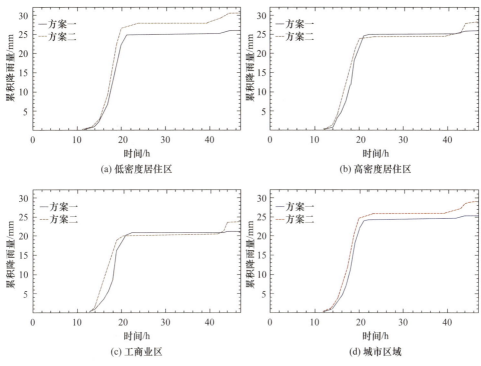

图 7-5 低密度居住区、高密度居住区、工商业区及整个城市区域
在方案一与方案二中的累积降雨量对比图

增大了区域对流有效位能,从而促进了城区降水动力条件的形成,增加了城区降雨覆盖范围与累积降雨量。

7.2.2 对降雨空间分布的影响

通常,降雨的空间分布受区域天气系统、地理条件、风向等许多因素的影响。为研究人为热带来的城区增雨效应触发机制,研究给出两次降雨历时中方案二与方案一的对流有效位能之差,如图 7-6 所示。第一场降雨过程市区中心对流有效位能在两个方案中基本没有变化,而在第二场降雨中方案二相应区域的对流有效位能显著增加,使城区雨强与累积降雨量显著增大。对流有效位能与累积降雨量虽然增减趋势较为一致,但分布位置略有偏差,这可能是降雨形成到落地过程中受风向及地形等影响的结果。降雨强度峰值时刻(7月1日19:00)及研究时段末(7月2日23:00)的累积降雨量及所在时刻 10 m 处风速如图 7-7 所示。可以看到,方案一的降雨中心主要分布在北京市区以西的山区及北京东南方向廊坊至天津一带;而在方案二中,北部城区明显出现两个小范围降雨中心,东南方向城市区域降雨面积进一步扩散,西山区域的雨量显著降低。降雨过程中,研究区域上空风向主要由东北风控制。由此可见,城市人为热对城区及其下风向地区

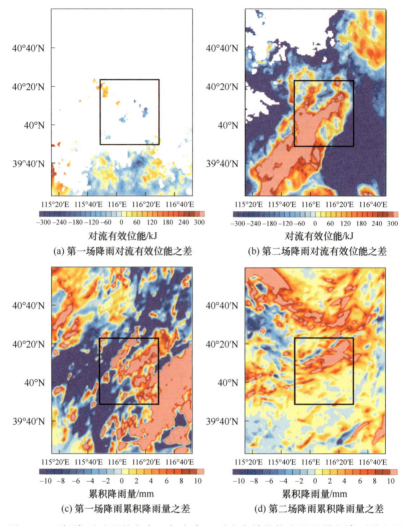

图 7-6 两场降雨过程的方案二与方案一对流有效位能之差及累积降雨量之差

的降雨有显著影响：一方面，增大了城区本身降雨中心的范围；另一方面，随着区域风向的演进过程，在主城区形成新的降雨中心，消耗更多的水汽与位能，使下风向区的降雨量显著减小。更进一步，为探索人为热对降雨中心空间分布特征的影响，提取出第一场降雨，并分析在这场降雨中暴雨云团的移动特征。根据 Li 等（2014）的研究，将 10 mm/h 降雨强度作为识别暴雨云团的强度阈值，结合 WRF 中垂向第一气压层（平均高度约为 400 m）水平面风速分布识别暴雨云团的移动轨迹，如图 7-8 与图 7-9 所示。方案二中城区人为热的排放改变了下垫面受热的空间分布，从而使暴雨云团在 7 月 1 日 14:00~20:00 的分布发生了改

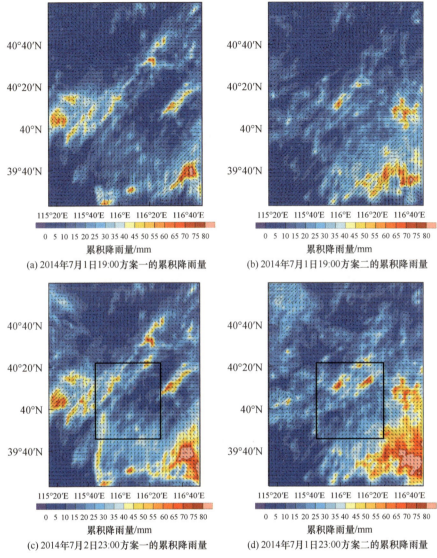

注：图中（c）、（d）的黑色实线表示降雨过程中沿主控制风向经过北京市中心的剖面线。

图 7-7　方案一与方案二下在降雨强度峰值时刻与研究时段末的
累积降雨量与 10 m 处水平风速空间分布图

变。总体来讲，研究区域的云团主要分为两个部分，上部云团产生于城区东北部向南发展，下部云团产生于城区以南并向东西发展；与方案一相比，方案二中第一条暴雨云团的产生转移到了城区北部，其轨迹也经过工商业区与高密度居住区，并绕城沿东南方向移动；在第二条路径中，方案一的一个云团分离为两个并分别向东西方向发展，而方案二中云团仅向东迁移。可以看出，人为热的排放促进了城区上空水汽与动力条件的形成，从而增加了城区降雨的强度及可能性。

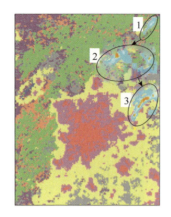 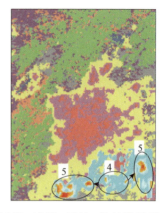

注：图中代码 1～5 分别表示北京时间 7 月 1 日 14:00、16:00、17:00、18:00 及 19:00。

图 7-8　方案一暴雨云团移动轨迹图

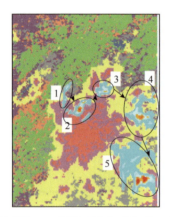 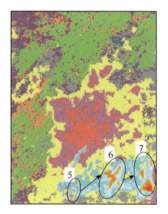

注：图中代码 1～7 分别表示北京时间 7 月 1 日 14:00、15:00、16:00、17:00、18:00、19:00 及 20:00。

图 7-9　方案二暴雨云团移动轨迹图

7.3　人为热空间异质性对降雨的影响

7.3.1　对降雨时间分布的影响

方案二、方案三、方案四的降雨强度与累积降雨量日间分布特征如图 7-10 和图 7-11 所示。方案二与方案三的 3 种城市下垫面类型降雨分布差异明显，而方案四中由于 3 种城市下垫面随机分布，其降雨差异微小，揭示了下垫面特征对降雨分布的影响显著。在峰值降雨强度上，方案三由于工商业区北移了 15 km，其工商业区的降雨分布与方案二差异明显，表现在降雨强度整体降低且峰型发生变化方面，高、低密度居住区的雨强也普遍低于方案二的值；在累积降雨量方面，方案三中的工商业区为 14.21 mm，仅为方案一的 60.06%。从整个城市区域

第 7 章 人为热排放对夏季降雨的影响规律

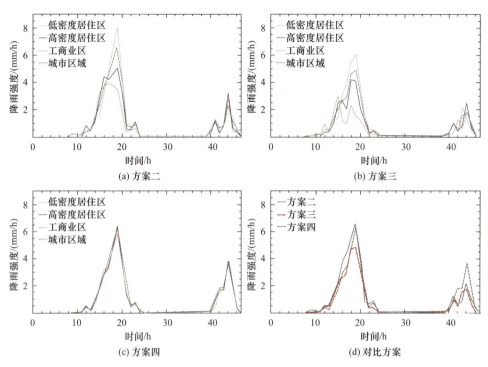

图 7-10 方案二、方案三、方案四及对比方案的城市区域降雨强度日间分布特征

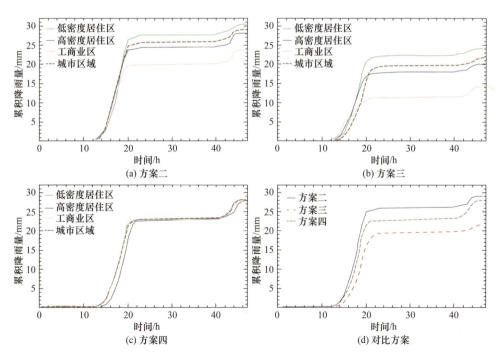

图 7-11 方案二、方案三、方案四及对比方案的城市区域累积降雨量日间分布特征

上来看，方案二的累积降雨量最高，其次分别是方案四、方案三。这一现象揭示了不同下垫面类型与不同的气象场结合会对雨强峰值分布与累积降雨量分布产生较为显著的影响。值得说明的是，WRF 在准备气象场的时候使用的是真实的气象数据，而真实气象状况本就受真实下垫面的影响，这从侧面揭示了方案二对应的真实城区下垫面与天气系统相互作用形成的气象场确实促进了城区的增雨效应。

7.3.2 对降雨空间分布的影响

方案三与方案四的累积降雨量与 10 m 处水平风速空间分布图如图 7-12 所示，东南方向廊坊—天津沿线的降雨中心在方案三、方案四中有所内缩，原本方案二形成的两个小范围降水中心在中心城区（工商业区）北移 15 km 之后退化消失，且期间大部分区域出现过明显的降雨衰减现象；方案四中原本的城市中心区域呈现较为均匀的降雨分布，且与方案二差异不大。

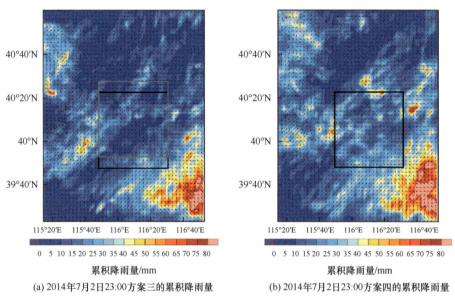

(a) 2014年7月2日23:00方案三的累积降雨量　　(b) 2014年7月2日23:00方案四的累积降雨量

注：黑色图框表示方案二中的工商业区；灰色图框表示北移 15 km 的工商业区。

图 7-12　方案三与方案四的累积降雨量与 10 m 处水平风速空间分布图

同样，本节研究分析了 3 类下垫面方案下的暴雨云团分布特征，如图 7-13 与图 7-14 所示。结合图 7-9 的方案二暴雨云团分布发现，方案二、方案三这样具有集中型城市下垫面分布特征的情景下，暴雨云团移动轨迹较为类似；但由于方案三中工商业区北移，降雨初始时段云团位置也随之偏北；其东南部的云团发展也比方案二中更强烈。对于方案四这样具有分散分布的下垫面特征状态，上部云团产生后分别向城区外部扩展，下部云团的发展也更广阔，揭示了集中型人为热分布与随机人为热分布对降雨分布的影响差别。

第 7 章　人为热排放对夏季降雨的影响规律 · 137 ·

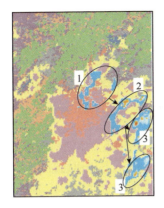
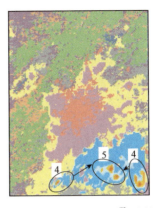

注：图中代码 1~5 分别表示北京时间 7 月 1 日 15:00、16:00、17:00、18:00 及 19:00。
图 7-13　方案三暴雨云团移动轨迹图

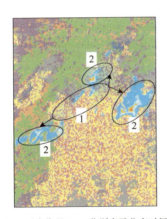
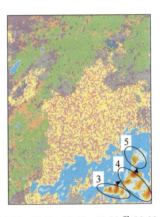

注：图中代码 1~5 分别表示北京时间 7 月 1 日 15:00、17:00、18:00、19:00 及 20:00。
图 7-14　方案四暴雨云团移动轨迹图

第8章 城市化对流域洪水的影响规律

城市化对下垫面的改变原理是将自然植被用混凝土或沥青的墙面和路面取代，使地表的产汇流特征发生显著变化。同时，城市下垫面通过改变地表的能量分配方式对局地降雨特性产生影响，而降雨特性的改变又会直接影响地表的产汇流特征。本章基于典型案例和虚拟案例分析流域洪水演变的影响因素，构建综合考虑下垫面改变和陆气水热耦合反馈机制共同作用的城镇化流域洪水响应的分析框架，定量分析忽略城镇化间接影响对洪水频率变化的低估程度。

8.1 城市化流域洪水演变的影响因素

8.1.1 研究流域概况

本节选取的研究区为美国威斯康星州的 Menomonee 河流域，流域面积 319 km^2，如图 8-1（a）所示。图 8-1（b）和图 8-1（c）给出了 Menomonee 河流域 1992 年和 2006 年主要的土地利用变化率类型。土地利用信息来自美国地质调查局提供的 NLCD 数据。可以看出，该流域在 1992～2006 年经历了快速的城市化进程，流域的城市化率（用城市占全流域面积的比例表示）从 45% 增加为 65%（表 8-1）。紧邻 Menomonee 河流域北部的是 Cedar 河流域，流域的面积与 Menomonee 河流域接近，约为 311 km^2，但是 Cedar 河流域在 1992～2006 年并没有表现出非常显著的城镇化特征，城镇化率从 4% 增加为 14%，只是略有小幅增加，总体来看，该流域的土地利用仍以植被（农田、森林等）为主。

表 8-1 Cedar 河流域和 Menomonee 河流域主要的土地利用变化率类型　　（单位：%）

类型	Cedar 河			Menomonee 河		
	1992 年	2006 年	变幅	1992 年	2006 年	变幅
城市	4	14	10	45	65	20
森林	16	12	−4	13	7	−6
农田	70	55	−15	37	20	−17
其他	10	19	9	5	8	3

尽管 Menomonee 河流域有较高的城市化率，但是各子流域的城市化程度有显著的差异，如 Honey Creek 和 Underwood Creek 流域的城镇化率分别为 100% 和

92%，Little Menomonee 和 Menomonee Falls 只是在流域出口处有城市覆盖，其中 Upper Little Menomonee 的城市化率与 Cedar 河流域相当，约为 20%。Menomonee 河各子流域的空间位置如图 8-1（a）所示，主要土地利用类型及流域面积总结在表 8-2 中。

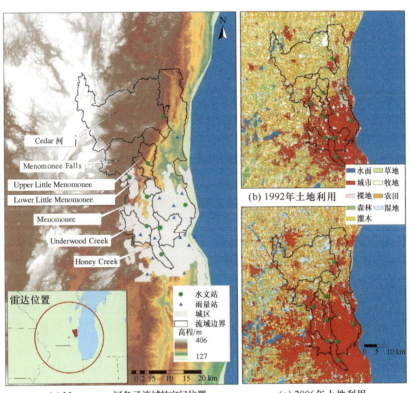

图 8-1　Menomonee 流域土地利用概况

表 8-2　Menomonee 河流域各子流域的主要土地利用类型及流域面积

土地利用类型	Honey Creek	Underwood Creek	Lower Little Menomonee	Menomonee Falls	Upper Little Menomonee
城市空地 /%	10	32	8	8	6
低密度区 /%	48	40	25	19	10
中等密度区 /%	33	13	15	6	0
高密度区 /%	9	7	7	3	0
城市总比例 /%	100	92	55	36	16
森林 /%	0	3	11	10	9
农田 /%	0	2	22	43	65
其他 /%	0	3	12	11	10
流域面积 /km²	30.2	58.8	72.5	92.6	26.6

通过对比 Menomonee 河流域和 Cedar 河流域及 Menomonee 河各子流域之间洪水响应的差异，可以分析出快速城市化进程对流域洪水响应的影响。本节研究收集了所研究流域详尽的降雨径流观测数据，其中美国地质调查局在每个子流域都设有水文观测站，并提供连续的流量观测，流量数据的时间分辨率为 5~15 min，系列长度为 1986~2010 年，其中一些站点只在 2000 年之后有记录；此外，每个水文站点还有逐日及年最大洪峰观测记录，系列长度为 1962~2010 年，其中 Cedar 河流域水文站数据长度为 1932~2010 年。水文站点的空间位置如图 8-1（a）所示。

密尔沃基水务管理局提供了研究区 21 个雨量站的连续降雨观测，数据系列为 1993~2010 年，雨量站点空间分布如图 8-1（a）所示。雨量站主要用于对雷达反演的降雨数据进行偏差校正。与雨量站降雨数据相比，雷达反演的降雨能够提供较为准确的降雨空间分布特征。雷达地理位置及监测空间范围如图 8-1（a）所示。借助美国 Hydro-NEXRAD 系统将雷达反射率因子转换为降雨强度（空间分辨率为 1 km），转换主要包含 3 个步骤：①坐标转换，将极坐标的雷达监测转换为笛卡儿坐标（Reed and Maidment, 1994）；②质量控制，对雷达反射率进行冰雹探测（Baeck and Smith, 1998; Fulton et al., 1998），去除异常传播（Seo et al., 2011）等；③ Z-R 关系转换，即

$$R = aZ^b \tag{8-1}$$

式中，R 为降雨强度，mm/h；Z 为反射率因子，mm^6/m^3；a 和 b 为参数。本节研究中 Z-R 关系采用的参数基于 Fulton 等（1998）的研究成果，参数 a 和 b 分别取 0.017 和 0.714。

为了提高雷达反演降雨的精度，基于雨量站数据对雷达反演的降雨进行了偏差校正。偏差校正基于日尺度的数据进行，主要方法是基于雨量站和雷达反演数据计算逐日的偏差因子，并将雷达反演降雨强度与日偏差因子的乘积作为校正后的反演结果。偏差因子的计算公式为

$$B_i = \frac{\sum_{s_i} G_{ij}}{\sum_{s_i} R_{ij}} \tag{8-2}$$

式中，G_{ij} 为第 i 天第 j 个雨量站的累积日降雨量，mm；R_{ij} 为第 i 天包含第 j 个雨量站的雷达栅格内的累积日降雨量，mm；s_i 为雷达栅格与所包含雨量站的组合数；B_i 为第 i 天的偏差因子。一般当 $s_i \geq 5$ 时，认为计算的偏差因子有效。

图 8-2 为雷达反演降雨的偏差校正对比。可以看出偏差校正前，雷达反演的日累积降雨量表现为系统性的低估，并且日累积降雨量越大，低估越明显。偏差校正有效地去除了系统偏差，平均绝对偏差（mean absolute error, MAE）从 28.2 mm 降低为 10.1 mm，均方根误差（root mean squared error, RMSE）从 15.4 mm 降低为 5.7 mm，确定性系数 R^2 从 0.55 增加为 0.94。

第 8 章 城市化对流域洪水的影响规律

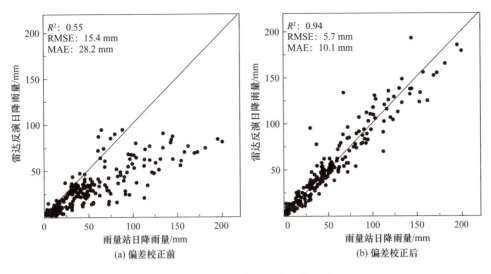

图 8-2 雷达反演降雨的偏差校正对比

8.1.2 洪水量级及频率变化特征

图 8-3 为 Menomonee 河流域及其子流域河流域和 Cedar 河年最大洪峰的年际变化特征。

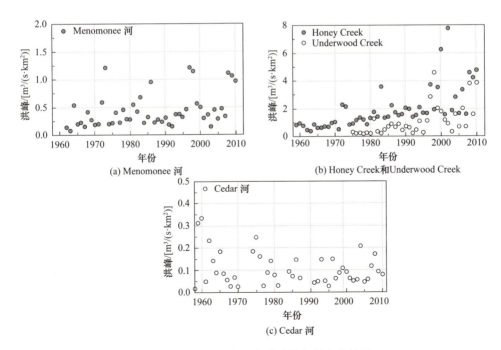

图 8-3 各流域年最大洪峰的年际变化特征

基于 Mann-Kendall 检验方法对洪峰量级进行趋势检验,检验结果如表 8-3 所示。可以看出,Menomonee 河流域及其两个高度城市化的子流域(Honey Creek 和 Underwood Creek)的年最大洪峰量级都有显著的增加趋势(显著水平为 0.05),而城市化率较低的 Cedar 河流域没有变化趋势。

表 8-3 基于 Mann-Kendall 检验方法的洪峰趋势检验的显著度

流域名称	1962~2010 年	完整系列	显著度
Menomonee 河	0.002	0.002(1962~2010)	0.05
Honey Creek	0.001	0.001(1959~2010)	0.05
Underwood Creek	0.001	0.001(1975~2010)	0.05
Cedar 河	0.582	0.988(1931~2010)	不显著

从图 8-3 中还可以看出,Honey Creek 和 Underwood Creek 流域年最大洪峰的量级在 1997 年以后表现出极为显著的增加,其中 Honey Creek 流域历史上最大的 10 场洪峰中有 9 场出现在 1997 年之后,Underwood Creek 流域也有类似的表现。Menomonee 河流域有 5 场较大的洪峰,分别出现在 1997、1998、2008、2009 及 2010 年。

除了洪峰量级的年际变化趋势外,各流域间洪峰量级的绝对值也有显著的差别。为了便于不同流域间的比较,洪峰量级用径流模数表示[单位面积单位时间的径流量,$m^3/(s \cdot km^2)$]。从图 8-3 中可以看出,Honey Creek 流域自 2000 年以来有 6 场洪峰的量级超过了 $4.0\ m^3/(s \cdot km^2)$,Underwood Creek 流域也在 1997 年之后有 6 次洪峰超过了 $2.0\ m^3/(s \cdot km^2)$,两个子流域都有着高度的城市化率。Menomonee 河流域的最大洪峰略高于 $1.2\ m^3/(s \cdot km^2)$,而 Cedar 河流域最大洪峰只有 $0.3\ m^3/(s \cdot km^2)$,约为 Menomonee 河流域最大洪峰量级的 1/4。Cedar 河流域的城市化率远远小于 Menomonee 河流域,由此可以看出城市化率与年洪峰的量级及其年际变化特征有直接关系,城市化率越高,洪峰量级越大。

除了年洪峰量级的变化特征之外,洪水频次也是流域洪水响应的一个重要评价指标。本节研究对 Menomonee 河和 Cedar 河流域较大洪水过程的出现频次进行了分析,所采用的方法为洪峰阈值分析法(peaks over threshold,POT),该方法也常常用于推求区域的洪水频率曲线(Coles,2001; Villarini et al.,2012)。洪峰阈值分析法的基本步骤是:将独立的洪峰从连续的逐日流量系列中提取出来,同时假设相邻两个洪峰出现的时间间隔在两天以上,从而保证具有多个洪峰的洪水过程不被重复挑选;然后将挑选出的洪峰按量级从大到小排序,将量级超过一定阈值的洪峰挑出用于后续分析。两个流域分别挑选出 200 个左右的洪峰,从而保证平均每年有 4、5 场洪峰。

图 8-4 显示了 Menomonee 河和 Cedar 河流域洪峰频率的年际变化。借助 Mann-Kendall 检验方法对两个频率系列进行趋势检验，并基于 Sen 氏坡度估计方法计算其变化幅度。从图中可以看出，两个流域的洪峰频次在 1962～2010 年都有显著增加，Menomonee 河流域的增加幅度平均为 3.5 次；Cedar 河流域的增加幅度较小，增幅约为 1.5 次。

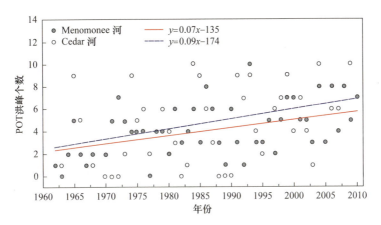

注：红线和蓝线表示线性变化趋势。

图 8-4 Menomonee 河和 Cedar 河流域洪峰频率的年际变化

通过对 Cedar 河流域年最大洪峰量级及洪峰频率变化的分析可以看出，Cedar 河流域小洪水的频率也有增加的趋势，但是这种累积效应不足以影响年最大洪峰的量级。Villarini 等（2012）对美国中部地区的研究也表明，洪峰频率与年最大洪峰的变化趋势不一致。对于 Cedar 河流域而言，初步推断洪峰频率的年际变化可能与近年来流域出口小规模的城镇化进程有关，下面将通过典型的洪水过程详细分析 Cedar 河流域洪峰频次增加的原因。

通过对比年最大洪峰量级和洪峰频率的年际变化可以看出，城镇化率的增加使流域的年最大洪峰量级和洪峰频率显著增加。不透水面积改变了自然植被下垫面的降雨产流规律，大大降低了降雨入渗的比例，显著增加了产流量，从而使洪峰量级增加；另外，不透水面积的增加还改变了地表的汇流规律（Smith et al., 2002），使流域调蓄能力减弱，汇流时间缩短，从而使洪峰提前，洪峰量级增加。接下来将从降雨径流关系及典型洪水过程的角度进一步分析城镇化流域洪水演变的影响因素。

8.1.3 典型洪水过程分析

1. 降雨径流关系

由于 Menomonee Falls 流域与 Cedar 河流域的下垫面特征比较接近，并且两个流域都在流域出口处被城市覆盖，本节用 Menomonee Falls 流域代表 Cedar 河流域，并在 Underwood Creek 流域、Menomone 河流域和 Menomonee Falls 这 3 个流域展开相关分析。3 个流域的城镇化率分别是 92%、65% 和 36%（表 8-2）。本节分析的对象为 Menomonee 河流域 1995～2010 年最大 18 次洪水过程（表 8-4）。

表 8-4　最大 18 次洪水过程

时间	洪峰量级 / [m³/(s·km²)]	累积降雨量 /mm	时间	洪峰量级 / [m³/(s·km²)]	累积降雨量 /mm
1997-06-21	1.21	85	2006-07-09	0.48	22
1998-08-06	1.15	116	1996-06-16	0.47	74
2008-06-07	1.12	165	2004-07-04	0.46	48
2009-06-19	1.06	55	2009-06-20	0.44	—
2010-07-22	0.96	141	2010-06-15	0.44	13
2010-07-15	0.87	103	1996-06-17	0.43	8.9
2008-06-08	0.67	32	1999-06-13	0.43	24
1999-07-21	0.56	35	2006-09-12	0.41	16
1997-07-02	0.48	18	1999-07-09	0.39	13

注："—"表示缺测。

本节对 18 场洪水过程 4 种时间尺度（1 h、3 h、6 h 和 24 h）的降雨径流关系进行研究。图 8-5 统计了 Menomonee 河、Menomonee Falls 及 Underwood Creek 3 个流域 18 次洪水过程 3 h 和 24 h 的累积降雨量与径流量的关系。通过对散点进行线性拟合，得到的直线斜率可以认为是相应流域 18 场洪水过程的平均径流系数（降雨量与产流量的比值），在一定程度上可以反映流域的产汇流特征。

从图 8-5（a）中可以看出，Underwood Creek 流域 3 h 的径流系数在 3 个

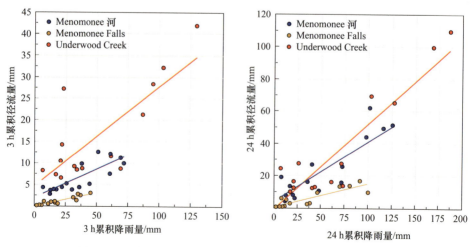

图 8-5　18 次洪水过程 3h 和 24h 的累积降雨量与径流量的关系

流域中最大,为 0.30;其次是 Menomonee 河流域,平均径流系数为 0.20;Menomonee Falls 流域的径流系数只有 0.05,为 Underwood Creek 的 1/6。3 个流域径流系数的大小排序与各流域的城镇化率排序一致。24 h 径流系数特征与 3 h 表现一致,Underwood Creek、Menomonee 河和 Menomonee Falls 流域平均径流系数分别为 0.58、0.43 和 0.17。

图 8-5 为 Menomonee 河、Menomonee Falls 和 Underwood Creek 3 个流域 18 次洪水过程的洪峰、4 种时间尺度降雨量及径流量的统计值。3 个流域的累积降雨量有显著差别。对于不同时间尺度而言,Underwood Creek 流域的累积降雨量都远远超过 Menomonee Falls,其中 Underwood Creek 流域 24 h 及 6 h 的累积平均雨量的中值分别是 Menomonee Falls 流域的 1.7 倍和 2 倍。从图 8-5 (a) 中也可以看出,Underwood Creek 流域的 18 次洪水过程中有 6 次 3 h 的累积降雨量超过了 50 mm,而 Menomonee Falls 流域 3 h 累积降雨量都小于 50 mm。Menomonee 河流域的累积降雨量小于 Underwood Creek,但是大于 Menomonee Falls。将 3 个流域之间累积降雨量的对比,发现 Menomone 河流域的降雨有较强的空间变异性。

3 个流域 18 次洪水过程的径流量与累积降雨量表现一致,但是对比更加显著。Menomonee 河流域最大 24 h 的平均径流量为 19 mm,比 Underwood Creek 流域小 5 mm,但是远远超过 Menomonee Falls 流域(约为该流域的 4 倍)。对于时间尺度(1 h、3 h、6 h 和 24 h)来说,Underwood Creek 流域的平均径流量为 Menomonee Falls 流域的 5~12 倍,Menomonee 河流域的径流量介于两子流域中间。3 个流域 18 次洪水过程的洪峰也有相似的结论。

尽管如此,从表 8-5 可以看出,每次洪水过程的降雨量和径流量的变异性(用变异系数表示)与中值的表现有显著差别。虽然 Underwood Creek 和 Menomonee 河流域场次洪水之间降雨的变异性超过 Menomonee Falls 流域,但是 Menomonee Falls 流域径流的变异性在 3 个流域中最大,这一规律适用于所有时间尺度的径流及洪峰。

表 8-5 18 场洪水过程洪峰、降雨及径流的统计值

流域名称	洪峰 / [m³/(s·km²)]	1 h		3 h		6 h		24 h	
		径流 / mm	降雨 / mm	径流 / mm	降雨 / mm	径流 / mm	降雨 / mm	径流 / mm	降雨 / mm
Underwood Creek	1.6 (0.50)	5.7 (0.56)	25 (0.91)	10 (0.68)	34 (1)	12 (0.78)	38 (1.03)	24 (0.88)	62 (0.94)
Menomonee	0.4 (0.45)	2.1 (0.43)	20 (0.79)	4.4 (0.53)	30 (0.8)	7.2 (0.64)	37 (0.84)	19 (0.75)	41 (0.89)
Menomonee Falls	0.1 (0.83)	0.4 (0.85)	14 (0.74)	1 (0.85)	17 (0.75)	1.5 (0.89)	18 (0.85)	3.9 (0.94)	35 (0.88)

注:括号内数值为变异系数。

考虑 Underwood Creek 和 Menomonee 河流域都有较高的城镇化率，不透水面积占全流域面积的比例较高，这两个流域的产流机制以超渗产流为主（Chow et al.，1988）。两个流域径流的变异性较大程度上取决于流域内累积降雨量的空间变异性；而对于 Menomonee Falls 流域，不透水面积所占流域面积比例较低，自然植被仍然为该流域的主要下垫面类型，该流域的产流机制以混合产流（超渗和蓄满）为主。Menomonee Falls 流域径流量及洪峰的变异性受场次降雨的时空变异性和不透水面积空间分布的共同影响。

2. 典型洪水过程分析

为了验证降雨空间变异性及不透水面积的空间分布对流域洪水响应的影响，从 18 次洪水过程中挑选出 4 次进行详细分析。

4 次洪水过程分别发生在 2008 年 6 月 7～9 日、2009 年 6 月 19 日、2010 年 7 月 15 日及 2010 年 7 月 22～23 日。4 次洪水过程是 Menomonee 河流域近年来发生的较大洪水过程，给当地社会经济发展带来了极为严重的影响。4 次洪水过程对应的累积降雨空间分布如图 8-6 所示。

在 Menomonee 河及其 5 个子流域中展开分析［图 8-1（a）］。根据城市化率的差异，将研究流域分为两组：高城市化率组（Underwood Creek 和 Honey Creek 流域，分别简称为 UC 和 HC）和低城市化率组（Menomonee Falls、Upper Little Menomonee 和 Lower Little Menomonee，分别简称为 MF、ULM 和 LLM）。表 8-6 统计了各个流域 4 次洪水过程的洪峰、累积降雨量、径流及径流系数。各个流域对应的洪水过程线及降雨过程如图 8-7 所示。

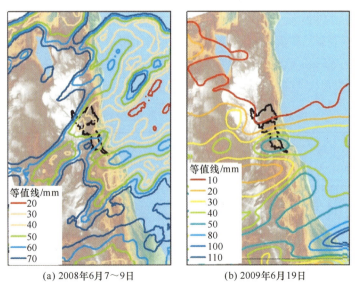

(a) 2008年6月7～9日　　　　(b) 2009年6月19日

图 8-6　4 次洪水过程对应的累积降雨空间分布

第 8 章 城市化对流域洪水的影响规律

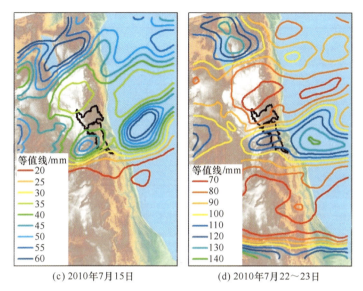

(c) 2010年7月15日　　　(d) 2010年7月22～23日

图 8-6 （续）

表 8-6　4 次洪水过程的相关信息

洪水过程发生时间	流域名称	洪峰/[m³/(s·km²)]	累积降雨量/mm	径流量/mm	径流系数
2008 年 6 月 7～9 日	Menomonee	1.12	165	98	0.59
	Honey Creek	3.25	160	159	0.99
	Underwood Creek	3.78	206	157	0.76
	Menomonee Falls	0.26	132	58	0.44
	Upper Little Menomonee	0.43	140	77	0.55
	Lower Little Menomonee	0.57	140	78	0.56
2009 年 6 月 19 日	Menomonee	1.06	40	30	0.75
	Honey Creek	3.54	47	—	—
	Underwood Creek	1.59	46	17	0.36
	Menomonee Falls	0.12	25	3.8	0.15
	Upper Little Menomonee	0.06	34	3.8	0.11
	Lower Little Menomonee	0.17	34	8.7	0.25
2010 年 7 月 15 日	Menomonee	0.87	103	35	0.34
	Honey Creek	3.02	93	50	0.54
	Underwood Creek	3.83	124	60	0.48
	Menomonee Falls	0.22	85	23	0.27
	Upper Little Menomonee	0.29	93	24	0.25
	Lower Little Menomonee	0.3	93	27	0.29

续表

洪水过程发生时间	流域名称	洪峰/[m³/(s·km²)]	累积降雨量/mm	径流量/mm	径流系数
2010年7月22~23日	Menomonee	0.96	125	72	0.58
	Honey Creek	2.89	144	—	—
	Underwood Creek	2.29	134	94	0.7
	Menomonee Falls	0.46	92	37	0.4
	Upper Little Menomonee	0.3	100	36	0.36
	Lower Little Menomonee	0.55	100	52	0.52

注："—"表示缺测。

高城市化率组中 UC 和 HC 流域的洪峰量级远远高于低城市化组的 3 个流域（MF、ULM 和 LLM），后者的洪峰量级都小于 0.6 m³/(s·km²)。对于 2009 年 6 月 19 日~6 月 20 日这场洪水过程，各个流域的洪峰量级差别较大，两个流域的累积降雨量相差不大。这就表明降雨的空间变异性是洪水响应的控制因素，即便对高城市率的流域，这种影响也比较明显。

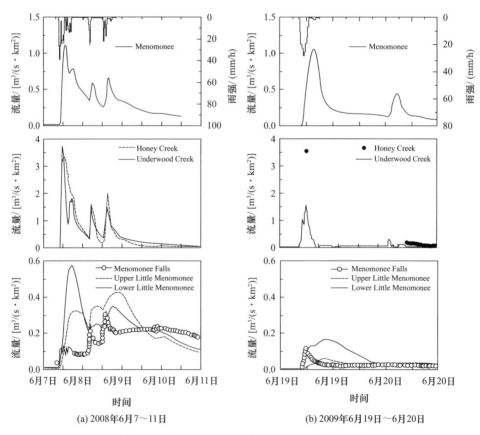

(a) 2008年6月7~11日　　　　　(b) 2009年6月19日~6月20日

图 8-7　各个流域对应的洪水过程线及降雨过程图示

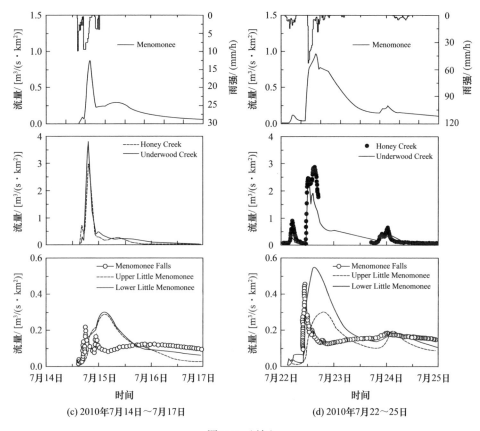

(c) 2010年7月14日~7月17日
(d) 2010年7月22~25日

图 8-7 （续）

低城市化率组的 MF 流域只是在流域出口处有小部分的不透水面积分布，其他区域仍然被植被覆盖，这类下垫面的特征也会体现在流域的洪水响应中。以 2010 年 7 月 22~25 日这场洪水过程为例 [图 8-7（d）]，第一个洪峰出现在雨峰发生之后，并且 MF 的洪峰出现时间早于 HC 和 UC 流域；但是 MF 流域的第二个洪峰发生在第一个洪峰出现 24 h 之后。同样的洪水响应规律也出现在 MF 流域的其他 3 次洪水过程中。对 2008 年 6 月 7~9 日这次洪水来说，雨峰之后出现了一系列的洪峰，虽然量级都比较小（与流域的低城市化率有关），但是增加了洪峰频率。小洪峰的发生频率对年最大洪峰量级的贡献有限。MF 流域与 Cedar 河流域有相似的流域特征，因此 MF 流域的洪水响应规律适用于 Cedar 河流域，这也就解释了 Cedar 河流域在 1962~2010 年最大洪峰量级没有变化，而洪峰频率有显著增加这一现象。

降雨的时空变异性对流域洪水响应有显著的影响。对于高度城市化的流域而言，雨峰出现的时间决定洪峰出现的时间。以 2008 年 6 月 7~11 日的洪水为例，这次洪水过程由多个雨峰形成 [图 8-7（a）]，UC 和 HC 流域洪水过程线的形状与降雨过程线一致,即洪峰紧随雨峰出现,并且最大洪峰出现在最大雨峰之后。然而,同样是对于这次洪水过程,MF、ULM 和 LLM 3 个流域的洪水响应与 UC 和 HC 表现不一致。LLM 流域的最大主洪峰是由第一个雨峰形成的;而 ULM 流域 3 个洪峰的量级依次增加,最大主洪峰是在最后一个雨峰之后形成的,并且 ULM 最后一个洪峰的量级超过了 LLM 流域。MF 流域在这次洪水过程中的响应规律与 ULM 一致,洪水量级都表现为逐渐增加,与降雨过程中逐渐衰减的雨峰有显著差异。由此可以看出,对于高城市化率的流域(UC 和 HC),洪水过程受降雨过程的影响;对于低城市化率的流域如 MF 和 ULM,只是在流域出口处有小面积的城市覆盖,这些流域的快速洪峰通常由流域出口处的超渗产流机制控制,快速洪峰的量级一般由第一个雨峰强度决定,而上游植被覆盖较好,当流域蓄满之后才缓慢出流,因而洪水过程线表现为缓慢增加,洪峰的量级取决于累积降雨量。

通过分析 Menomonee 流域出口处的洪水响应可以看出下垫面及降雨的空间变异性对流域出口洪水过程的影响。例如,2010 年 7 月 14 日～7 月 17 日洪水过程属于典型"陡涨陡落"的快速洪水[图 8-7(c)],Menomonee 河流域出口处的洪水过程线形状与 UC 和 HC 两个流域一致,表明 UC 和 HC 两个子流域对这场洪水的贡献较大。2010 年 7 月 22～25 日洪水过程体现了 MF 和 ULM 两个流域对洪峰的贡献,Menomonee 河流域出口处的洪水过程先是陡然增加(受下游 UC 和 HC 两个子流域的影响),然后缓慢回落,与 MF 和 ULM 表现一致。ULM 和 LLM 两个流域在 2008 年 6 月 7～11 日洪水过程中的响应一致。但是与 2010 年 7 月 22～25 日洪水过程不同的是,这两个子流域的峰现时间要明显晚于 Menomonee 河流域,表明这两个子流域对流域出口的洪峰贡献较小。

8.2 考虑陆气水热耦合反馈的城市化流域洪水演变规律

8.2.1 虚拟流域设计

本节设置了一个虚拟的试验流域,并将试验流域的自然边界简化为正方形网格,流域内部由栅格组成(图 8-8)。流域中设置两种土地利用类型,分别是城市和植被,城市位于流域中心,城市之外的流域栅格都属于自然植被。

流域内两类下垫面(城市和植被)在数值模拟中的差别体现在产流的计算方式上。芮孝芳(2007)认为,无论是超渗产流还是蓄满产流,都可以看作是"筛子"效应或者"门槛"效应,二者本质上都表明流域单点的产流现象具有明显的阈值特征。因此,本节研究采用径流系数法对流域内每个时段每个栅格上的产流量进行计算:

$$R_{\mathrm{urban},j}=P_j \tag{8-3}$$

$$R_{\text{rural},j} = \alpha \cdot P_j \qquad (8\text{-}4)$$

式中，P 为降雨量，mm；R_{urban} 和 R_{rural} 分别为城市和植被栅格上的产流量，mm；α 为径流系数，取为 0.3；j 为栅格序号。

流域汇流时间采用等流时线法的思想，即认为每个栅格产生的径流量汇入流域出口所需要的时间与该栅格距流域出口的直线距离成正比（芮孝芳，2007）。假设流域最大汇流时间为 T_c，根据任意栅格距流域出口距离所占流域内最长距离的比例，推出各个栅格的汇流时间。本节研究设流域

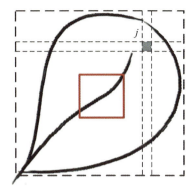

注：黑框表示简化流域边界；红框表示城市所在位置。
图 8-8 虚拟流域设置

最大汇流时间 T_c 为 3 d，流域汇流时间的空间分布如图 8-9 所示。

流域出口处的径流过程按下式计算：

$$R_{\text{out},t} = \sum_{i=1}^{T_c} \sum_{j} R_{t-i+1,j,i} \qquad (8\text{-}5)$$

式中，$R_{\text{out},t}$ 为 t 时刻流域出口处的径流量，mm；$R_{t-i+1,j,i}$ 为 $t-i+1$ 时刻汇流时间为 i 的第 j 栅格点的径流量，mm。该公式的基本含义是：以日尺度的流域汇流为例，流域出口处的当日径流量是汇流时间为 1 d 栅格的当日产流量、汇流时间为 2 d 栅格的前日产流量及汇流时间为 3 d 栅格的前两日产流量的总和。

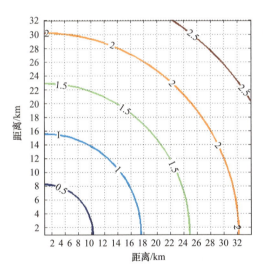

注：曲线上数字为汇流时间，d。
图 8-9 流域汇流时间的空间分布

8.2.2 降雨空间分布及城市扩张情景设置

本节研究采用多层随机级联（multiplicative random cascade，MRC）模型设定降雨空间分布类型。MRC 模型最早由 Gupta 和 Waymire（1993）提出，后经 Over 和 Gupta（1996）改进。本节研究使用的模型建立在 Jothityangkoon 等（2000）研究的基础上，相关参数的设置也参照 Jothityangkoon 等（2000）。从本质上讲，MRC 是一种空间降尺度的方法（图 8-10），其核心思想是分形理论，认为不同空间尺度上降雨的分布具有"自相似性"，因此，可以通过尺度参数对不同空间尺度上的降雨进行转换（Mandelbrot，1974）。MRC 方法的原理及参数估

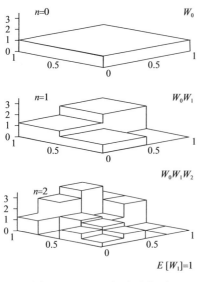

图 8-10 MRC 方法示意图

计方法简要描述如下。

将初始降雨空间看作一个二维平面（$d=2$），之后连续地将降雨空间场划分成 b（$b=2^d$）块区域，如：

$n=0$ 时，设初始面平均雨强为 R_0（mm/d），那么初始的总雨量为 $R_0L_0^d$，其中 L_0 为研究区的边长。

$n=1$ 时，$b=4$，每一个区域的总雨量为 $R_0L_0^db^{-1}W_1^i$，其中 W_1^i 为分配到各空间区域的比例系数，称为递阶因子，$i=1, 2, \cdots, b$。

依次类推，当划分到第 n 层时，各子区分配得到的雨量为

$$\mu_n(\Delta_n^t)=R_0L_0^db^{-n}, \prod_{j=1}^{n}W_j^i \quad (8\text{-}6)$$

式中，$i=1, 2, \cdots, b^n$，表示不同子区；$j=1, 2, \cdots, n$，表示不同层数；$\prod$ 表示累乘。与此同时，为了保证总降雨量守恒，递阶因子 W 非负，并且 $E[W]=1$。

Gupta 和 Waymire（1993）提出了 β-对数正态模型用于推求递阶因子 W，即

$$W=B \cdot Y \quad (8\text{-}7)$$

式中，B 为 β 模型的因子；Y 为对数正态分布模型。β 模型用于将空间区域划分为"有雨"和"无雨"部分；对数正态模型将降雨量划分到"有雨"区的各个子区。β 模型用离散的概率质量函数表示，只有两种结果，即

$$P(B=0)=1-b^{-\beta}, \quad P(B=b^\beta)=b^{-\beta} \quad (8\text{-}8)$$

式中，β 为参数。Y 表示为

$$Y=b^{-\ln b\sigma^2/2+\sigma X} \quad (8\text{-}9)$$

式中，X 为随机正态分布变量；σ 为标准差。基于式（8-8）和式（8-9），可以进一步将式（8-7）表示为

$$P(W=0)=1-b^{-\beta} \quad (8\text{-}10)$$

$$P(W=b^\beta Y)=b^{\beta-\ln b\sigma^2/2+\sigma X} \quad (8\text{-}11)$$

为了求解递阶因子 W，需要对 β 和 σ 的取值进行估计，Gupta 和 Waymire（1993）借助 MKP（Mandelbrot-Kahane-Peyriere）函数 $\chi(q)$ 来推求这两个参数，函数的形式为

$$\chi(q)=(\beta-1)(q-1)+(\sigma^2\ln b/2)(q^2-q) \quad (8\text{-}12)$$

式中，q 为参数，根据 Jothityangkoon 等（2000），令 $q=2$。递阶因子 W 的参数可以通过下式计算：

$$\sigma^2=[\tau^{(2)}(q)/d\ln b] \quad (8\text{-}13)$$

$$\beta = 1 + \frac{\tau^{(1)}(q)}{d} - \frac{\sigma^2 \ln b}{2}(2q-1) \tag{8-14}$$

式中，$\tau^{(1)}$ 和 $\tau^{(2)}$ 分别为 $\chi(q)$ 的一阶和二阶导数。

值得说明的是，基于上述方法推导出的递阶因子 W 没有考虑降雨的空间变异性，为此 Jothityangkoon 等（2000）对递阶因子进行改进，引入了降雨空间变异算子 G，即

$$W = B \cdot Y \cdot G \tag{8-15}$$

变异算子 G 满足在每一层的空间均值为 1，从而保证降雨量守恒。通常来讲，G 需要基于密集的雨量站点数据求得。本节研究设置了 3 种变异算子，以表示不同的降雨空间分布类型，即随机型 R、集中型 C 和单偏型 T（图 8-11）。

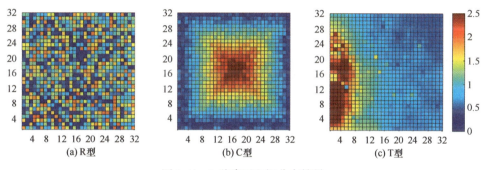

图 8-11　3 种降雨空间分布情景

对于集中型降雨空间分布，本节研究认为受城市下垫面的影响，区域降雨中心主要出现在城区；单偏型降雨分布是与集中型相反的情景，认为流域内降雨空间分布不受城市下垫面的影响；随机型降雨分布认为降雨的空间分布没有固定形式。

除了考虑降雨空间分布类型，虚拟试验中还设置了 16 种城市扩张情景。流域面积固定不变，并且城市所在流域的中心位置也不发生变化，只有城市所占流域的面积比例呈幂函数形式增加，即

$$\alpha_i = \left(\frac{i}{16}\right)^2, \quad i = 0, 1, \cdots \tag{8-16}$$

式中，α_i 为城市化率。

本节研究设置了流域降雨的时间序列：系列长度为 30 年，多年平均降雨量约为 440 mm，年内分布特征如图 8-12 所示。流域面平均降雨量年内分布不均，主汛期出现在 5～9 月，夏季累积降雨量占全年降雨量的 50%，7 月、8 月降雨量为全年最高，与北京地区降雨的年内分布特征一致。显而易见，该流域的暴雨及洪涝灾害容易出现在夏季，并且年最大洪峰也发生在夏季。

图 8-12　降雨系列的年内分布特征

综合考虑 16 种城市扩张情景及 3 种降雨空间分布类型，可以得到 48 种数值试验情景，表示方式如图 8-13 所示。

8.2.3　城市下垫面对流域洪水的影响规律

假设 R_1 是流域的基准情景，即下垫面全部为自然植被，并且降雨空间分布没

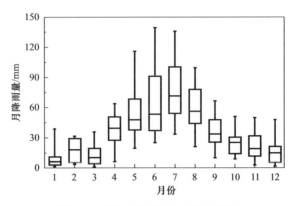

图 8-13　48 种数值试验情景

有特定的形式；其余的情景都将和 R_1 进行比较，从而确定影响要素的相对程度。取不同情景下 99th、95th 和 90th 百分位数的流量作为研究对象，如图 8-14 所示。增加幅度 δ 按下式计算：

$$\delta_{i,j} = \frac{X_{i,j} - R_1}{R_1} \tag{8-17}$$

式中，i 表示不同洪水量级（99th、95th 和 90th 百分位数）；j 为城市化情景，$j=1$，2，…，16；X 为降雨空间分布类型。

从图 8-14 中可以看出，随着城市的扩张，流域的不透水面积逐渐增加，3 种洪水量级在所有降雨空间分布情景中都有显著增加。然而，各种降雨空间分布情景中的增加幅度有所差别：随机型和单偏型降雨情景随着城市面积的增长，其洪水量级增幅呈近似线性增加，并且单偏型增长幅度略小于随机型；集中型降雨情景的洪水量级与城市化率是二次幂函数形式，增长速率表现为先快后慢，同时集中型降雨情景的洪水量级增幅要远远高于随机型和单偏型情景。通过比较 3 种降雨空间分布情景中洪水量级的变化差异，可以看出，降雨空间分布类型是影响洪水量级的重要因素。各种洪水量级（99th、95th 和 90th 百分位数）的变化趋势一致，可以认为该流域超过 90th 百分位数的洪水量级变化规律具有相似性。

图 8-14（b）为不同城镇化情景下集中型和单偏型情景洪水增幅与随机型情景

的差异，用于定量表示降雨空间分布类型对洪水量级的影响程度。可以看出，当城市面积比例为40%~50%时，集中型和随机型的差异最大，高达50%。这就表明对该虚拟流域而言，当城镇化率为40%~50%时，忽略降雨空间分布的改变会大大低估由城市化引起的洪水量级的变化程度，低估程度可高达50%。单偏型和随机型之间的差异不显著，相对于随机型降雨情景，单偏型降雨情景洪水量级随着城市扩张有微弱的降低趋势，这可能是由于单偏型情景中降雨中心多分布在城市之外，不透水面积的增加对产流量的影响非常有限所致。

城市下垫面使夏季降雨的强度和频率在城区表现为显著增加。因此，城市扩张及降雨的空间分布特征会对流域洪水产生显著影响，并且当城市发展到一定阶段时，两个因素的影响会产生"协同效应"，即影响程度最大。以往研究中仅关注下垫面的改变

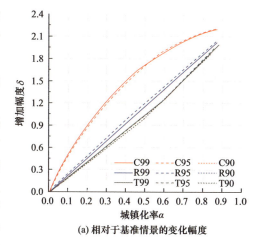

(a) 相对于基准情景的变化幅度

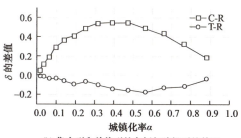

(b) 集中型和单偏型的变幅与随机型的差异

注：C、R、T分别表示集中型、随机型和单偏型的降雨分布。

图8-14 不同洪水量级在不同情景中的变化

（如不透水面积的增加等）对流域洪水响应的影响（Smith et al., 2002; Ntelekos et al., 2007），而常忽略降雨空间分布特征的影响。Wright等（2014）借助随机暴雨分布算法和分布式水文模型对美国亚特兰大地区附近的某城市化流域的洪水频率进行了分析，研究表明忽略暴雨的空间分布会对极端洪水量级有较大低估，并且直接影响洪水频率的计算。

第三部分
城市暴雨和洪水预报模型

第9章　X波段雷达定量估算降雨模型及评价

城市地区高度时空变异性的降雨对城市径流有决定性的影响。因此，获取高分辨率的降雨信息对进一步发展城市洪水模型、精确预报城市径流过程、有效开展洪水预警和管理有着十分重要的意义。X波段雷达波长较短，与传统C波段、S波段雷达相比探测精度更高，可以提供百米尺度的降雨空间分布信息，在城市地区受到越来越广泛的关注。本章以北京市X波段雷达观测系统为对象，开发了城市雷达定量降雨估测算法，系统评价了算法的精度和误差来源，并且提出了误差校正方法。

9.1　X波段雷达观测系统

近年来，由局地强降雨引发的中小河流及城市洪涝灾害、滑坡泥石流等地质灾害的影响和危害日益增大。为积极应对上述威胁，需要建立可以及时、准确、有效捕捉突发性强、尺度小、变异性大的局地强降雨的观测手段。基于上述考虑，水利部水文局启动了重大水文监测仪器装备研制任务，包括水利部水文局、中国气象局在内的多家单位合作建立了北京X波段雷达观测系统。系统硬件包括一台X波段雷达和雨滴谱仪，如图9-1所示。其中X波段雷达位于北京某高校教学楼楼顶[图9-1（a）]，于2013年8月修建完成。考虑该雷达主要用于科学研究，因此其运行模式与一般业务雷达不同：雷达在每年雨季（5～9月）有雨时开机，建成初期使用单一4°仰角扫描方案。2014年8月起，更改为体扫运行，在7 min内完成14个仰角的观测扫描。雷达观测变量包括反射率因子、径向速度、速度谱宽。其主要参数如表9-1所示。

除X波段雷达外，观测系统还包括一台ParsivelⅡ型雨滴谱仪[图9-1（b）]。其布设位置位于北京市肖家河闸管理处（图9-2）。雨滴谱仪与传统雨量筒相比，不仅可以测量某一时段内的累计降雨量，还可以测量雨滴的直径和下落速度等参数，是校准雷达、获取局地$Z\text{-}R$关系的重要工具。ParsivelⅡ型雨滴谱仪是新型光学雨滴谱仪，可以测量32个粒径级别和32个速度级别。其工作原理为：传感器发出一束平行光束至接收器，当雨滴穿越采样空间时会遮挡光束，导致接收器接收的光信号发生变化。通过信号变化持续的时间可推算雨滴的速度，通过信号变化强度的大小可推算雨滴的直径，其具体参数如表9-2所示。

(a) X 波段雷达　　　　　　　　(b) 雨滴谱仪

图 9-1　北京 X 波段雷达和雨滴谱仪实地照片

表 9-1　北京 X 波段雷达的基本参数

参数类别	参数值
经纬度 /(°)	40.002，116.233
高度 /m	44
天线直径 /m	1.3
发射频率 /GHz	9.38
雷达波长 /cm	3.21
波束宽度 /(°)	1.8
观测半径 /km	36
空间分辨率 /m	90
时间分辨率 /min	7
观测仰角 /(°)	0.5，0.9，1.3，1.8，2.4，3.1，4.0，5.1，6.4，8，10.0，12.0，15.6，19.5

表 9-2　Parsivel Ⅱ 型雨滴谱仪的基本参数

参数类别	参数值
光学传感器波长 /nm	780
光束尺寸	180 mm×30 mm

续表

参数类别	参数值
能见度 /m	100～5000
粒径范围 /mm	0.2～5（液态降雨） 0.2～25（固态降雨）
速度范围 /（m/s）	0.2～20
降雨类型	8种（包括小雨、小雨/雨、雨、雨夹雪、雪、米雪、冻雨、冰雹）
降雨强度范围（mm/h）	0.001～1200
雷达反射率范围 /dBZ	（9.9～99）（1±20%）

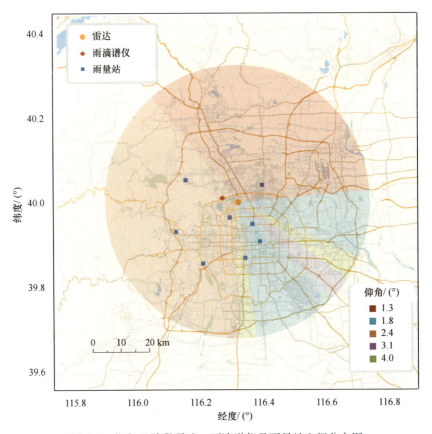

图 9-2 北京 X 波段雷达、雨滴谱仪及雨量站空间分布图

9.2 雷达定量估测降雨算法

9.2.1 雷达观测降雨原理

天气雷达属于主动微波大气遥感设备，其基本组成如图 9-3 所示。发射机产生电磁辐射作为连续波或脉冲。目前主流雷达（如美国 WSR-88D）采用速调管发射机制造脉冲。脉冲沿着由导电金属制成的中空波导管传递至雷达天线。雷达天线一般是一个抛物面反射器，由下方的底座机械按钮控制其水平方位角与垂向仰角。无线电脉冲由雷达天线反射聚集后形成雷达波束，通过自由大气传输至观测目标。雷达波束遇到观测物体时会发生散射，其中向后散射的部分称为后向散射。这部分能量被抛物面反射器重新接收并聚集，然后转换成电压信号传送给接收机。接收机经过一系列计算处理，得到平均回波功率 P_r。为去除回波功率中雷达本身参数的影响，使不同雷达的观测结果可以直接比较，人们引进了反射率因子（Z）这一概念，其单位为 mm^6/m^3。

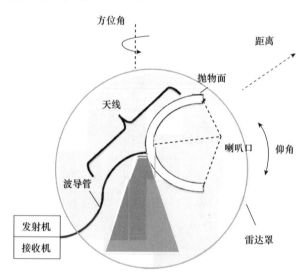

图 9-3 天气雷达基本元件构成图

一般情况下，雨滴直径远小于雷达的波长（$D \leqslant \lambda/16$），符合瑞利散射假设。此时，反射率因子的定义为依据雨滴谱分布加权的单位体积内所有降雨粒子直径的 6 次方之和：

$$Z = \int_0^\infty N(D) D^6 dD \tag{9-1}$$

式中，D 为降雨粒子直径，mm；$N(D)$ 为雨滴数量密度（雨滴谱分布），即每个 dD 区间内雨滴粒子的数量。

平均回波功率 P_r 与反射率因子 Z 的关系为

$$Z=\frac{P_r r^2}{C|K^2|} \quad (9\text{-}2)$$

式中，r 为目标物体与雷达间的探测距离；K 为散射粒子的折射无量纲复合指数（对于水，该指数为0.93）；C 为描述雷达运行特征的常数。雷达观测到的反射率因子一般也称为等效反射率，它与粒子的大小、形状、状态、密度等有关。

通常为方便储存，会将反射率因子 Z 进一步转换为 dBZ 的形式，其转换关系如下：

$$\text{dBZ}=10\times\lg Z \quad (9\text{-}3)$$

另外，降雨强度 R（mm/h）是由雨滴谱分布结合雨滴下落速度计算得到的：

$$R=(\pi/6)\int_0^\infty D^3 N(D) w_t(D)\,\mathrm{d}D \quad (9\text{-}4)$$

式中，$w_t(D)$ 表示雨滴下落的最终稳定速度，如果假设近地面垂直气流很弱，可以忽略不计，那么其可近似表达为雨滴直径的指数幂形式。

可以看到，降雨强度 R 和反射率因子 Z 均与雨滴谱有关，假设降雨是均匀分布、不随时间变化的，雨滴谱分布 $N(D)\Delta D$ 可用式（9-5）表示（式中 c_1、μ、Λ 都是需要率定的参数）。

$$N(D)\Delta D = c_1 D^\mu e^{(-\Lambda D)} \Delta D \quad (9\text{-}5)$$

那么降雨强度 R 和反射率因子 Z 之间可以建立起如式（9-6）所示的指数关系：

$$Z = a \cdot R^b \quad (9\text{-}6)$$

式中，a、b 为需要率定的参数。理论上讲，使用该关系便可以直接将发射率转化为降雨强度。但是，雷达估测降雨因为观测系统性能、测量原理、参数率定及一些尚未认清的物理过程等方面的原因会有一定偏差。这些偏差大致可以分为以下几类：雷达校准偏差、信号在雨中的衰减、非降雨回波污染、波束遮挡、降雨垂直结构变异、Z-R 关系变异性、远距离波束扩大、水平漂移、时空重采样误差。因此，对于每部雷达，在进行 Z-R 转换之前都应设计一套对应的算法，以期在一定程度上削弱这些偏差，进而提高其估测的准确性。

9.2.2 城市定量估测降雨算法

城市地区地形复杂，电磁信号密集，降雨结构变异性大，这些因素都有可能引发、加剧种种偏差。因此尤其需要结合实地情况，开发相应的城市地区定量降雨估测算法，以消除或减少其对最终结果的影响。本节以北京地区为研究区域，结合 X 波段雷达的具体特征，设计了包含雷达校准、衰减订正、抑制非降雨回波、选取组合反射率、降雨类型划分、Z-R 关系转换、滑动平均及时空重采样 7 个关键步骤的定量降雨估测算法。因为缺乏北京降雨垂直结构变异性的相关资料，所以算法没有包括垂直廓线订正。北京 X 波段雷达观测半径为 36 km，算法中使用到的最高仰角（4°）在 36 km 处波束抬升也仅为 2.4 km，远低于一般暖季降雨融化层高度（约 4 km）。因此垂直结构变异并非影响 X 波段雷达降雨估算准确性的主要因素。图 9-4 为北京市雷达定量降雨估测算法的流程图，下面将对其中各个步骤进行具体阐述。

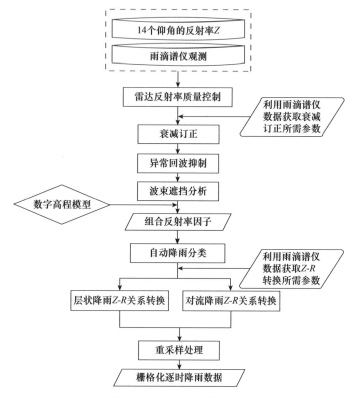

图 9-4　北京市雷达定量降雨估测算法的流程图

1. 雷达校准

雷达校准是为了修正观测中因设备自身问题产生的偏差。尽管北京 X 波段雷达在安装前已经过校准，但雷达还是可能会因为设备老化、过热等原因再次失准。在现有校准雷达的若干方法中，使用雨滴谱仪验证最为直接。因此，本算法使用距离雷达较近的肖家河雨滴谱仪（位置如图 9-2 所示）对雷达观测进行校准。基于雨滴谱仪的反射率因子计算公式如下：

$$Z = \frac{10^6 \lambda^4}{\pi^5 |K|^2} \int_0^\infty \sigma_B(D) N(D) \mathrm{d}D \quad (9-7)$$

式中，D 为降雨粒子直径，mm；$N(D)$ 表示雨滴数量密度（雨滴谱分布），即每个 dD 区间内雨滴粒子的数量；K 为散射粒子的折射无量纲复合指数（对于水，该指数为 0.93）；λ（3.21 cm）为雷达波长；$\sigma_B(D)$ 为后向散射截面积，

cm²。需要指出的是,该处使用的反射率因子的定义与式(9-1)的定义不同,式中使用了米散射条件下的后向散射面积表达方式。这是因为北京X波段雷达波段较短,在强降雨条件下雨滴直径D不再远小于雷达波长λ,此时瑞利散射条件不再完全适用,需要使用更为一般化的米散射[式(9-7)]。

图 9-5 对比分析了 2014 年 9 月 1 日北京 X 波段雷达 1.3°仰角观测的反射率与肖家河雨滴谱仪观测的反射率之间的差异。

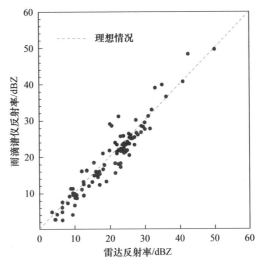

图 9-5　雷达观测与雨滴谱仪观测反射率对比散点图

可以看到,雷达观测值与雨滴谱仪观测值总体上是一致的,不存在整体性高估或低估。但对于反射率大于 35 dBZ 的情况,雷达观测值低于雨滴谱仪观测值,这说明雷达在降雨强度较大时反射率观测值偏低。造成这种情况的原因可能有以下三点:一是由于信号衰减,尽管肖家河雨滴谱仪与雷达间的距离很近,但当两者之间降雨强度较大时,雷达观测信号还是会有衰减;二是降雨在垂直方向上的变异性使高空处降雨与地面处不同,雷达观测的是高空处雨滴,而雨滴谱仪是地面观测;三是观测尺度不同,雷达观测是采样体积内的平均值,而雨滴谱仪是点尺度观测。因此,综合考虑上述原因认为雷达本身是可靠的,现有偏差会通过下述步骤加以校正。

2. 衰减订正

雷达信号在传播过程中会发生衰减,对于波段较短的北京 X 波段雷达,这一问题尤其突出。本算法使用 HB 方法进行衰减订正(Hitschfeld and Bordan, 1954),具体步骤如下。

不考虑衰减时雷达接收的回波功率为 P_{r0},考虑衰减后雷达接收的实际功率是 P_r。假设没有湿罩衰减,雷达回波功率衰减(接收功率减少)只由大气中的气体分子、云、雨等粒子对电磁波的吸收和散射引起。P_{r0} 与 P_r 的差 dP_r 为雷达接收回波功率的减少值。那么,波束在一小段距离 ds 上往返导致的 dP_r 的大小可表示为

$$dP_r = -2k(s) \cdot P_r ds \quad (9-8)$$

式中,$k(s)$ 为衰减系数,km^{-1},其物理意义是:由于各类粒子吸收或散射,单位功率在大气中往返单位距离时所衰减掉的能量。

$$\frac{\mathrm{d}P_r}{P_r} = -2k(s)\mathrm{d}s \tag{9-9}$$

将式（9-8）变形成式（9-9）后，对该式左右两边在 $0\sim r$ 上进行积分，得到式（9-10）：

$$P_r = P_{r0}\mathrm{e}^{-2\int_0^r k(s)\mathrm{d}s} \tag{9-10}$$

接收功率的衰减通常用 dB 表示，为了方便不同粒子造成的衰减加和计算，这里将衰减系数 k 换成以 dB/km 为单位，则式（9-10）变为

$$P_r = P_{r0}\mathrm{e}^{-\frac{2\ln 10}{10}\int_0^r k(s)\mathrm{d}s} \tag{9-11}$$

结合雷达基本方程[式（9-2）]中反射率因子与回波功率间的关系，得到观测到的反射率因子 Z_m 与真实反射率因子 Z 的关系如式（9-12）所示：

$$Z_m(r) = Z(r)\mathrm{e}^{-\frac{2\ln 10}{10}\int_0^r k(s)\mathrm{d}s} \tag{9-12}$$

式中，等号右边第二项为雷达波在 $0\sim r$ 往返传播时产生的衰减比例，简称路径积分衰减（path integration attenuation，PIA），记作 $A(r)$。

同时，真实反射率因子 Z 与衰减系数 k 可表达为如下指数关系：

$$Z = ck^d \tag{9-13}$$

式中，c、d 为与雷达波长和雨滴谱分布有关的常数。

联立式（9-12）、式（9-13）即可得到真实反射率因子 Z 与观测到的反射率因子 Z_m 的转换关系：

$$Z(r) = \frac{Z_m(r)}{\left[1 - \frac{2\ln 10}{10}\int_0^r \left(\frac{Z_m(s)}{c}\right)^{1/d}\mathrm{d}s\right]^d} \tag{9-14}$$

为避免 HB 方法的数值不稳定问题，设定 $A(r)$ 的上限为 10 dB。式中的参数 c、d 值可以使用雨滴谱仪率定获得。衰减系数的定义为

$$k = c_k \int_0^\infty Q_t(D) N(D)\mathrm{d}D \tag{9-15}$$

式中，D 为降雨粒子直径，mm；$N(D)$ 表示雨滴数量密度（雨滴谱分布），即每个 dD 区间内雨滴粒子的数量；$Q_t(D)$ 为米散射衰减截面面积，cm^2；c_k 为常数，$c_k = 0.4343 \times 10^6$。

使用 2014 年 7 月～2015 年 9 月的雨滴谱仪数据进行 $Z\text{-}k$ 关系回归，最终得到 $c = 1.12 \times 10^5$ 和 $d = 1.1$。通常情况下，在波束穿过强降雨区的雷达观测范围边缘处衰减最为严重。需要指出的是，由于反射率因子以指数形式储存，当反射率因子较大时，1 dB 的误差可能会造成降雨强度超过 10 mm/h 的偏差。由此可以

看出，衰减订正对于提高北京 X 波段雷达观测准确性具有重要的意义。

3. 抑制非降雨回波

雷达观测信号有时会受非降雨粒子引发回波的污染，如不加以区分、去除，这部分污染的信号也将会被转换成降雨，从而导致雷达误报或高估局地降雨。这一偏差在长时间累积降雨统计中更加明显。因此，区分降雨与非降雨信号对于提高定量降雨估计的准确性具有十分重要的意义。地物杂波与波束异常传播是非降雨回波的两种主要来源。地物杂波在雷达周边且其径向速度近似为 0。因此，本算法使用多普勒径向速度识别地物杂波，找出多普勒径向速度小于 0.5 m/s 的像元，将其识别为地物杂波并去除。波束异常传播引起的非降雨回波有时可能具有速度，因此不能简单地使用径向速度去除。北京 X 波段雷达提供的观测数据本身已经经过滤波处理，因此可以认为径向速度为 0 的地物杂波已被去除。本算法使用 Steiner 和 Smith（2002）提出的方法来检测波束异常传播引起的非降雨回波。该方法使用三维组合反射率数据，提出雷达回波垂直延伸高度、反射率场的空间变异性、反射率的垂直梯度 3 个检验指标。雷达回波垂直延伸高度是指同一位置（同一方向角、同一探测距离），不同仰角高度观测中反射率大于某一阈值（5 dBZ）的最高仰角；反射率场的空间变异性是指对于每个像元，以其为中心的 11 个方位角 21 个径向所有像元的扫描窗口中，径向相邻的两个像元反射率波动大于 2 dBZ 的数量；反射率的垂直梯度是每个像元最低两个仰角观测反射率的差值除以仰角差。

具体流程如下：首先将小于阈值（5 dBZ）的反射率因子赋值为 0，然后将雷达回波垂直延伸高度小于 4° 的各层仰角对应像元的反射率均赋值为零，剩余像元进行反射率场的空间变异性检验。式（9-16）按经验规定了反射率场的空间变异性的阈值（SPINthresh）。其中 Zpixel 为检验像元的反射率值。大于空间变异性阈值的像元继续进行反射率的垂直梯度检验，如反射率的垂直梯度小于 10 dBZ 则保留，大于则将该像元反射率赋值为 0。考虑到当波束异常传播引起的非降雨回波与降雨回波重叠时，这种方法会将降雨回波一并去除，因此，在方法的最后，如果某像元上方相邻仰角观测存在大于阈值（5 dBZ）的观测值，那么将该值赋给此像元。

$$SPINthresh = 8 - (Zpixel - 40)/15 \qquad (9\text{-}16)$$

图 9-6 为 2014 年 9 月 1 日 19:45 抑制非降雨回波前后降雨估算对比图。从图中可以看到，雷达观测范围内南部、东南部条带状的非降雨回波被有效去除，但同时某些飑锋边缘也被去除。这种方法可以配合人工鉴定，从而使识别更加准确。

4. 选取组合反射率

雷达发射机发射的电磁波在传播过程中受较高地形或建筑的遮挡，信号强度

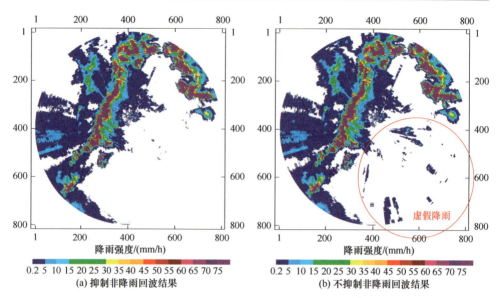

图 9-6　2014 年 9 月 1 日 19:45 抑制非降雨回波前后降雨估算对比图

全部和部分损失。波束遮挡意味着雷达无法有效观测遮挡物之后的降雨，从而严重影响雷达观测降雨的连续性和准确性。城市地区高楼林立，波束遮挡是城市雷达观测面临的一个重要问题。因此，在城市雷达定量降雨估测中需要进行波速遮挡分析并选取组合反射率，从而降低波束遮挡带来的不利影响。

本节首先进行波速遮挡分析，使用雷达波束标准传播方程计算出不同仰角的雷达波束传播到各位置处时的中心高度[式（9-17）]。将此高度与对应位置处的数字高程模型（digital elevation model，DEM）进行比较。

$$H=\sqrt{r^2+R'^2+2rR'\sin e}-R'+h_0 \quad (9\text{-}17)$$

式中，H 为雷达波束中心高度，m；r 为格点延波束方向距雷达的距离，m；R' 为地球等效半径，取值 8500 km；e 为雷达观测仰角；h_0 为雷达天线高度，m。

在此，简单认为波束中心高于对应位置处的高程即为没有遮挡，反之则认为受了遮挡。图 9-7 显示了北京 X 波段雷达采用不同仰角观测时的波束遮挡情况。可以看到，在观测仰角低于 2.4° 时，西北部地区存在明显的遮挡，这是由于西山位于雷达观测西北部 1 km 处。而观测仰角低于 4° 时南部与东南部各有一条条带状遮挡，这是由雷达附近南部与东南部的高楼遮挡引起的。为保证雷达观测降雨更接近地面真实降雨，定量降雨估测算法一般会选用低仰角的观测信息。最终在不同方向上选择没有遮挡的最低仰角的反射率观测组成组合反射率拼图。

5. 降雨类型划分

层状云降雨与对流降雨的产生机理不同，进而云雨结构不同，因此具有不同

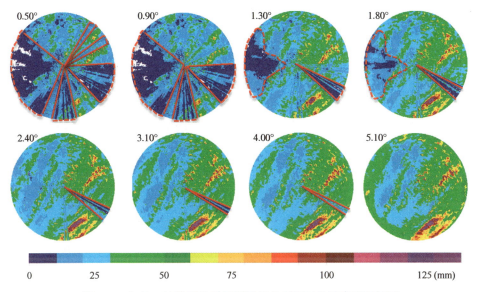

图 9-7　北京 X 波段雷达采用不同仰角观测时的波束遮挡情况

的雨滴谱分布特征。考虑反射率因子 Z 与降雨强度 R 均与雨滴谱有关，两类降雨的 Z-R 关系也不相同。研究表明，不同场次的降雨类型可能不同，同一场次降雨中不同时段或不同地区的降雨类型也可能不同。因此在雷达定量降雨估测算法中，Z-R 转换之前需要先进行降雨类型划分。

研究表明，大气不稳定是发生对流降雨的基本物理条件。气象学中使用对流有效位能这一指标来衡量大气不稳定性。具体表述如下：对于大气中的某一气团，其垂直上升一定高度所能获得的能量。气团与周围大气的温差和其自身的水汽含量是影响对流有效位能的两个因素。与周围环境的温差越大，包含的水汽含量越丰富，对流有效位能就越大，大气的不稳定度也越高。不稳定的大气在大尺度天气系统的作用下易产生对流过程。考虑雷达观测得到的反射率可以与水汽含量建立联系，因此使用水汽含量区分降雨类型是一种合理且可行的的方法。

本节使用北京 X 波段雷达三维体扫数据，基于 Qi 等（2013）提出的垂向累积液态水量（vertical integrate liquid water, VIL）的方法区分层状云降雨与对流降雨。对于雷达观测的每一个像元，VIL 是各个仰角液态含水量 VIL^k 的总和：

$$VIL=\sum_{k=1}^{k_{top}}VIL^k \tag{9-18}$$

式中，k 表示第 k 个仰角（最高仰角为 k_{top}），每个仰角内的水汽含量可用式（9-19）计算。

$$\mathrm{VIL}_{\mathrm{par}}^{k}=\mathrm{LW}\cdot\mathrm{DB} \tag{9-19}$$

$$\mathrm{LW}=3.44\times10^{3}Z^{4/7} \tag{9-20}$$

$$\mathrm{DB}=\begin{cases} \mathrm{BH}[\theta_{k_{\mathrm{top}}}+0.5\mathrm{BW}]-\mathrm{BH}[0.5(\theta_{k_{\mathrm{top}}}+\theta_{k_{\mathrm{top}}-1})], & k=k_{\mathrm{top}} \\ \mathrm{BH}[0.5(\theta_{k+1}+\theta_{k})]-\mathrm{BH}[0.5(\theta_{k}+\theta_{k-1})], & 1<k<k_{\mathrm{top}} \\ \mathrm{BH}[0.5(\theta_{2}+\theta_{1})], & k=1 \end{cases} \tag{9-21}$$

式中，LW为液态水含量，其与雷达观测的反射率因子Z存在如式（9-20）所示的指数关系；DB是在该像元垂直方向上各个仰角雷达波束的等效高度，该高度是距离的函数；BH代表在标准大气传播条件下，某一仰角的雷达波束传播至某一位置时的波束中心高度，LW与DB相乘即表示该高度范围内的水汽含量；BW代表半功率波束宽度，北京X波段雷达的BW等于0.95°；θ_k是第k个仰角的角度。

上述计算在以雷达为中心的极坐标下进行，北京X波段雷达目前采用的体扫方案包含14个仰角。对于每个像元，使用14个仰角的观测数据计算出VIL，VIL大于$6.5\ \mathrm{kg/m^2}$，则该像元为对流雨，反之则为层状降雨。

6. Z-R 关系转换

至此，算法已经生成了估算降雨需要的组合反射率，最后需要使用Z-R关系将组合反射率转化成降雨。如前所述，雨滴谱会随时间、空间、降雨类型而发生变化。因此，不同时间、不同区域、不同降雨类型的雨滴谱都会存在差异，反映为Z-R关系中的a、b参数相同。因此，需要首先获得北京地区不同降雨类型对应的Z-R关系。使用2014年7月~2015年9月的雨滴谱仪数据，以37.5 dBZ为阈值区分层状降雨和对流降雨，分别进行Z-R关系回归。降雨强度（R）与反射率因子（Z）的雨滴谱表达形式参见式（9-4）、式（9-6）。最终获得适用于层状降雨与对流降雨的Z-R关系分别为

$$\begin{cases} Z=243.2R^{1.3}, & 层状降雨 \\ Z=513.7R^{1.2}, & 对流降雨 \end{cases} \tag{9-22}$$

应用上述关系分别对组合反射率中的层状降雨与对流降雨进行转换，可以得到以雷达为中心极坐标下的降雨强度估计结果。此外，为9.3节误差来源敏感性分析做准备，本节还统计回归了不区分降雨类型时的Z-R关系，即对2014年7月~2015年9月所有雨滴谱数据进行回归，最终结果为

$$Z=400.8R^{1.2}, \quad 不区分降雨类型 \tag{9-23}$$

对美国WSR-88D雷达，建议使用的缺省值如式（9-24）所示。将北京Z-R关系的参数与美国WSR-88D雷达建议的缺省值比较可以发现，北京Z-R关系的指数项b小于标准值。这与城市降雨的特性有关，城市降雨包含较多的对流成分。如Hazenberg等（2011）所述，对流降雨中雨滴的含量多，垂直延伸纵深大，在对流过程中垂直方向上雨滴混合充分。充分的混合使对流雨雨滴的形状特性如平均直径、标准偏差等多为固定值，反射率因子与降雨强度之间的对应关系

主要由雨滴的数量、密度决定。因此，包含较多对流过程的城市 Z-R 关系降雨指数 b 项通常较小（接近于 1）。

$$\begin{cases} Z=200R^{1.6}, & \text{层状降雨} \\ Z=300R^{1.4}, & \text{对流降雨} \end{cases} \quad (9\text{-}24)$$

7. 滑动平均及时空重采样

因为使用组合反射率进行 Z-R 转换，最终得到的降雨估计结果在仰角变动处可能会出现不连续的现象。因此，计算出降雨估计结果后，在仰角变动处进行滑动平均以消除可能存在的不连续现象。

为方便水文模拟或其他应用，将极坐标下的雷达定量降雨估测结果重采样放到直角坐标系中。直角坐标系仍然维持雷达观测 90 m 的空间分辨率。具体方法：搜索距离直角坐标系上的每个格点最近的极坐标网格格点，选用此极坐标网格格点值作为直角坐标系下对应格点的值，以此获得半径 36 km、空间分辨率为 90 m 的定量降雨估计栅格化数据。图 9-8（a）绘制了北京 X 波段雷达在 2014 年 9 月 1 日 19:00 的雷达定量降雨估测结果。在此基础上进一步累积形成逐时降雨估计结果，在累积时，采用每一个时刻的估测值代表该时刻与上一时刻同一时间间隔内（7 min）的平均值。因为 60 不能被 7 整除，所以每小时最后几分钟可能会用到下一小时第一个降雨估测结果。对于小时内的各个降雨估测结果，根据其在本小时内代表的时间，采用加权平均的方式进行累积。图 9-8（b）绘制了 2014 年 9 月 1 日 19:00 的小时累积降雨量估测情况。

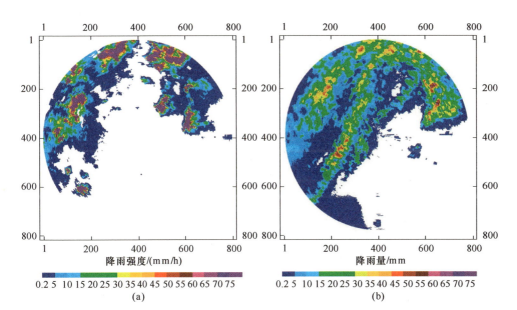

图 9-8 北京 X 波段雷达估测降雨情况

9.3　雷达估测降雨的准确性评价

本节采用的统计评估指标包括场次累积降雨量比 r_d、总雨量比 r_a、均方根误差 RMSE 和拟合优度 R^2，具体计算形式如下：

$$r_{\mathrm{d}i,k} = Rd_{i,k}/Gd_{i,k} \tag{9-25}$$

$$r_{\mathrm{a}k} = \sum_{n=1}^{N} R_{n,k} \Big/ \sum_{n=1}^{N} G_{n,k} \tag{9-26}$$

$$\mathrm{RMSE} = \sqrt{\sum_{n=1}^{N}(R_n - G_n)^2} \tag{9-27}$$

$$R^2 = \frac{\left(\sum_{n=1}^{N}(G_n - \bar{G})\right)(R_n - \bar{R})^2}{\sum_{n=1}^{N}(G_n - \bar{G})^2 \sum_{n=1}^{N}(R_n - \bar{R})^2} \tag{9-28}$$

式中，R 为雷达估测降雨量；G 为雨量站观测降雨量；i 为场次数；k 为不同的雨量站（$k=1, 2, \cdots, 8$）；$\bar{R}$ 和 $\bar{G}$ 分别为所有降雨事件中雷达估测雨量和地面雨量站观测雨量的平均值；N 为所有小时、所有站点降雨数据样本数量的总和。

本节首先评价了雷达估测的 2014 年 7 月～2015 年 9 月时段内总雨量与地面雨量站之间的差异。具体方法为对各个站点分别计算雷达估测总雨量与雨量站观测总雨量之比，因为 8 个地面雨量站在雷达观测范围内分布得比较均匀，所以直接采用算术平均的方法计算各地面雨量站对应的总雨量比的平均值。最终得到结论：与地面雨量站相比，雷达估测会低估 24.6% 的总降雨量。

场次累积降雨量是影响城市洪水强弱的重要因素，因此本节对 2014 年 7 月～2015 年 9 月雷达估测降雨事件的场次累积降雨量进行评估。为避免样本数量较少带来不确定偏差，图 9-9 选取了至少有 3 个站点观测降雨的 33 场降雨事件进行箱型图分析。结果显示，对于绝大部分降雨事件，场次累积降雨量比在 0～3 范围内变化，其中位数在 0.5～1.5 范围内变化。雷达估测与地面雨量站观测相比不存在明显的高估或者低估趋势，这表明雷达估测的场次累积降雨量总体与地面雨量站是一致的。但是，仍然需要指出的是，在个别场次降雨事件中，雷达估测的场次累积降雨量与不同地面雨量站相比变异性较大，如 2015 年 7 月 29 日的降雨，25% 分位值与 75% 分位值分别为 0.7 和 2.4，这说明在同一场降雨中，雷达估测降雨在不同位置处地面雨量站可能同时存在较明显的高估和低估现象。场次累积降雨量比的最大偏差出现在 2015 年 6 月 17 日，雷达估测的场次累积降雨是地面雨量站观测值的 6.5 倍。需要指出的是，这种雷达估测显著高于雨量站观测的情况多出现在雨量站观测雨量较小的情况。例如，2015 年 6 月 17 日站点观测

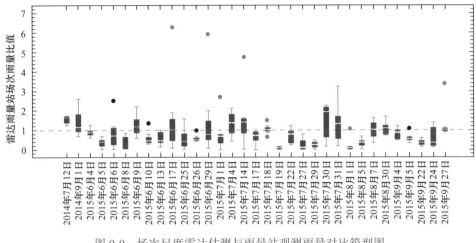

图 9-9　场次尺度雷达估测与雨量站观测雨量对比箱型图

累积降雨量为 0.2 mm，只有 15:00 有 0.2 mm 的降雨。雷达估测与站点观测在时间上一致，但在数值上，雷达在该小时估测的降雨强度大约为 1.3 mm，虽然两者之间的绝对误差只有 1.1 mm，但由于雨量站场次雨量较小，两者的比值很大。

图 9-10 为小时单位尺度雷达估测与雨量站观测雨量散点对比图，该图进一步在小时单位尺度上对比了地面雨量站观测与对应雷达格点的雷达估测数据之间的差异。结果显示，在小时尺度上，雷达估测降雨整体偏低，线性回归的斜率为 0.69，拟合优度可以达 0.76。雷达估测对于降雨强度大于 10 mm/h 的降雨低估较为明显。最大偏差出现在地面雨量站观测降雨强度超过 40 mm/h 的情况，此时雷达估测降雨强度约为 20 mm/h。

为比较不同降雨类型条件下雷达估测降雨的准确性，进一步选取两场典型降雨进行分析。第一场降雨为 2015 年 9 月 4 日的降雨事件，这是一个对流型降雨过程。如图 9-11 所示，降雨在雷达观测区域外西南方向生成，由南向北快速运动。地面雨量

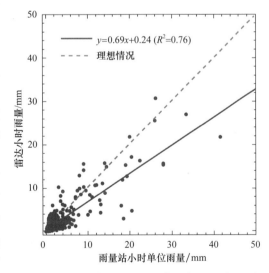

图 9-10　小时单位尺度雷达估测与雨量站观测雨量散点对比图

站小时雨量数据与对应雷达格点的雷达估测小时雨量数据对比的结果显示，雷达对于对流降雨的估测结果显著偏低，这在一定程度上是由于系统使用的雷达为 X 波段雷达，X 波段雷达波长较短，在强降雨中的衰减更为严重。因此波束经过强

降雨区后观测的降雨无论其本身强弱,都会被较明显地低估。

第二场降雨为 2015 年 9 月 27 日的降雨事件,这是一个大面积层状降雨过程,持续时间较长,雷达观测范围内的 8 个地面雨量站在大部分时间内同时观测了降雨情况。图 9-12 展示了本场降雨的累积雨量分布及地面雨量站小时单位雨量数据与对应雷达格点的雷达估测小时单位雨量数据的比较情况。可以看到,虽然拟合结果的斜率小于 1,但绝大多数的数据点雷达估测大于雨量站观测。对于层状降雨,各个时刻的降雨强度通常不会很大。因此,层状降雨观测中衰减的影响较弱,其他误差项共同作用导致雷达高估强度较小的降雨。

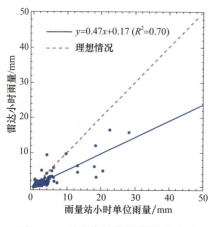

图 9-11　对流降雨估测效果对比图

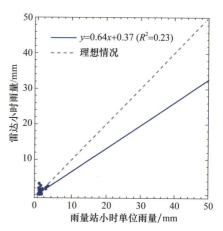

图 9-12　层状降雨估测效果对比图

9.4　雷达估测降雨的主要误差项分析

本章开发的雷达定量估测降雨算法包含雷达校准、衰减订正、抑制非降雨回波、选取组合反射率、降雨类型划分、Z-R 关系转换、滑动平均及时空重采样 7 个步骤。为探究不同步骤对最终估测结果准确性的影响,亦即寻找不同误差来源中的主要误差项,本节设计了 5 种分别缺少某一修正步骤的"部分"雷达定量降雨估计算法,5 种算法的具体处理流程如下所示。

(1)算法一:缺少衰减订正,即在不进行衰减订正的情况下,直接执行其他 6 个步骤。

(2)算法二:缺少抑制非降雨回波步骤,在对各仰角数据进行衰减订正后,不去除波束异常传播引起的非降雨回波,直接采用经过衰减订正的数据组成组合反射率拼图,进而进行降雨类型划分、Z-R 关系转换、滑动平均及时空重采样等后续步骤。

（3）算法三：缺少组合反射率拼图，在衰减订正之后，不选取组合反射率，直接使用单一4°仰角（最低无遮挡仰角）的数据作为最后 Z-R 关系转换的反射率数据，对于不同的降雨类型，使用对应的 Z-R 关系转换，最后进行滑动平均及时空重采样。

（4）算法四：缺少降雨类型划分，得到组合发射率之后，使用2014年7月～2015年9月的雨滴谱仪数据，不区分降雨类型的 Z-R 关系 $Z=428.4R^{1.2}$ 对所有格点进行转换，最后进行滑动平均及时空重采样。

（5）算法五：缺少局地 Z-R 关系，在获得组合反射率并且完成降雨类型划分后，使用 WSR-88D 雷达建议的缺省值进行 Z-R 关系转换，最后进行滑动平均及时空重采样。

$$\begin{cases} Z=300R^{1.4}, & 对流降雨 \\ Z=200R^{1.6}, & 层状降雨 \end{cases} \quad (9-29)$$

为叙述简洁清晰，将算法一至五按顺序依次记作 S1、S2、S3、S4 和 S5。使用上述5种算法再次处理2014年7月～2015年9月雷达估测的反射率数据，得到5组不同的结果。使用总雨量比 r_a 与 RMSE 为评价指标，表 9-3 对比了部分算法与包含所有步骤的完全算法的差异。需要指出的是，部分算法与完全算法的差异是缺少某一步骤的结果。如 RMSE 指标中，S1 算法结果的 RMSE 比完全算法的高，这意味着缺少衰减订正后的降雨估测结果与地面雨量站观测之间的均方根误差增大。因此，增加衰减订正步骤减小了降雨估测结果的偏差。

表 9-3　不同误差校正步骤对雷达估测降雨准确性的影响

指标	完全算法	部分算法				
		S1	S2	S3	S4	S5
r_a	0.75	0.72	0.77	0.87	0.57	0.61
RMSE	1.95	2.02	1.97	3.18	2.17	2.34

对比 S1 算法与完全算法的结果可以发现，缺少衰减订正的降雨估测结果会进一步低估总雨量，而且均方根误差增大。S2 算法与完全算法比较会得到相似的结论，但 S2 算法（即缺少非降雨回波抑制步骤）指标变化的幅度并不明显。这可能是由两方面原因导致的：第一是雷达估测本身就低估局地降雨，抑制非降雨回波去除了部分反射率观测信号，因而会进一步降低雷达估测降雨，在一定程度上加剧了低估；第二是雷达观测范围内用于验证的地面雨量站数量较少，可能在出现非降雨回波的地方没有雨量站，因此算法的效果没有体现。结合图 9-6 中显示出的明显抑制效果，非降雨回波抑制的效果其实是被其他误差项所掩盖了，因此，指标变化不明显并不意味着非降雨回波抑制没有意义。S3 算法与完全算法结果的对比显示，使用组合反射率降低雷达估测降雨与地面雨量站观测值之间

的均方根误差的效果最为明显,但似乎加剧了雷达对总雨量的低估。S4 算法与 S5 算法本质是未考虑雨滴谱分布不同带来的 Z-R 关系在时间空间上的差异。将 S4 算法与 S5 算法的结果与完全算法结果对比,降雨类型划分和局地 Z-R 关系在降低雷达估测降雨的低估程度、减轻雷达估测与地面雨量站观测间的均方根误差方面均有明显的效果。

图 9-13 进一步使用小时单位累积雨量散点图评价 5 种部分算法与完全算法结果间的区别。未进行衰减订正(S1 算法)的结果明显低于对应的完全算法结果,导致拟合斜率和拟合优度同步下降。不抑制非降雨回波(S2 算法)估测降雨结果的散点图变化不大,只有个别点的值发生了改变,这也验证了前面所提及的现有 8 个地面雨量站不在非降雨回波出现区域内的观点。采用单一仰角反射率(S3 算法)和组合反射率的散点图结果相差巨大,单一仰角反射率算法的计算结果拟合优度明显降低,由此可以清晰地看出,表 9-3 反映了使用组合反射率对消除雷达降雨估测误差的重要意义。与雨滴谱分布特性有关的 S4 算法与 S5 算法结果显示,不考虑不同降雨类型划分和局地 Z-R 关系会显著降低拟合优度及拟合斜率。

综上所述,对于北京 X 波段雷达,采用组合反射率是提高雷达降雨估测结果准确性最重要的一步,因此波束遮挡造成的低仰角观测缺失是影响城市雷达降雨估测准确性的最主要误差来源。缺少非降雨回波抑制虽然评价指标变化不大,但这并不意味着可以去掉该步骤。抑制非降雨回波可以有效去除雷达因受干扰而产生的误判降雨,但由于图 9-13(b)采用的是点尺度对比,去掉杂波的格点可能不是站点比较的位置,结果区别不大(两条线重合),但实际上该步骤很有意义。与雨滴谱相关的降雨类型划分和使用局地 Z-R 关系显著提高降雨估测准确性,其提

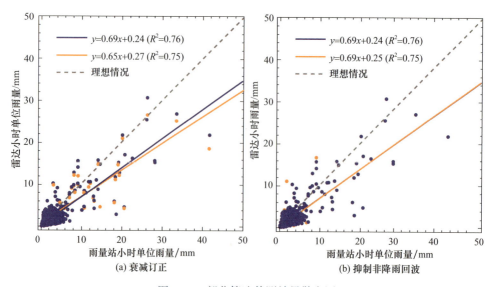

图 9-13 部分算法估测效果散点图

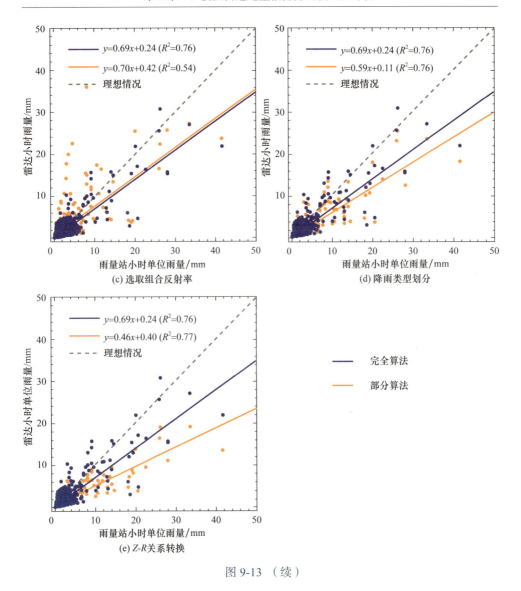

图 9-13 （续）

高程度高于衰减订正、抑制非降雨回波等步骤，这说明与雨滴谱相关的不同时空、降雨类型的 Z-R 关系变异性是影响城市雷达降雨估测准确性的另一主要误差来源。

9.5 定量估算降雨模型时间采样误差的校正方法

9.5.1 方法原理

气象雷达周期性采样（体扫）获得的降雨量累积通常不能正确地表示实际的降雨场。当使用高分辨率的降雨数据时，时间采样误差可能和其他误差同等重要。在雷达降雨估计产品中,时间采样误差的大小受雷达扫描频率(一次体扫时间)、雨团运动速度和降雨产品空间分辨率等多方面因素共同影响,机制复杂。例如,当被观测雨团运动速度较慢或观测的空间分辨率较为粗糙时,即使时间上采样频率较低也不会造成明显的误差。但是当被观测雨团运动速度较快或观测的空间分辨率较高时,这一误差可能会很大。具体来说,图9-14(a)和(b)分别表示粗糙分辨率与精细分辨率的降雨估计结果。其中,蓝色网格表示雷达降雨估计结果为有雨,白色网格表示雷达降雨估计结果为无雨。在雨团运动速度较慢或者粗糙分辨率的情况下,降雨场在空间上能保持连续性 [图9-14(a)]。但在雨团运动速度较快或者精细分辨率条件下,两次体扫观测到的雨团分别位于A、B两处,A、B之间的网格因为两次观测均没有降雨导致累积降雨量为0,这使累积降雨量空间上不连续,显然是不合理的 [图9-14(b)]。此外,如果采用时间加权平均的方法计算累积降雨量,那么对于A、B两个雨团所在位置,Δt 时段内的降雨强度始终是强降雨落在这两个位置时的雨强,而事实上,降雨只是运动经过,并未停留,因此这会显著高估这两个位置处的降雨。

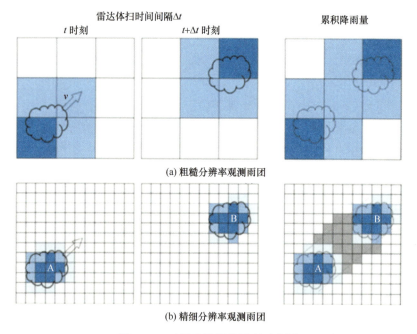

图9-14 时间采样误差原理示意图

X波段雷达空间分辨率高,时间重采样误差可能更加显著。因此,本节基于北京X波段雷达传统算法计算得到的7 min降雨估测结果,进一步校正了时间采样误差。

北京X波段雷达体扫时间为7 min,因此降雨估测结果的时间分辨率为7 min。为校正时间采样误差,本节使用PBN模式计算两个时刻之间降雨的运动变化规律,应用此规律推求两个时刻之间每分钟的降雨分布，最终生成时间分辨率为 1 min 的雷达降雨估测结果。为和小时单位尺度的雨量站数据对比，再将 1 min 数据累加得到小时单位降雨量，PBN 模式的具体原理及方法详见 10.1 节。

9.5.2 典型场次结果分析

选取 2015 年 8 月 7 日和 9 月 4 日两场次快速移动的对流降雨检验时间采样误差的影响。图 9-15 展示了基于 1 min 雷达估测降雨累积得到的小时单位降雨与基于 7 min 雷达估测降雨累积得到的小时单位降雨两种不同结果与雨量站小时单位降雨的比较。可以看到，与站点观测相比，粗糙时间分辨率（7 min）的雷达累积降雨量低估效果明显，散点图中的点非常离散。而绝大多数情况下，精细时间分辨率的雷达累积降雨量明显更接近雨量站观测（散点图中的点更接近 1∶1 线）。这是因为精细分辨率数据可以捕捉降雨运动变化的过

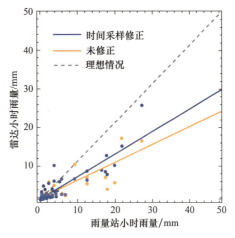

图 9-15 雷达估算降雨模型时间采样校正结果对比散点图

程，所以一方面填补了图 9-14 中的空白漏测区域，另一方面也减轻了在时间间隔内假设雨团不动而导致高估雨团位置处的降雨量。

2015 年 9 月 4 日降雨过程线如图 9-16 所示，可以看到经过时间采样校正的精细时间分辨率降雨过程线与雨量站观测更加接近，校正后相关系数由 0.79 提升至 0.85，而均方根误差由 27.4 降低为 18.8。特别是对于 17:00 降雨峰值的估测更加准确。考虑城市下垫面水文响应时间短的特性，精细时间分辨率降雨观测可以更准确地估测降雨峰值，对于模拟城市洪水峰值具有十分重要的意义。

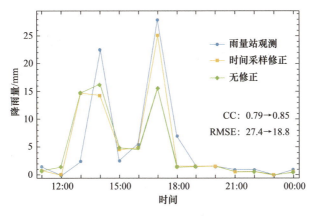

图 9-16 2015 年 9 月 4 日降雨过程线

第 10 章 融合天气模式和外推方法的降雨临近预报模型

降雨临近预报是指对未来短时间内（0~6 h）降雨情况的定量预报，对于现代化城市中露天活动、交通运输乃至城市防洪等具有重要的预警意义。本章以北京市为研究区域，首先介绍遥感观测外推方法；然后以中尺度天气研究预报模型为基础，使用三维变分和云分析方法同化雷达观测信息作为初始场，构建了北京地区夏季对流降雨数值预报模型；接着使用加权平均方法将该模型的结果与基于像素追踪的临近预报外推模式的结果结合，得到融合数值预报与外推模式的临近预报系统。

10.1 遥感观测外推方法简介

基于遥感观测的外推方法是根据之前时刻的图像（雷达、卫星等）观测信息找出降雨运动、变化的规律，并以此规律推断出下一时刻降雨分布的方法，因此这种方法在短时间内预报效果较好。Zahraei 等（2012）开发了基于像素追踪的临近预报外推（pixel-based nowcasting，PBN）模式。该模式可以利用高时空分辨率的雷达观测数据，基于分层网格追踪算法有效追踪精细尺度降雨的平移与变形，并在此基础上进行外推，尤其适用于雷达观测区域的短时降雨定量预报。北京降雨临近预报系统使用 PBN 模式作为遥感观测外推方法。

PBN 模式是一种基于网格追踪的临近预报算法，预报过程可以分为识别与追踪、外推两个阶段。

（1）识别与追踪：根据当前时刻（t）及之前两个观测时刻（$t-\Delta t$，$t-2\Delta t$，Δt 为相邻时间间隔）的雷达图像识别并推断出降雨变动的动态信息。

（2）外推：基于此信息再通过定量演绎外推得到下一观测时刻（$t+\Delta t$）的降雨分布。

具体来说，第一阶段的识别与追踪是通过寻找本时刻每一个网格上的降雨在上一时刻的位置，确立对应关系。根据这个对应关系，可以获得每一个网格对应的位移向量及降雨强度变化。第二阶段是基于对应关系进行外推，推求下一时刻降雨的分布。

10.1.1 识别与追踪

目前，多数临近预报的算法均使用模块匹配（template-matching algorithms）的方法识别及追踪降雨。这种方法是寻找目前图像中指定大小的窗口在上一幅图像中可能的位置，通过定义并计算相似性评价指标（如相关系数）来确定最佳匹配位置。这种方法对空间分辨率较高的观测图像应用效果较差，经常会出现弥散或多个最优解的现象，而且这种仅依靠窗口最优相关的方法无法考虑观测图像（降雨遥感影像）的局部旋转与变形。上述问题可采用位移的分层表示方法来解决，分层方法将时序图像的运动特征分解为一系列较粗网格的运动趋势叠加上精细网格的局部追踪修正。精细网格的追踪仅在各个降雨区域内进行，这样可以有效避免错误匹配问题。目前，已有若干基于网格数据和分层技术的追踪算法，PBN 对此类追踪算法进行了改进，将降雨的变化视为一种矩形的拓扑变换。PBN 模式使用粗糙分辨率的四边形网格覆盖基础图像（如 $t-\Delta t$ 时刻图像），基础图像中的矩形窗口在平移和相关匹配的过程中变形成凸四边形，优化寻找基础图像各个网格中心点在参考图像（如 t 时刻图像）中的对应位置。将基础图像与参考图像分别插值为原来 2 倍的精度，重复优化寻找过程。此时凸四边形考虑了降雨的局地"扭曲"，因此可以模拟降雨的旋转预变性。优化寻找具体包括以下 5 个步骤。

（1）基于相关系数，寻找基础图像各网格的中心点在参考图像上最相关的对应位置。

（2）将基础图像与参考图像的网格节点分别替换为步骤（1）中基础图像各网格的网格中心点和其在参考图像中的对应点。

（3）检查新基础图像中相邻格点的一致性，不一致的格点由交互相关匹配替代。

（4）校正边缘效应，将基础图像和参考图像同时线性插值为原来空间精度的 2 倍。

（5）去除插值中产生的凹四边形网格。

10.1.2 外推

外推过程示意图如图 10-1 所示，其具体表达形式如式（10-1）～式（10-5）所示。

$$P_{t+\Delta t}(x_{t+\Delta t}, y_{t+\Delta t}) = \min\{P_t(x_t, y_t) + \Delta P, T\} \qquad (10\text{-}1)$$

$$(x_{t+\Delta t}, y_{t+\Delta t}) = (x_t, y_t) + \Delta(x_t, y_t) \qquad (10\text{-}2)$$

式中，$P_{t+\Delta t}(x_{t+\Delta t}, y_{t+\Delta t})$ 为预报的下一时刻 $t+\Delta t$ 时刻 $(x_{t+\Delta t}, y_{t+\Delta t})$ 网格处的降雨强度，它与当前 t 时刻 (x_t, y_t) 网格处的降雨强度 $P_t(x_t, y_t)$ 的关系如式（10-1）所示，$t+\Delta t$ 时刻位置 $(x_{t+\Delta t}, y_{t+\Delta t})$ 与 t 时刻位置 (x_t, y_t) 的关系如式（10-2）所示。

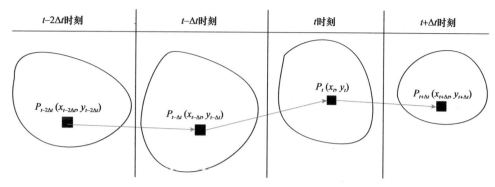

图 10-1 外推过程示意图

追踪算法找到每一个降雨网格在上一时刻的对应位置,如 $P_t(x_t, y_t)$ 的位置是 (x_t, y_t),在上一时刻 $t-\Delta t$ 时刻对应的是 $P_{t-\Delta t}(x_{t-\Delta t}, y_{t-\Delta t})$,其位置是 $(x_{t-\Delta t}, y_{t-\Delta t})$。$V_p$ 表示 $P_t(x_t, y_t)$ 接下来的运动向量,它和当前时刻(t)、上一时刻($t-\Delta t$)及上上时刻($t-2\Delta t$)降雨的位置有关。如果 V_{p-2} 表示 $t-2\Delta t$ 时刻的 $P_{t-2\Delta t}(x_{t-2\Delta t}, y_{t-2\Delta t})$ 与 $t-\Delta t$ 时刻的 $P_{t-\Delta t}(x_{t-\Delta t}, y_{t-\Delta t})$ 之间的位移,V_{p-1} 表示 $t-\Delta t$ 时刻的 $P_{t-\Delta t}(x_{t-\Delta t}, y_{t-\Delta t})$ 与 t 时刻的 $P_t(x_t, y_t)$ 之间的位移,那么,如式(10-3)和式(10-4)所示,在 PBN 模式中,t 时刻 $P_t(x_t, y_t)$ 的位移向量 V_p 是这两个向量的线性叠加。

$$\begin{aligned} V_p &= \Delta(x_t, y_t) \\ &= f\{(x_t, y_t), (x_{t-\Delta t}, y_{t-\Delta t}), (x_{t-2\Delta t}, y_{t-2\Delta t})\} \\ &= \frac{1}{2}(V_{p-2} + V_{p-1}) \end{aligned} \quad (10\text{-}3)$$

$$\begin{cases} |V_p| = \text{mean}(\text{Dist}_1, \text{Dist}_2) \\ \text{Dist}_1 = [(x_t - x_{t-\Delta t})^2 + (y_t - y_{t-\Delta t})^2]^{0.5} \\ \text{Dist}_2 = [(x_{t-\Delta t} - x_{t-2\Delta t})^2 + (y_{t-\Delta t} - y_{t-2\Delta t})^2]^{0.5} \end{cases} \quad (10\text{-}4)$$

式中,$|V_p|$ 表示的是 $P_t(x_t, y_t)$ 位置变化的大小。

$$\begin{aligned} \Delta P &= g\{P_t(x_t, y_t), P_{t-\Delta t}(x_{t-\Delta t}, y_{t-\Delta t}), P_{t-2\Delta t}(x_{t-2\Delta t}, y_{t-2\Delta t})\} \\ &= \frac{1}{2}\{[P_t(x_t, y_t) - P_{t-\Delta t}(x_{t-\Delta t}, y_{t-\Delta t})] + [P_{t-\Delta t}(x_{t-\Delta t}, y_{t-\Delta t}) - P_{t-2\Delta t}(x_{t-2\Delta t}, y_{t-2\Delta t})]\} \end{aligned}$$

$$(10\text{-}5)$$

为了避免观测噪声的污染及相邻格点间的不连续问题,算法进一步在 3×3 个网格范围内进行了低通滤波处理。同理,降雨强度的变化 ΔP 也是由当前时刻(t)、上一时刻($t-\Delta t$)、上上时刻($t-2\Delta t$)的降雨强度所决定。如式(10-5)所示,它是相邻两时刻变化值的平均值,当预报的降雨强度超过阈值 T 时,取该阈值作为该网格的雨强,当降雨强度小于 0 时,该网格降雨强度为 0。

10.2 ARPS 三维变分同化及云分析方法

准确进行临近降雨预报需要考虑局地降雨的生成、发展和消亡。随着计算能力的不断增强,大多数数值天气预测模式的空间分辨率为研究提供了可靠的模拟工具。然而想要得到可靠的临近预报结果,不仅需要高分辨率的数值模式,还需要准确的初始场次。雷达观测作为目前唯一能够探测对流雨团结构的业务化观测方法,对于高分辨率数值预报模式的初始化具有十分重要的意义,将多普勒雷达观测的径向风速和反射率因子同化进数值预报可有效改进预报的初始场。本节采用美国俄克拉荷马大学强风暴实验室开发的 ARPS (the advanced regional prediction system) 三维变分及云分析方法同化雷达观测的径向风速和反射率因子。

10.2.1 三维变分方法简介

ARPS 三维变分方法的分析变量包括三维风速 (u, v, w)、位温 (θ)、气压 (P)、水汽混合比 (q_v)。使用递归滤波器能简单有效地将雷达观测传播至各个分析格点。在三维变分方法中,背景场误差的空间协方差由递归滤波器模拟获得,最终可以得到各向异性的三维背景场协方差。同时,求解背景场的均方根误差矩阵用于预处理。假设观测变量间相互独立,则观测误差的协方差是一个对角矩阵。预处理程序的目的是减少获得最优解所需的迭代次数。此外,每一项误差的权重受误差程度影响。因此,每个权重有明确的物理意义,而不是基于经验随意选择。下面是三维变分方法的具体形式。

假设高斯误差分布,变分方法的代价函数如式(10-6)所示。变分方法的本质是寻找最小化代价函数的最优解。需要找到代价函数的梯度确定搜寻最优解的方向。

$$J(\boldsymbol{x}) = J_B + J_O + J_C \\ = \frac{1}{2}(\boldsymbol{x}-\boldsymbol{x}_b)^T \boldsymbol{B}^{-1}(\boldsymbol{x}-\boldsymbol{x}_b) \\ + \frac{1}{2}[H(\boldsymbol{x})-\boldsymbol{y}_o]^T \boldsymbol{R}^{-1}[H(\boldsymbol{x})-\boldsymbol{y}_o] + J_C \quad (10\text{-}6)$$

在最简单的情形下,代价函数 J 可以简化为前两项的和。第一项 J_B 衡量的是分析变量 $\boldsymbol{x}$ 与背景场 $\boldsymbol{x}_b$ 之间的偏差,它的权重是背景场误差协方差矩阵的逆 $\boldsymbol{B}^{-1}$。第二项 J_O 衡量的是分析变量 $\boldsymbol{x}$ 与使用算子 H 插值过后的观测场对应值之间的偏差,它的权重是观测误差协方差矩阵 $\boldsymbol{R}$。为了给分析变量加入额外的物理约束,式(10-6)中加入了最后一项,动态平滑约束 J_C,这一项又被称为惩罚项。

三维变分的目的是寻找最优解及状态变量 $\boldsymbol{x}_a$,使代价函数 J 最小。此时 J 的偏导数为0，那么当 $x=x_a$ 时满足式（10-7）：

$$\nabla J(x)=B^{-1}(x-x_b)+H^TR^{-1}[H(x)-y_o]+\nabla J_C(x)=0 \quad (10\text{-}7)$$

式中，H 为在 x_b 附件的近似线性算子。

$J(x)$ 的二阶导数或者海森矩阵如式（10-8）所示，如果 $\nabla^2 J(x)$ 正定，那么必然存在唯一 x（$x=x_a$）使代价函数 J 最小。

$$\nabla^2 J(x)=B^{-1}+H^TR^{-1}H+\nabla^2 J_C(x) \quad (10\text{-}8)$$

上述方法虽然理论上可行，但在实际应用中计算量较大，运算效率不高。因此，通常会采用前处理的方法优化求解过程，从而提高运算效率。假定最优状态变量 x_a 可以表示成背景值 x_b 加上优化分析增量 Δx_a，即

$$x_a=x_b+\Delta x_a \quad (10\text{-}9)$$

那么代价函数可以被改写成

$$J_{inc}(\Delta x)=\frac{1}{2}(\Delta x)^TB^{-1}(\Delta x)+\frac{1}{2}(H\Delta x-d)^TR^{-1}(H\Delta x-d)+J_C(\Delta x) \quad (10\text{-}10)$$

式中，$d\equiv y_o-Hx_b$ 是新的向量；下标 inc 表示增量。背景场误差协方差矩阵 B 可以表示成其均方根误差乘积的形式，$B=\sqrt{B^T}\sqrt{B}=C^TC$。其中，$C$ 是唯一的与 B 有相同特征向量的对称矩阵。一个减少计算量的有效预处理方法是定义替代变量 q 为

$$q=C^{-1}\Delta x \quad (10\text{-}11)$$

式（10-10）可以进一步变形为式（10-12），同时式（10-10）的梯度及海森矩阵也可以写成式（10-13）、式（10-14）。

$$J_{inc}(q)=\frac{1}{2}q^Tq+\frac{1}{2}(HCq-d)^TR^{-1}(HCq-d)+J_C(q) \quad (10\text{-}12)$$

$$\nabla J_{inc}(q)=(I+C^TH^TR^{-1}HC)q-C^TH^TR^{-1}d+\nabla J_C(q)=0 \quad (10\text{-}13)$$

$$\nabla^2 J_{inc}(q)=I+C^TH^TR^{-1}HC+\nabla^2 J_C(q) \quad (10\text{-}14)$$

式中，I 为单位矩阵。对比式（10-14）与式（10-8）可以发现，预处理后的式（10-14）最小特征值大于1，这在式（10-8）中是无法保证的。通常情况下，海森矩阵的最大、最小特征值的商越小，最小化算法的运算速度越快。因此，式（10-14）中新的海森矩阵比式（10-8）中原有的海森矩阵计算效率高。

式（10-11）中的矩阵 C 可以进一步拆分为两个矩阵的乘积[式（10-15）]。

$$C=DF \quad (10\text{-}15)$$

式中，D 是一个对角矩阵，对角线上的元素为背景误差协方差矩阵 B 的标准偏差；F 矩阵的对角线上元素为1，非对角元素为背景误差的相关系数。

在实际数值预报模式进行数据同化的过程中，全部矩阵 F 因数据量太大而难以显式计算和储存，因此通常需要对其做假设或者近似。已有研究表明，F 对于控制变量 q 的作用可以使用等效空间滤波器来实现。本三维变分方法使用递归

滤波来模拟 F 的影响：

$$\begin{cases} Y_i = \alpha Y_{i-1} + (1-\alpha) X_i, & i=1,\cdots,n \\ Z_i = \alpha Z_{i+1} + (1-\alpha) Y_i, & i=n,\cdots,1 \end{cases} \quad (10\text{-}16)$$

式中，X_i 为第 i 个格点的初始值；Y_i 为第 i 个格点滤波后的值；Z_i 为经过一次滤波后各个方向的初始值；α 为滤波参数，由式（10-17）给出其具体形式。

$$\begin{cases} \alpha = 1 + E - \sqrt{E(E+2)} \\ E = 2N\Delta x^2 / (4L^2) \end{cases} \quad (10\text{-}17)$$

式中，L 为水平相关维度；Δx 为网格大小；N 为通过滤波器的次数。这是一个一阶递归滤波。在每个方向上都进行滤波，以确保零相位变化。重复式（10-16）可以完成多重滤波（$N>1$），在不同方向应用此滤波方法可以构建二维或三维滤波。已有研究表明，多维滤波器几次滤波可以准确模拟各向同性高斯误差相关系数。这种滤波器同样可以有效模拟各向异性的误差相关系数。

为了简化运算，假设观测误差协方差矩阵 R 为对角矩阵，且对角元素为固定的估计误差值。对于雷达观测，设定对角线元素为 1 m/s。

具体多普勒雷达径向风速变分同化，式（10-6）中的第一项 J_B 用于衡量分析变量 $x=(u, v, w)$ 与背景场 $x_b=(u_b, v_b, w_b)$ 之间的偏差。背景场通常是模型模拟、附近的探空仪观测或者另一台多普勒雷达的风速分析结果。第二项 J_o 用于衡量分析径向速度 V_r [近似由式（10-18）表示] 与雷达观测的径向风速 $y_0(V_{rob})$ 之间的偏差。因此 $H(x)$ 包含两部分：第一部分即式（10-18）；第二部分是将直角坐标系下的 V_r 转换到极坐标系下的观测格点上。其中（u, v, w）是直角坐标系格点（X, Y, Z）处的风速，（X_0, Y_0, Z_0）是雷达所在位置。

$$V_r = \frac{(X-X_0)u + (Y-Y_0)v + (Z-Z_0)w}{r} \quad (10\text{-}18)$$

式（10-6）中的第三项 J_C 的表达如式（10-19）所示。它给风场施加了一个非弹性质量连续约束。其中的 D 如式（10-20）所示，$\bar{\rho}$ 为在某一水平高度上的平均空气密度。

$$J_C = \frac{1}{2} \lambda_C D^2 \quad (10\text{-}19)$$

$$D = \frac{\partial \bar{\rho} u}{\partial x} + \frac{\partial \bar{\rho} v}{\partial y} + \frac{\partial \bar{\rho} w}{\partial z} \quad (10\text{-}20)$$

权重系数 λ_C 控制了这一项在代价函数中的重要程度。因此，需要使用合理的方法定量选取 λ_C。雷达观测到的径向速度分别向 x、y、z 方向投影得到估计的风场（u, v, w），使用测量的风场评价差异。λ_C 的具体表达形式如式（10-21）所示，其中 Ω 是整个研究区域。

$$\lambda_{\mathrm{C}} = \left[\frac{1}{\Omega} \int_{\Omega} \left(\frac{\partial \bar{\rho} u}{\partial x} + \frac{\partial \bar{\rho} v}{\partial y} + \frac{\partial \bar{\rho} w}{\partial z} \right)^2 \mathrm{d}x\mathrm{d}y\mathrm{d}z \right]^{-1} \quad (10\text{-}21)$$

为直接最小化以解决变分问题，需要用代价函数控制变量的梯度。其中包含的三维风速的增量已由式（10-11）转化为替代变量 q。获得代价函数的梯度后，可以按照以下步骤求解：

（1）选取替代变量 q 的初始值（通常情况下默认的初始值为 0）。

（2）根据式（10-12）和式（10-13）计算代价函数和其梯度。

（3）使用共轭梯度法获得新的替代变量，如式（10-22）所示。

$$q^{(n)} = q^{(n-1)} + \beta f(\partial J_{\mathrm{inc}}/\partial q) \quad (10\text{-}22)$$

式中，n 为迭代次数；β 为优化控制理论中线性搜索过程的优化步长；$f(\partial J_{\mathrm{inc}}/\partial q)$ 为比较之前迭代的梯度后得出的最优下降值。

（4）检验梯度的范数或按 J 本身的值是否小于收敛准则指定的阈值（此处使用 $J/J_0 = 10^{-3}$，其中 J_0 是第一次迭代后的代价函数值）。如果代价函数的值不满足收敛准则，则使用新的替代变量 q 重复步骤（2）与步骤（3），直到代价函数的值满足收敛准则或者达到最大迭代次数（300 次）。

（5）由式（10-11）反算求得分析变量 u、v、w。

此外，需要注意的是，在使用上述变分方法之前，应首先计算雨滴的下落速度。因为在雷达非水平扫描的观测中，雨滴下落速度是径向速度的一部分。因此，需要去除径向速度中这部分下落速度的贡献。

$$V_r = V_r^{\mathrm{a}} + w_t \sin\theta \quad (10\text{-}23)$$

式中，V_r^{a} 为雷达观测到的径向速度；V_r 为大气实际的径向速度；w_t 为降雨落至水平地面时的最终速度；θ 为观测的仰角（水平面为 0）。使用反射率因子 Z 相关的经验公式［式（10-24）］可以近似求出最终速度 w_t。

$$w_t = 2.65 \left(\frac{\rho_0}{\rho} \right) Z^{0.114} \quad (10\text{-}24)$$

式中，ρ 和 ρ_0 分别为对应高度处的空气密度和地表处的空气密度。

10.2.2 云分析方法简介

为给数值预报模式提供更加准确的初始湿度信息，ARPS 数据同化系统中还包含三维云雨分析（云分析）方案。该方案结合世界气象组织全球观测系统的地面观测报告、机场或航空例行天空报告（METeorological aerodrome reports，METAR）数据、地球同步卫星红外光和可见光图像数据、雷达反射率数据建立三维云雨场。其输出结果包括三维体积云量（某一网格中云团体积所占的比例）、云中液态水混合比和冰的混合比、云底云顶高度、云和降雨的类型、云的垂向运动速度及不同降雨类型（雨、雪、冰雹等）的混合比。之后还使用基于绝热液态水含量的潜热调整方法保证云层内外的温度一致。虽然本节研究中只同化了雷达观测信息（此处为反射率因子），但为了模型介绍的完整性与逻辑性，也会简要说明同化其他数据的方法和意义。

1. 三维云量分析

概括而言，对于每个格点，三维云量分析方案使用地面报告确定云的底部高度和云层厚度，在此基础上，使用卫星红外数据修正云层顶部信息。雷达反射率因子主要用于表达对流层中部的云团内部结构。可视卫星图像用于评估总云层覆盖，校正可能会高估云层覆盖范围。三维体积云量分析流程图如图10-2所示。

三维云量分析首先通过建立相对湿度与云量间的经验关系求得背景三维体积云量（VCF）：

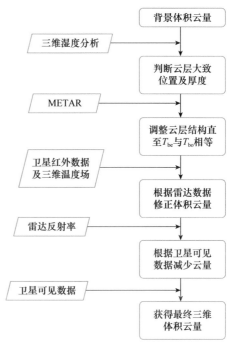

图 10-2 三维体积云量分析流程图

$$\mathrm{VCF}=\left(\frac{\mathrm{RH}-\mathrm{RH}_0}{1-\mathrm{RH}_0}\right)^b \tag{10-25}$$

式中，VCF 从 0 到 1 变化；RH 为相对湿度；RH_0 为不同高度处相对湿度的阈值；b 为经验参数，此处取 $b=2$。

每个观测数据集都包含云底高度和云层覆盖（某一格点中云层覆盖所占比例）信息，配合假设的云层厚度可以得到云层在垂直方向的位置和延伸情况。云层的假设厚度与云底高度和云层覆盖有关。当云底高度小于 1 km 时，假设的云层厚度等于云底高度；当云底高度大于 7 km 时，云层厚度为 1.5 km；云底高度为 1~7 km，云层厚度从 1~1.5 km 线性插值。在此基础上，如果云层覆盖小于 0.5，则云层厚度设置为 500 m。

使用上述分析得到的云层大致位置和温度廓线计算得到估测的云顶亮温（T_{be}），将此亮温与卫星红外观测到的亮温（T_{bo}）相比较。当 $T_{\mathrm{bo}} > T_{\mathrm{be}}$ 时，通过降低固态云层（VCF=1）的云顶高度和稀释部分云层（0<VCF<1）来减小获得的云层厚度。相反，如果 $T_{\mathrm{bo}} < T_{\mathrm{be}}$，云顶温度由 T_{bo} 决定且顶层为固态云层（VCF=1）。云层厚度一般设为 1.5 km，但云底不能低于 METAR 观测数据。云顶的高度由以下两种方式求得：当 $T_{\mathrm{bo}} < -20\ ℃$ 时，选择背景温度廓线中 T_{bo} 的高度为云顶高度；当

$T_{bo} \geqslant -20\ ℃$时，假设层积云理想的温度和湿度廓线，将抬升凝结高度视为云底高度，大气沿湿绝热直减率上升为云顶高度。当云顶处于逆温层时，第二种方法的结果比第一种简单寻找T_{bo}对应高度的方法可靠。例如，对于持久层积云，如果格点温度分析中没有模拟出存在的逆温层，那么T_{bo}对应的高度不是云顶，而是云顶上部某个无云点的位置。

将雷达反射率因子插值到三维体积云量背景场的各个格点上。如果某一格点上有多个雷达的反射率观测值，则根据该格点距离各个雷达间的距离采用距离反比加权的方法求取平均值。之后用双线性插值的方法填补因波束遮挡造成的雷达观测缺失。在有雷达反射率回波的区域中，如果雷达反射回波的高度高于METAR观测数据中的最低云底高度，且雷达反射率因子本身高于某一阈值，则将此区域内的VCF改为1。在没有METAR观测数据的区域中，将温度和湿度分析中的抬升凝结高度作为云底高度。反射率因子的阈值设定方法如下：地面以上至1500 m高度的格点阈值为20 dBZ，1500 m以上格点的阈值为10 dBZ。设定这两个阈值的目的是去除雷达观测中的非降雨回波，以防其对分析产生不利影响。

使用可视卫星图像获得云反照率场，并通过反照率计算出云量。再将三维VCF分析的结果垂直累积，与可视卫星图像计算的云量进行比较。当VCF分析的云量显著高于可视卫星图像的结果时，减少格点云量使其与卫星图像一致。

2. 云中液态水混合比及冰的混合比

在确定三维体积云量分布后，对体积云量超过某一阈值的区域使用一维Smith-Feddes模型计算云中液态水与固态水（冰）的含量。云内液态水及冰含量分析流程图如图10-3所示。

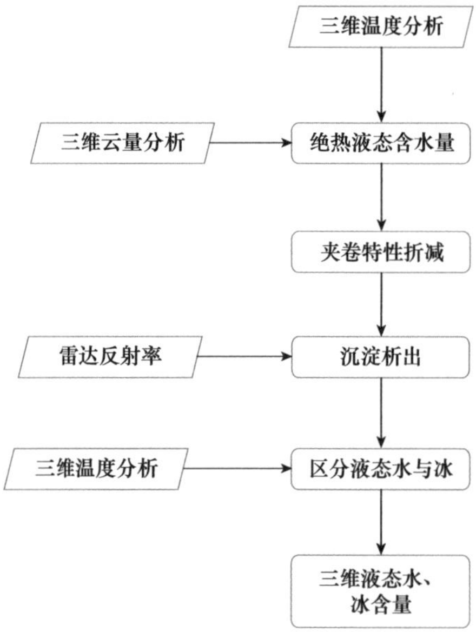

假设云中（云底到云顶）满足湿绝热直减率，则绝热液态水含量（ALWC）可由式（10-26）计算：

图10-3 云内液态水及冰含量分析流程图

$$ALWC_k = ALWC_{k-1} + q_{vs\_k-1} - q_{vs\_k} \tag{10-26}$$

式中，q_{vs}为饱和水汽混合比；k为垂直成层数。对于不同的高度，ALWC分别乘以不同的折减系数以考虑夹卷特性，具体折减系数参见Zhang（1999）。当温度高于$-10\ ℃$时，ALWC全部认为是液态水；当温度低于$-30\ ℃$时，ALWC全部认为是冰。$-30 \sim -10\ ℃$则采用线性插值的方法计算冰、水各自的比例。

3. 云层分类和云中垂向速度分析

云的类型由云的厚度、周围环境温度、静力稳定度 3 个因素决定，具体方法参见 Zhang（1999）。在有云的网格中，云分析使用云层厚度和预先设定好的不同类型云的廓线为云团虚拟一个垂直速度场。虚拟垂直速度的目的是近似评估初始时刻云、雨系统的上升或下降过程，以弥补常规高空观测缺少对流尺度垂向速度观测的不足。对于积云而言，云内垂直速度的分布呈抛物线形式，最大速度出现在云底向上 1/3 高度处（考虑云底垂直速度不一定为 0，因此最大速度在 1/3 高度处而不是 1/2 高度处）。云层的底部高度和厚度由三维云量分析确定。云中虚拟垂直风速的抛物线表达式如式（10-27）～式（10-30）所示。

$$w = w_{max}\left[1-\left(\frac{z-z_m}{\frac{2}{3}H}\right)^2\right] \quad (10\text{-}27)$$

$$H = z_t - z_b \quad (10\text{-}28)$$

$$z_m = z_b + \frac{H}{3} \quad (10\text{-}29)$$

$$w_{max} = w_0 \cdot H \quad (10\text{-}30)$$

式中，w 为云内垂直速度；z 为高度；z_t、z_b 分别为云顶与云底的高度；H 为云层厚度。最大垂直速度是云层厚度的函数，w_0 为用户输入参数。为避免式（10-27）近地面垂直风速不为 0 的问题，当 $z_m < 2/3H$ 且 $z < z_m$ 时，垂直风速抛物线公式修正为式（10-31）：

$$w = w_{max}\left[1-\left(\frac{z-z_m}{z_m}\right)^2\right] \quad (10\text{-}31)$$

4. 降雨类型划分和混合比分析

最后使用雷达反射率和温度场划分降雨类型。对处于同一水平位置不同高度处的格点，如果雷达回波的最高格点处湿球温度（T_w）小于 0℃，则此最高格点处的降雨类型为降雪，反之为降雨。当降雪下落至 T_w 高于 1.3℃的格点时，降雪融化为降雨；当降雨下落至 T_w 低于 0℃的格点时，降雨转化为冻雨。当冻雨下落至某一气压层满足式（10-32）时，转化为雨夹雪，式中的 mbar 含义为毫巴。当反射率因子大于某一阈值（默认为 45 dBZ）时，直接认定该格点为冰雹。各种降雨类型的混合比例直接根据反射率因子计算，如雷达观测的反射率因子为 Z（单位：dBZ），则其对应的有效反射率因子为 Z_e（单位：mm^6/m^3），两者间的转化关系如式（10-33）所示，随机误差满足均值为 0、标准差为 5 dB 的正态分布。有效反射率因子 Z_e 由 3 部分组成 [式（10-34）]，Z_{er}、Z_{es}、Z_{eh} 分别为雨水、雪、冰雹的有效反射率。雨和冻雨的混合比由经验关系式（10-35）计算，其中，$\rho_r = 1000 \text{ kg/m}^3$

为雨水的密度；ρ（kg/m³）为大气密度；$N_r=8\times10^6$ m^{-4} 为假设指数雨滴谱分布的截距参数。如果温度 T_w 低于 0 ℃，则此时格点的反射率全部由于雪引起，其混合比由式（10-36）计算，其中，$\rho_s=100$ kg/m³ 为雪的密度；$\rho_i=917$ kg/m³ 为冰的密度；$N_s=3\times10^6$ m^{-4} 为雪的截距参数；$K_i^2=0.176$ 为冰的介电常数；$K_r^2=0.176$ 为水的介电常数。当温度 T_w 高于 0 ℃时，雨夹雪的混合比公式与雨水的公式类似[式（10-37）]。对于冰雹，混合比公式为式（10-38），其中，$\rho_h=913$ kg/m³ 代表冰雹的密度；$N_h=4\times10^4$ m^{-4} 为冰雹的截距参数。需要指出的是，因为雷达观测不能覆盖整个研究区域，所以无雷达观测的区域混合比均采取背景场的初始值。

$$\int_{p1}^{p2} T|\mathrm{d}p| < -250 \text{ mbar}\cdot\text{℃} \tag{10-32}$$

$$Z = 10\times \lg Z_e + \text{随机误差} \tag{10-33}$$

$$Z_e = Z_{er} + Z_{es} + Z_{eh} \tag{10-34}$$

$$Z_{er} = \frac{10^{18}\times 720(\rho q_r)^{1.75}}{\pi^{1.75} N_r^{0.75} \rho_r^{1.75}} \tag{10-35}$$

$$Z_{es} = \frac{10^{18}\times 720 K_i^2 \rho_s^{0.25}(\rho q_s)^{1.75}}{\pi^{1.75} K_r^2 N_s^{0.75} \rho_i^2} \tag{10-36}$$

$$Z_{ews} = \frac{10^{18}\times 720(\rho q_s)^{1.75}}{\pi^{1.75} N_s^{0.75} \rho_s^{1.75}} \tag{10-37}$$

$$Z_{eh} = \left(\frac{10^{18}\times 720}{\pi^{1.75} N_h^{0.75} \rho_h^{1.75}}\right)^{0.95}(\rho q_h)^{1.6625} \tag{10-38}$$

式中，q_r、q_s、q_h 分别为降雨、雪、冰雹的混合比，混合比的定义为水汽质量与干空气质量的比。

至此，三维云雨特性分析已经全部完成，结合温度场和风速场可以为对流尺度的数值天气预报模式提供更好的初始场。如云中的液态混合比和冰水混合比、不同降雨类型的混合比是数值预报模式微云物理方案中的变量，而传统观测一般无法提供这类"凝结"变量。因此，三维云雨特性分析可以加速微云物理方案，从而更准确地预报降雨的强度、时间及位置。但是，由于三维云雨特性分析中包含的变量有限，数值预报模式中的其他变量（如水汽含量、温度等）与分析中包含的变量可能出现不匹配的现象。为此，三维云雨特性分析后还需进行绝热初始化和湿度初始化。绝热初始化是在热动力方程中提供潜热通量，使垂直循环与观测到的降雨一致。湿度初始化的作用是为云提供凝结条件，并维持绝热初始化引起的垂向循环。具体来说，在云层与降雨区域内，根据凝结释放的潜热通量调整初始温度场。潜热通量的大小由初始条件中的云层含水量决定。校正相对湿度确保云层区域内满足饱和条件。湿度调整对于在数据稀缺区域准确预报降雨具有十分重要的作用。

10.3 融合方法

降雨临近预报的外推方法与数值方法有着各自的优势和不足，使用加权平均的方法融合二者的结果可以综合两种模式的优势，提高临近预报系统预报降雨的准确性。一般情况下，在较短预见期内（通常为 1~2 h）外推方法的降雨预报结果优于数值预报模式。而随着预见期的增长，外推方法的准确性迅速下降，数值预报模式的效果逐渐提升，此时数值预报模式的预报效果较优。因此，在融合方法中，预报开始后的前几个时刻外推模式的权重较大，之后随着预见期的增长，数值预报结果的权重不断增加，最终近乎接近于1。融合结果的一般形式如式（10-39）所示：

$$F_{merge}(t) = [1-w(t)]F_{extra}(t) + w(t)F_{NWP}(t) \quad (10\text{-}39)$$

式中，$F_{merge}(t)$ 为 t 时刻融合后的降雨预报结果；$F_{extra}(t)$ 和 $F_{NWP}(t)$ 分别为 t 时刻外推模式与数值预报的结果；$w(t)$ 为 t 时刻数值预报结果所占权重。权重 $w(t)$ 随时间的变化规律是融合的关键。融合方法可以分为动态权重融合和趋势演变叠加两种，每种方法对应的权重函数表达形式不同。动态权重融合包括正弦曲线权重法、双曲正切曲线法、实时误差滚动法等。研究显示，双曲正切曲线法的加权结果最接近实际观测。因此，北京降雨临近预报系统采用双曲正切曲线法融合外推模式结果与数值预报结果。双曲正切曲线法计算权重的公式为

$$w(t) = \alpha + \frac{\beta-\alpha}{2}\{1+\tanh[\gamma(t-3)]\} \quad (10\text{-}40)$$

式中，α 和 β 分别为预见期为 0 和 3 h 的权重，参考已有文献，最终选定 $\alpha=0.2$，$\beta=0.7$；γ 为双曲正切曲线中间部分的斜率，选定 $\gamma=1$ 使 $w(t)$ 的变化过程更为平滑。权重 $w(t)$ 随预见期的变化曲线如图 10-4 所示，基于上述方法，临近预报系统可以得到最终的融合结果。

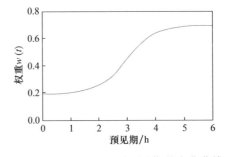

图 10-4　权重 $w(t)$ 随预见期的变化曲线

10.4 降雨事件与模式设置

10.4.1 降雨事件选取

为验证北京降雨临近预报系统对不同类型降雨的预报效果，选取北京市 2014 年 6 月 6 日与 2014 年 8 月 23 日的两场降雨，分别使用系统中不同模式进行预报（以下描述中提及的时间为 UTC 时间）。图 10-5 与图 10-6 中分别绘制了两次降雨事件 3 h 预见期内，每隔 12 min 北京亦庄雷达 0.5° 仰角反射率观测数据。6 月 6 日降雨发源于北京西北部，以相对稳定的条带状结构向东南方向移动，其中的强反射率中心没有明显的生成消亡，但存在局部形状的变化。8 月 23 日降雨同样发源于北京西北部，存在一个小的对流中心持续向北京城区方向移

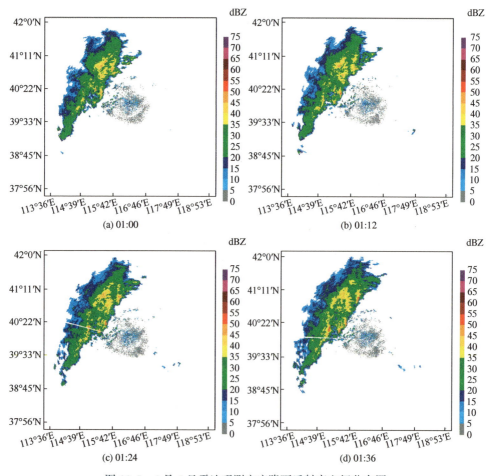

图 10-5　6 月 6 日雷达观测亦庄降雨反射率空间分布图

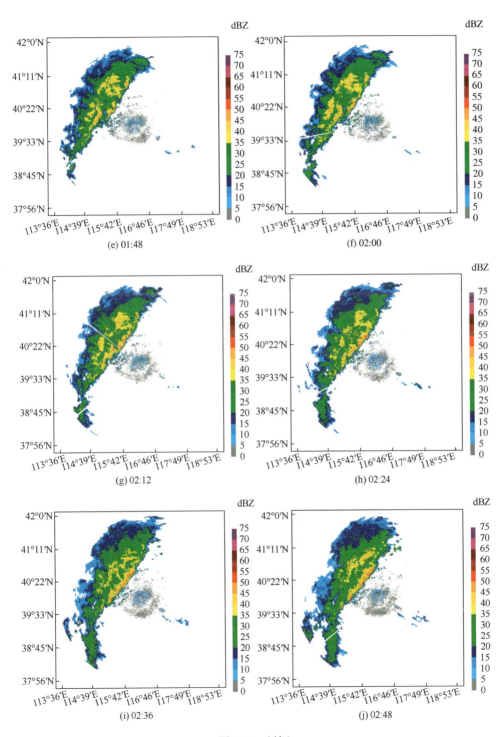

图 10-5 （续）

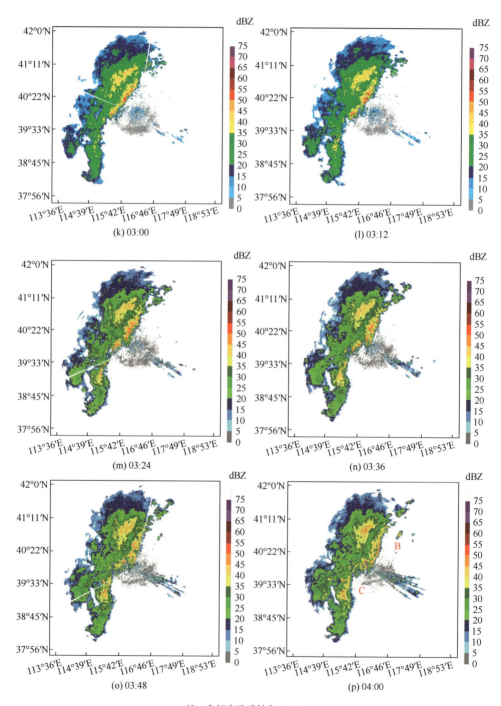

注：色标表示反射率，dBZ。

图 10-5 （续）

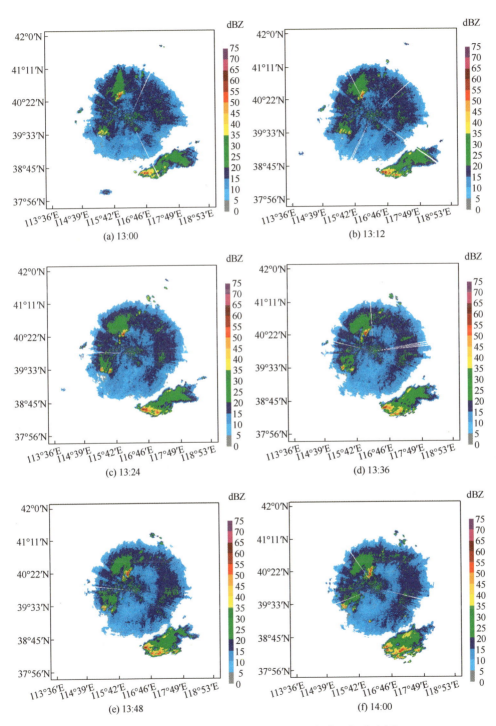

图 10-6　8 月 23 日雷达观测亦庄降雨反射率空间分布图

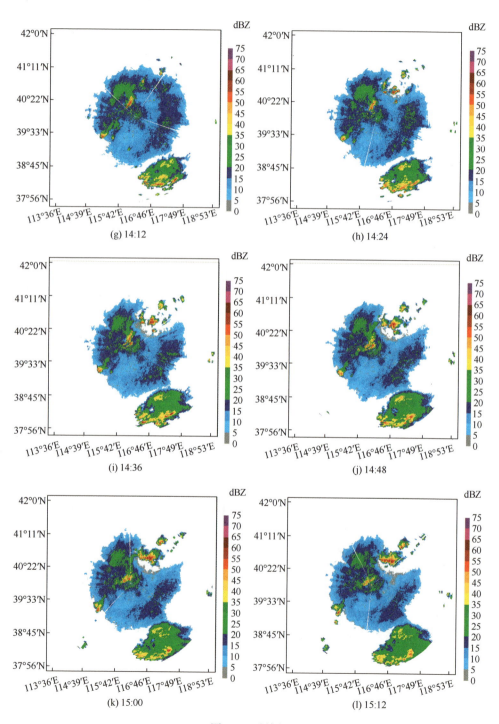

图 10-6 （续）

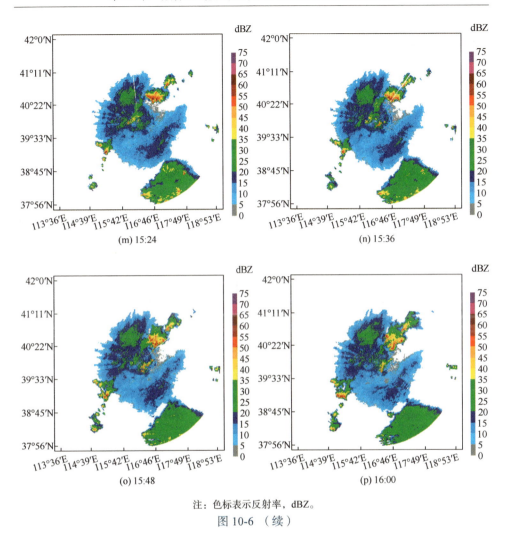

注：色标表示反射率，dBZ。

图 10-6（续）

动，14:00 进入北京城区。东南方向存在一个持续且位置变化不大的反射率中心。14:18 开始，东北方向逐渐生成了新的强反射率中心。

10.4.2 基于遥感观测的外推模式设置

PBN 模式需要连续输入遥感观测数据，本节使用亦庄雷达的反射率因子观测值作为 PBN 模式的输入值。外推模式需要输入当前时刻与前两时刻的观测数据，6 月 6 日降雨预报从 1:00 开始，因此输入 00:36、00:48 和 1:00 共 3 个时刻的观测数据。8 月 23 日降雨预报从 13:00 开始，对应输入 12:36、12:48 和 13:00 时刻的观测数据。其中，外推模式中追踪的阈值设为 75 dBZ，即不追踪反射率强度大于 75 dBZ 的格点。追踪范围半径设定为 32 km。

10.4.3 气象模式及情景设置

本节使用的 WRF 模型版本为 3.7.1，模式采用 3 层单向嵌套网格设置。如图 10-7 所示，最外层网格的空间分辨率为 9 km，水平网格数为 200×200，覆盖了北京所在的华北平原绝大部分地区，还包括东北大部地区及渤海和黄海范围。第二层网格空间分辨率为 3 km，水平网格数为 220×220，覆盖大约以北京为中心的华北地区。最内层网格的空间分辨率为 1 km，水平网格数为 133×169，覆盖了整个北京市。模式在垂直方向上剖分为 54 层，3 层区域内的积分时间步长统一为 54 s，这是根据官方建议的最外层空间分辨率（单位：km）的 6 倍计算得到的。

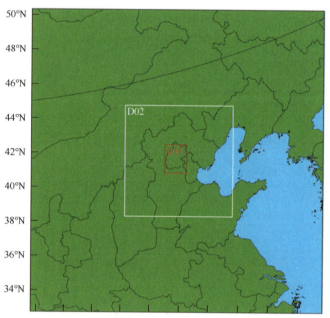

图 10-7　被研究区域及 WRF 模拟所用 3 层网格嵌套示意图

模式所需要的初始条件及边界条件使用美国国家气象局下属的环境预报中心全球再分析资料数据。其空间分辨率为 1°×1°，时间分辨率为 6 h。模式中微云物理、积云、辐射、行星边界层、陆面过程 5 个模块需要调用各自的参数化方案。对于北京地区，根据之前研究的经验，各模块采取的参数化方案如表 10-1 所示。

表 10-1　各模块采取的参数化方案

物理过程	参数化方案
微云物理	WSM6
积云	关闭
行星边界层	Yonsei University（YSU）
短波辐射	New Goddard
长波辐射	RRTM
地表过程	Monin-Obukhov
陆面过程	Noah

注：由于 3 层网格的空间分辨率（9 km、3 km、1 km）均小于 10 km，模式中未开启积云方案。

利用上述基于北京城市特征建立的 WRF 模式，本节选择了两次典型降雨进行模拟。第一场降雨选取 2014 年 6 月 6 日大面积连续降雨，该降雨系统于北京西北部生成，预报时段内规模和形状都较为稳定，呈条带状一路由西北向东南发展。WRF 的模拟时段为从 2014 年 6 月 5 日 00:00 模拟至 6 月 6 日 4:00，在模拟时段中，2014 年 6 月 5 日 00:00 开始的 24 h 作为预热时段，之后的 4 h 即 2014 年 6 月 6 日 00:00 至 2014 年 6 月 6 日 4:00 作为研究时段。第二场降雨是 8 月 23 日由北向南运动的局地对流性降雨。对流中心在北京西北方向太行山脉处形成，一路向东南运动至北京，并最终在北京上空消亡。针对这场降雨，WRF 的模拟方案为从 2014 年 8 月 22 日 12:00 模拟至 8 月 23 日 16:00，其中前 24 h 即 8 月 22 日 12:00 至 8 月 23 日 12:00 为预热时段，8 月 23 日 12:00 开始到 16:00 为研究时段。两场降雨模拟在预热时段模型每小时输出一次预报结果，在研究阶段每 12 min 输出一次预报结果。这样既可以满足临近预报短时精细化分析的需求，又为之后同化雷达信息提供了背景文件。

10.4.4　ARPS 三维变分及云分析方法设置

ARPS 三维变分及云分析系统可以同化卫星、雷达、探空设备、地面站点等多源观测数据。结合北京市现有观测情况及自身可获取数据的能力，本节研究中的北京降雨临近预报系统目前只同化多普勒雷达观测资料。北京市亦庄雷达可以观测 230 km 范围内的反射率因子、径向风速、速度谱宽等信息。亦庄雷达大约位于 WRF 模拟第二层网格的中心，是极为理想的观测地点。因此，ARPS 三维变分及云分析系统可以同化雷达在其观测范围内观测的所有反射率因子及径向风速。亦庄雷达观测的时间分辨率为 6 min，综合考虑雷达观测时间分辨率、降雨变化速度及计算效率，北京降雨临近预报系统选择每 12 min 同化一次雷达观测信息。下面分别介绍对于 2014 年两场不同类型降雨的具体同化流程。

对于 2014 年 6 月 6 日的降雨事件，具体流程如下：WRF 模式由 2014 年 6 月 5 日 00:00 开始模拟，每小时输出一次预报结果，预热 24 h 后停止在 2014 年 6 月 6 日 00:00。此时 WRF 会生成 wrfout_D01_2019-06-06_00:00:00、wrfout_d02_2019-06-06_00:00:00、wrfout_D03_2014-06-06_00:00:00 共 3 个文件。首先选择 wrfout_D02_2014-06-06_00:00:00 为背景场，同化这一时刻的雷达观测资料，将同化后新生成的文件重命名为 wrfinput_D02 作为 WRF 新的输入。然后将 wrfout_D03_2014-06-06_00:00:00 作为背景场进行相同的处理，生成的文件重命名为 wrfinput_D03。最后将 wrfout_D01_2014-06-06_00:00:00 文件重命名为 wrfinput_D01。因为 wrfbdy_D01 文件中包含了 6 月 6 日 00:00 之后时刻的边界条件，所以此时继续运行 WRF 所需的信息是完整的。运行 WRF 向后预报 12 min，得到 wrfout_D01_2014-06-06_00:12:00、wrfout_D02_2014-06-06_00:12:00、wrfout_D03_2014-06-06_00:12:00 共 3 个文件。重复上述步骤对这 3 个文件进行处理，生成下一时刻的 WRF 输入文件并再次运行 WRF 向后预报 12 min。重复这一过程直到 6 月 6 日 1:00，此时同化得到下一时刻 WRF 输入文件后向后连续预报 3 h，因此 1:00～4:00 为同化雷达信息后的降雨预报时段。

对于 2014 年 8 月 23 日的降雨，具体流程如下：WRF 模式由 2014 年 8 月 22 日 12:00 开始模拟，每小时输出一次预报结果，预热 24 h 后停止在 2014 年 8 月 23 日 12:00。此时 WRF 会生成 wrfout_D01_2014-08-23_12:00:00、wrfout_D02_2014-08-23_12:00:00、wrfout_D03_2014-08-23_12:00:00 共 3 个文件。首先选择 wrfout_D02_2014-08-23_12:00:00 为背景场，同化这一时刻的雷达观测资料，将同化后新生成的文件重命名为 wrfinput_D02 作为 WRF 新的输入。然后将 wrfout_D03_2014-08-23_12:00:00 作为背景场进行相同的处理，生成的文件重命名为 wrfinput_D03。最后将 wrfout_D01_2014-08-23_12:00:00 文件重命名为 wrfinput_D01。因为 wrfbdy_D01 文件中包含了 8 月 23 日 12:00 之后时刻的边界条件，所以此时继续运行 WRF 所需的信息是完整的。运行 WRF 向后预报 12 min，得到 wrfout_D01_2014-08-23_12:12:00、wrfout_D02_2014-08-23_12:12:00、wrfout_D03_2014-08-23_12:12:00 共 3 个文件。重复上述步骤对这 3 个文件进行处理，生成下一时刻的 WRF 输入文件并再次运行 WRF 向后预报 12 min。重复这一过程直到 8 月 24 日 13:00，此时同化得到下一时刻 WRF 输入文件后向后连续预报 3 h，因此 13:00～16:00 为同化雷达信息后的降雨预报时段。

同化算法中背景场各变量误差协方差矩阵 B 的设置如表 10-2 所示，对于不同高度的不同变量，背景场误差的标准偏差并不完全相同。这些标准偏差需要根据模型预报准确性进行修改，数值越大，则误差越大，背景场文件在同化中的权重越小。

表 10-2　不同高度处各变量背景场误差标准偏差

地面以上高度 /m	气压 /Pa	温度 /K	相对湿度 /%	X 方向风速 u/（m/s）	Y 方向风速 v/（m/s）
0	3	3	30	3	3
100	3	3	30	3	3
500	2.5	3	20	3	3
1000	2.5	3	20	3	3
1500	2.5	3	20	3	3
2000	2	2.5	20	3	3
3000	2	2	20	3	3
4000	2	2	20	3	3
5000	2	2.5	20	3	3
5500	2	2.5	20	3	3
7000	2	2.5	20	4	4
8000	2	2.5	20	4	4
9000	2	2.5	20	5	5
10000	2	2.5	20	5	5
12000	2	2.5	20	5	5
16000	2	3	20	6	6
20000	2	3	20	6	6

因为亦庄雷达的性能与美国 WSR-88D 雷达十分相似，所以雷达观测误差矩阵采用 ARPS 三维变分及云分析系统中建议的默认值，如表 10-3 所示。同样，这些误差在调整模型准确性时也需要修改，数值越大，则误差越大，雷达观测在同化中的权重越小。

表 10-3　雷达观测误差标准偏差

反射率因子 /dBZ	径向风速 /（m/s）	谱宽 /（m/s）
0.1	2.0	2

10.5　多种模式的预报效果评价

10.5.1　评价指标

本节采用水文气象学中常用的探测率、误报率、临界成功指数 3 种评价指标来验证预报结果的准确性。探测率、误报率、临界成功指数是基于 Heidke skill score（HSS）的评价指标。对于一个二元事件，观测与预报结果都会有发生、不发生这两种可能。观测发生且预报发生的事件称为正确预报，观测未发生而预报发生的事件称为错误预报 1，观测发生而预报未发生的事件为称为错误预报 2，观测未发生且预报未发生的事件称为合理拒绝。对于降雨事件而言，通常会设定一个阈值（TR），降雨强度大于阈值认为发生，小于则认为不发生。降雨二元事件分类如表 10-4 所示，其中，n_h、n_{fa}、n_m、n_{cn} 分别表示正确预报、错误预报 1、错误预报 2、合理拒绝的次数。

表 10-4　降雨二元事件分类

预报值 F	>TR	<TR	总计
>TR	n_h	n_{fa}	n_h+n_{fa}
<TR	n_m	n_{cn}	n_m+n_{cn}
总计	n_h+n_m	$n_{fa}+n_{cn}$	$n_h+n_m+n_{fa}+n_{cn}$

本节研究的问题中，n_h 表示模型预报和雷达观测同时显示降雨发生的次数，n_m 表示雷达观测到降雨但模型没有预报出降雨的次数，n_{fa} 表示雷达没有观测到降雨而模型预报有降雨的次数。那么探测率、误报率、临界成功指数的定义分别如下。

（1）探测率（probability of detection，POD）：用于描述观测到阈值以上的实测降雨事件可以被正确预报的比例，即

$$POD = n_h / (n_h + n_m) \tag{10-41}$$

（2）误报率（false to alarm，FAR）：用于描述预报的阈值以上的降雨事件中属于误报的比例，即

$$FAR = n_{fa} / (n_h + n_{fa}) \tag{10-42}$$

（3）临界成功指数（critical success index，CSI）：区别于探测率，该指标描述的是正确预报占所有可能发生降雨的情况的比例，即

$$CSI = n_h / (n_h + n_{fa} + n_m) \tag{10-43}$$

由于所有可能发生降雨的情况包括正确预报、错误预报 1 和错误预报 2，较之探测率分母多了错误预报一项，所以这个值通常会小于探测率。

对于 PBN 外推模式、WRF 直接预报、结合雷达同化的 WRF 预报结果，因为常规观测手段难以达到模型预报的时空分辨率，所以均使用亦庄雷达的最低观测仰角（0.5°）反射率观测作为验证主要依据。

10.5.2　基于雷达观测外推方法的预报效果

本节重点讨论基于雷达观测外推方法对两场典型降雨的预报效果。首先根据

观测与预报的反射率空间分布图进行直观评价，然后基于评分体系对各个时刻的预报结果进行定量评价。需要强调的是，此处雷达观测与外推模式预报结果的空间分辨率均为 1 km。

1. 直观评价

图 10-8 展示了 2014 年 6 月 6 日降雨典型预见期预报与观测反射率空间分布图。其中图 10-8（a）、（c）、（e）为外推预报的结果，图 10-8（b）、（d）、（f）为雷达观测的结果。当预见期较短（12 min）时，反射率本身的变化不大，外推预报结果与雷达观测非常相似，仅在强反射率中心的形状上有细微的差别。当预见期为 60 min 时，强反射率中心的形状和位置都出现了较明显的偏差，但反射率整体的形状和位置还算准确。当预见期进一步加长为 120 min 时，预报反射率无论从形状、位置还是强度都与实际观测存在严重偏差。这一方面是因为实际反射率的运动向量与初始外推运动向量相比已经发生了改变；另一方面是因为外

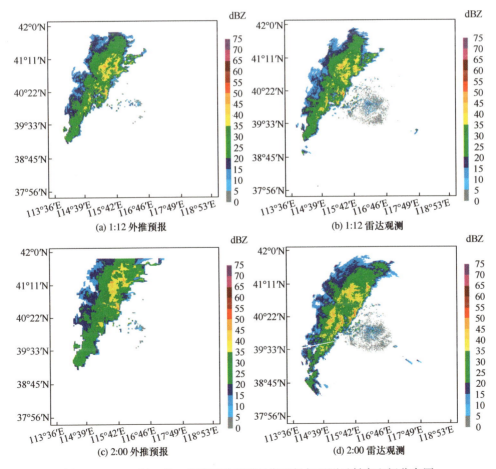

图 10-8　2014 年 6 月 6 日降雨典型预见期预报与观测反射率空间分布图

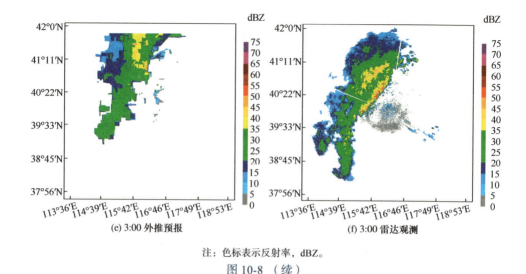

(e) 3:00 外推预报　　　　　　(f) 3:00 雷达观测

注：色标表示反射率，dBZ。

图 10-8 （续）

推方法不能预报降雨的生成与消亡，因此没有预报出西南部新增反射率与中部新生成的强反射率中心。

图 10-9 展示了 2014 年 8 月 23 日降雨典型预见期预报与观测反射率空间分布图。图 10-9（a）、（c）、（e）为外推预报的结果，图 10-9（b）、（d）、（f）为雷达观测的结果。预见期为 12 min 时预报与观测相差不大。预见期为 60 min 时，西北部反射率形状和强度与实际稍有区别，但东南部预报反射率的形状和强度与实际差距明显。预见期为 120 min 时，外推预报结果与实测相差进一步增大。原先一直由西北向东南运动的强反射率中心 A、向西南运动的强反射率中心 B 及较稳定的反射率中心 D 的形状、位置、强度均与实际不符，外推方法也没有预报出强反射率中心 C 的生成。

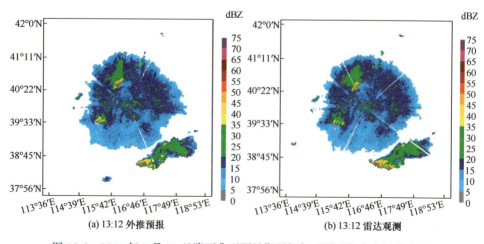

(a) 13:12 外推预报　　　　　　(b) 13:12 雷达观测

图 10-9　2014 年 8 月 23 日降雨典型预见期预报与观测反射率空间分布图

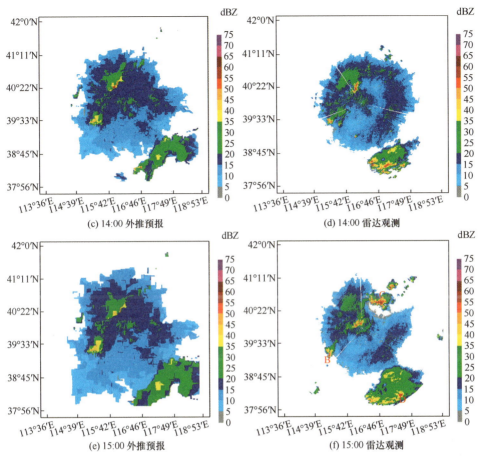

注：色标表示反射率，dBZ。

图 10-9 （续）

2. 指标评价

指标评价选用了两个阈值，通常认为小于 5 dBZ（以下称为低阈值）的回波多为杂波，因此 5 dBZ 阈值的评价用于检验预报是否降雨的效果，而 30 dBZ（以下称为高阈值）用于检验预报强降雨中心的效果。

图 10-10 展示两个阈值下两场典型降雨过程预报反射率与亦庄雷达观测反射率间探测率随预见期的变化。总体来看，不论高低阈值的评价，3 h 预见期内 2014 年 6 月 6 日层状降雨的探测率均高于 2014 年 8 月 23 日快速运动的对流降雨（最后一个时刻除外）。具体来说，低阈值评价显示，在预报的第一小时，6 月 6 日降雨的探测率始终保持在 0.7 以上，这说明外推模式可以预报出 6 月 6 日降雨事件 70% 以上的降雨区域。而对于 8 月 23 日的降雨，1 h 预见期时这一比例只有 30%。当转化为高阈值评价时，同一场降雨事件各个预见期的探测率都要低于低阈值的探测率。例如，高阈值评价中 6 月 6 日降雨 1 h 预见期的探测

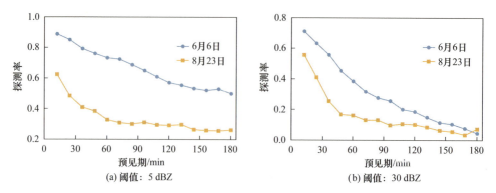

图 10-10　两个阈值下两次典型降雨过程预报反射率与亦庄雷达观测反射率间探测率随预见期的变化

率只有 40%，这说明外推方法预报强降雨区域不如预报是否有雨的能力强。此外，8 月 23 日快速运动的对流降雨探测率的下降速度也大于 6 月 6 日大面积层状降雨。

图 10-11 展示两个阈值下误报率随预见期的变化。与探测率相反，8 月 23 日快速移动对流降雨的误报率整体高于 6 月 6 日大面积层状降雨，8 月 23 日降雨误报率的上升速度也明显大于 6 月 6 日降雨。值得注意的是，低阈值评价时，6 月 6 日降雨 3 h 预见期内的误报率始终不高于 0.2，这意味着预报有雨的区域超过 80% 是准确的。但是，两场降雨高阈值评价的误报率都要高于低阈值评价，大面积层状降雨只能保证 1 h 预见期内的误报率低于 0.5，而快速对流降雨仅在 12 min 预见期内误报率低于 0.5。这说明外推模式预报强降雨中心的可信度不如预报整体降雨区域。

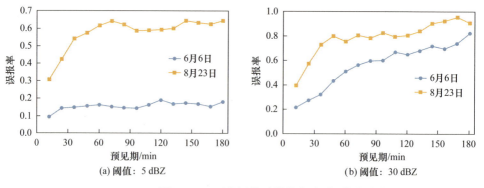

图 10-11　两个阈值下误报率随预见期的变化

图 10-12 展示两个阈值下临界成功指数随预见期的变化。与探测率的结论相似，3 h 预见期内 6 月 6 日层状降雨的临界成功指数均高于 8 月 23 日快速运动的对流降雨（最后一个时刻除外），对流降雨临界成功指数的下降速度更快，且低阈值评价的效果好于高阈值评价。两者的不同在于临界成功指数低于探测率，这是因为两者的定义不同。临界成功指数的分母中多包含了错误预报这一项，其表

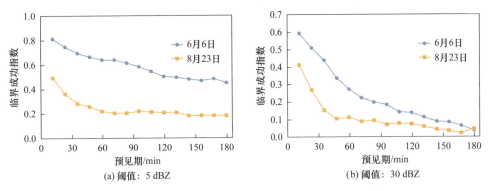

图 10-12　两个阈值下临界成功指数随预见期的变化

示的是模型正确预报的比例。

总体来说，外推方法对大面积层状降雨预报效果好于快速运动的对流降雨，预报是否有雨的效果要好于预报强降雨中心。外推方法的问题在于没有物理机制，不能考虑降雨的生成与消亡，因此长期预报的准确性较低且降雨形状不合理。

10.5.3　结合雷达同化的气象模式的预报效果

本节重点讨论 WRF 直接预报、结合雷达同化的 WRF 预报对两场典型降雨的预报效果。同样是首先直观评价，然后基于评分体系定量评价。因为 WRF 模拟时第二层网格的大小与亦庄雷达观测范围最为相符（图 10-7 中 D02），所以选用 WRF 直接预报、结合雷达同化的 WRF 预报第二层网格的预报结果进行定量评价，这就需要首先将亦庄雷达观测结果重采样到 3 km 分辨率，然后进行指标评价。

1. 直观评价

2014 年 6 月 6 日降雨未同化预报和同化预报不同时刻反射率空间分布图如图 10-13 所示。图中左边是 WRF 直接预报的结果（以下简称未同化预报结果），右边是结合雷达同化的 WRF 预报结果（以下简称同化预报结果）。

1:00～2:00，在同化后开始预报的第一个小时内，同化预报结果整体反射率的形状和位置与雷达观测高度相似，但是强反射率中心连成一片，这与雷达观测存在一定差异。与同化预报结果相比，未同化预报结果整体反射率的形状偏小且较为零散，与实际观测相差较远。因为同化后模型的初始场更接近实际，所以基于同化后初始场的预报结果也更接近实际。

2:00～3:00，降雨由原来的向东南运动逐渐改为向东运动。同化预报结果整体反射率的形状和位置仍然与雷达观测非常接近，此时存在的问题是同化预报结果的强反射率中心面积偏大，但强度不足。这一个小时内，未同化预报结果与实

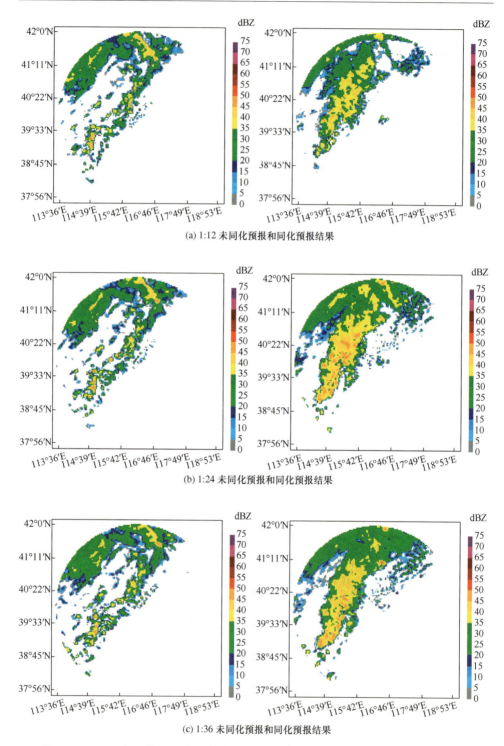

图 10-13 2014 年 6 月 6 日降雨未同化预报和同化预报不同时刻反射率空间分布图

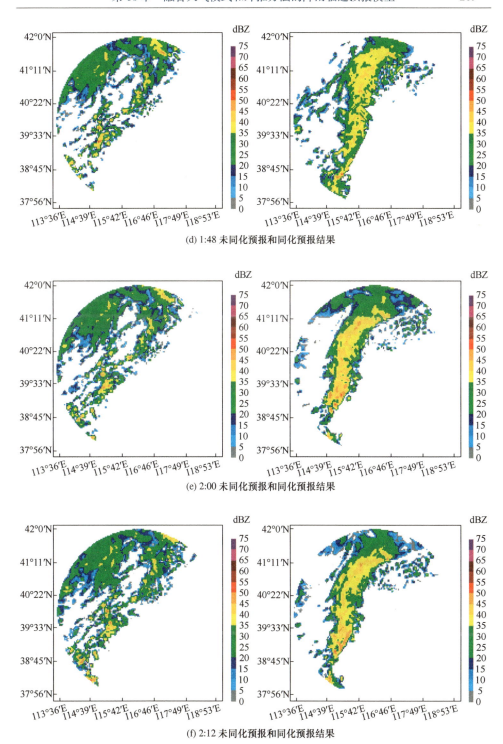

(d) 1:48 未同化预报和同化预报结果

(e) 2:00 未同化预报和同化预报结果

(f) 2:12 未同化预报和同化预报结果

图 10-13 （续）

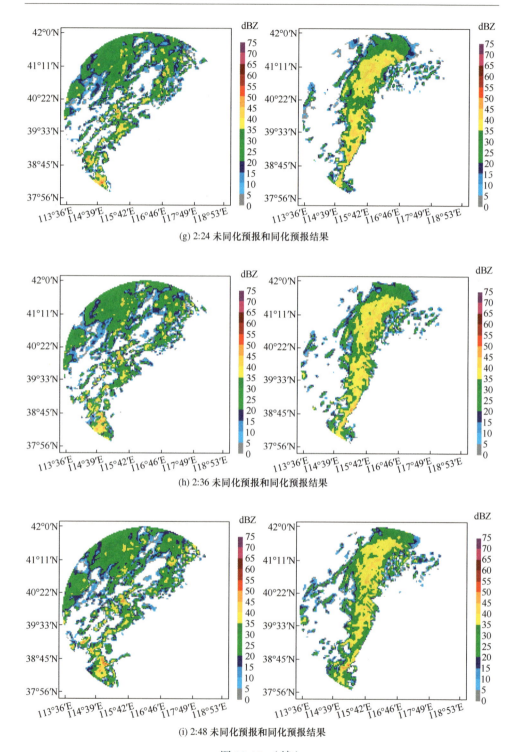

图 10-13 （续）

第 10 章　融合天气模式和外推方法的降雨临近预报模型

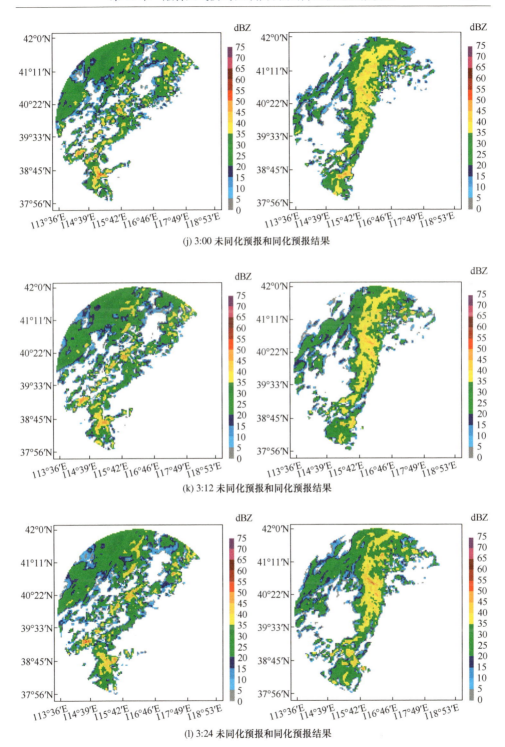

(j) 3:00 未同化预报和同化预报结果

(k) 3:12 未同化预报和同化预报结果

(l) 3:24 未同化预报和同化预报结果

图 10-13　（续）

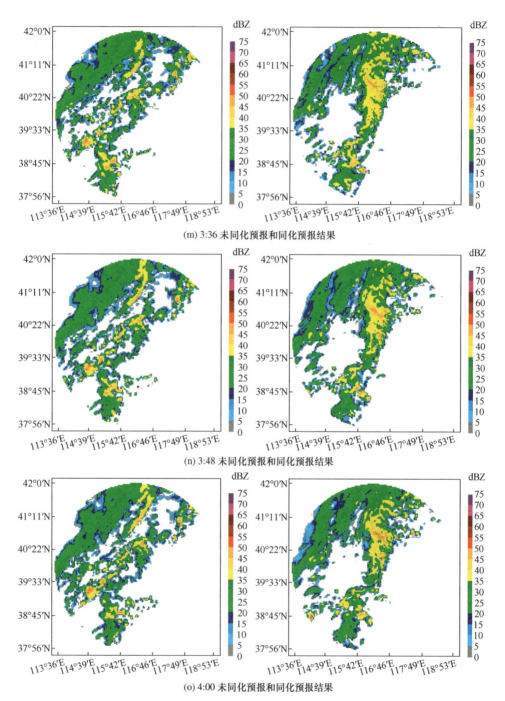

(m) 3:36 未同化预报和同化预报结果

(n) 3:48 未同化预报和同化预报结果

(o) 4:00 未同化预报和同化预报结果

注：色标表示反射率，dBZ。

图 10-13 （续）

测的偏差进一步加大,整体面积仍然偏小,位置差距加大,强反射率中心的位置有偏差也更为离散。

3:00~4:00,预报的最后一小时,实际观测中反射率向东运动的速度加快,原有强反射率中心分解为明显的 A 和 B 部分,并且生成了新的强反射率中心 C。同化预报结果的整体反射率形状和位置仍然较准确,但没能预报出 A 和 B 两个强反射率中心的分离,也没能很好地预报出强反射率中心 C 的生成。未同化预报结果延续了其前两小时的表现,能预报出降雨,但位置和形状均与实际观测有一定差异,强反射率中心分散不聚集成形。

8 月 23 日降雨未同化预报和同化预报不同时刻反射率空间分布图如图 10-14 所示。图中左边是 WRF 直接预报的结果,右边是结合雷达同化的 WRF 预报结果。与 6 月 6 日的降雨不同,对于 8 月 23 日这场降雨,WRF 直接预报的结果是在亦庄雷达观测范围内几乎没有反射率,这明显与实际观测不符,因此,下面仅

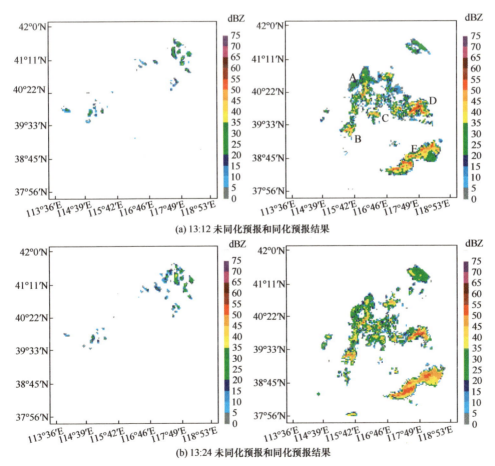

图 10-14 2014 年 8 月 23 日降雨未同化预报和同化预报不同时刻反射率空间分布图

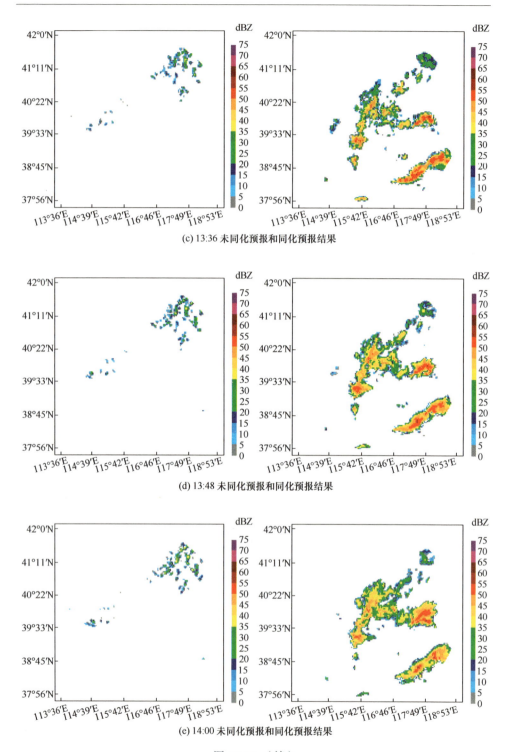

(c) 13:36 未同化预报和同化预报结果

(d) 13:48 未同化预报和同化预报结果

(e) 14:00 未同化预报和同化预报结果

图 10-14 （续）

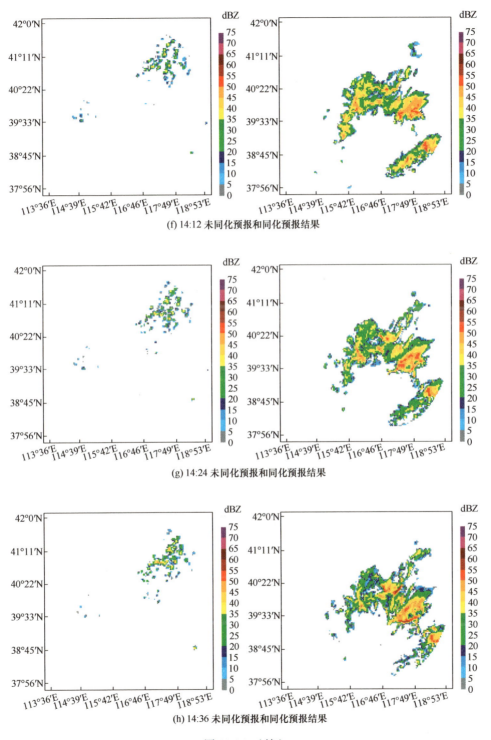

(f) 14:12 未同化预报和同化预报结果

(g) 14:24 未同化预报和同化预报结果

(h) 14:36 未同化预报和同化预报结果

图 10-14 （续）

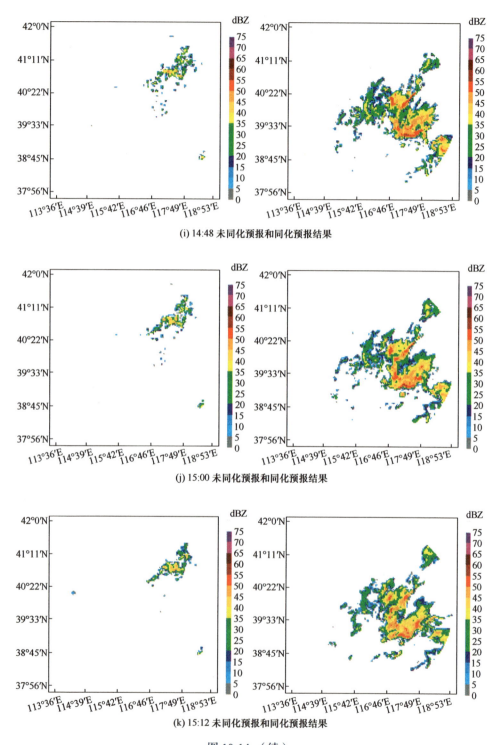

(i) 14:48 未同化预报和同化预报结果

(j) 15:00 未同化预报和同化预报结果

(k) 15:12 未同化预报和同化预报结果

图 10-14 （续）

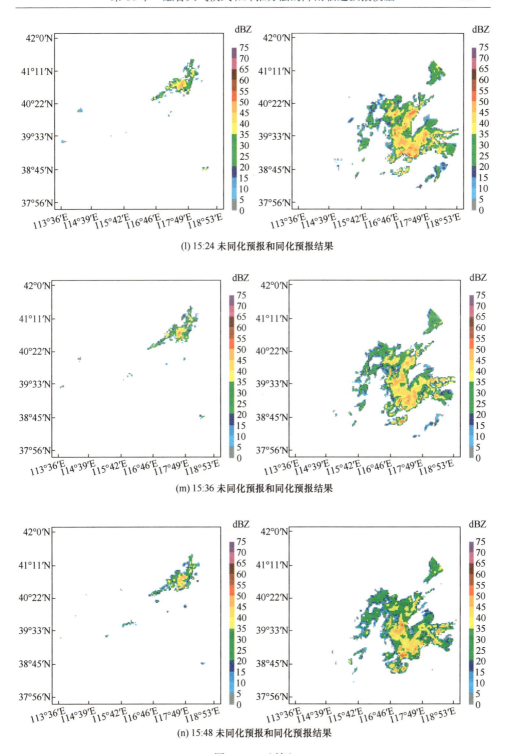

(l) 15:24 未同化预报和同化预报结果

(m) 15:36 未同化预报和同化预报结果

(n) 15:48 未同化预报和同化预报结果

图 10-14 （续）

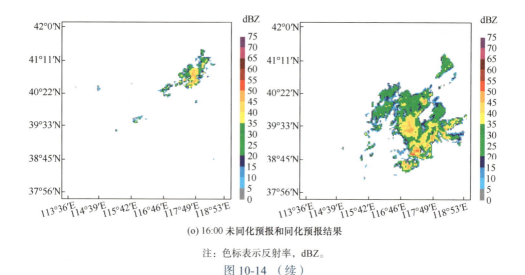

(o) 16:00 未同化预报和同化预报结果

注：色标表示反射率，dBZ。

图 10-14 （续）

直观评价同化预报结果的效果。

13:12，同化预报结果较准确地反映了在西北部生成、不断向北京市区移动的雨团 A 的位置，但在强度上稍有偏差。东南方向雨团 E 的核心区域强度和位置的预报都非常准确，但预报雨团的面积与实际相比较小。此外，预报结果对于西南部雨团 B 的结构合理，但是位置存在偏差。预报结果中还包括 C 和 D 两个反射率较强的区域，这意味着预报结果认为这两处也会发生明显降雨。这与雷达观测结果不符，属于误报。

13:24，与上一时刻相比，中心区域新生成了很多强反射率区域，使上一时刻的 A、B、C、D 等 4 个独立雨团相互连接，东南方向 E 雨团的强度也显著增大。在雷达观测中，这些区域的反射率确实加强，但增加的幅度明显低于预报结果，尤其是对于上一时刻的雨团 D，其进一步增强后误报更加明显。东南方向 E 雨团的增强也明显高于雷达观测。但需要指出的是，预报结果中雨团 A 的位置和强度仍然比较准确。

13:36 和 13:48，这一时段的情况与 13:24 时类似，D 雨团的误报与 E 雨团的高估仍然存在，但雨团 A 的预报结果较好。需要注意的是，此时雷达观测中雨团 B 不断向西南运动，而预报结果雨团 B 在原地不断加强，因此误差越来越显著。

14:00，随着预报时长变成 1 h，预报的偏差进一步增大。预报结果中，区域中心的 A、B、C 雨团已连成一片，并且即将与 D 雨团接触，而此时观测显示雨团 A 呈带状向东南运动，雨团 E 的结构也与预报不同。

14:12，此时开始时的 A、B、C、D 等 4 个雨团已发展成一体，只有雨团 E 的位置仍然较为准确。

14:24~15:00，由雷达观测看到，所研究区域东北部逐渐生成一个强反射率中心，这个中心恰好与预报结果中之前已发展成一体并向南移动的雨团位置相近，但结构上仍存在显著的差异。此外，预报结果中东南部稳定的雨团已经开始向东运动，但雷达观测中，此雨团仍然未发生明显的位置变化。

15:00～16:00，在临近预报的最后一个小时内，可以很明显看到，雷达观测显示，东北部的强反射率中心面积增大并向南方向移动，13:12时的B雨团在向西南持续运动的过程中强度增强，面积增大。东南部稳定雨团的位置未发生变化，但强度逐渐减弱。预报结果中，之前已发展成一体的雨团逐渐向南运动，强度逐渐减弱，雨团已经消散。

考虑数值预报结果可能在时间上存在滞后误差，进一步对雷达观测与预报结果进行雨团变化趋势的比较。比较发现，如果将预报结果的时间错后1 h，如将13:12的预报结果作为14:12的情况，那么A雨团的运动规律及最终消亡与观测相符：13:12～14:36的预报结果中A雨团由西北向东南运动并最终消亡，而雷达观测显示，14:12～15:36这段时间内A雨团由西北向东南运动并最终消亡。之前认为误报的D雨团可以认为是观测中新生成的雨团（13:24的预报结果D雨团开始生成并不断壮大向南运动），其结构与发展过程都与观测较为符合，但位置上存在一定偏差，雨团的消亡也变得更加合理。

通过上述比较可以看出，对于2014年6月6日这次降雨，WRF能够直接预报出本次降雨事件，但预报的降雨面积偏小、强度偏低，位置也有偏差。结合雷达同化的WRF预报结果能准确预报整体反射率的形状位置，第一小时能较准确预报强放射率中心的强度和位置，但形状上有所偏差。随着预见期的增长，强反射率中心位置和强度的预报结果也开始出现偏差。对于2014年8月23日这场降雨，WRF直接预报没有预报出该次降雨。结合雷达同化的WRF预报结果明显优于WRF直接预报结果，其能够在一定程度上预报各个雨团的生成运动规律，但在出现时间、位置及强度方面还与实际观测存在差距。

2. 指标评价

图10-15展示了2014年6月6日降雨未同化预报与同化预报探测率随预见期的变化。在低阈值评价中，初始时刻同化预报结果的探测率可达0.8，之后虽有降低但始终不低于0.6。而未同化预报结果的探测率初始值很低，随着预见期的增长慢慢上升，最后甚至超过了同化预报结果。这是因为同化雷达信息改进了预报的初始场，基于准确初始场的模拟使同化预报结果在预报开始后1 h内明显优于未同化预报结果。随着预见期的增长，初始场准确的效益慢慢减小，同化与未同化预报结果间的差距也慢慢缩小。在高阈值评价中这一效应更加明显，初始时刻同化预报结果的探测率甚至高达0.96。这说明同化对提高实际降雨区域和强降雨中心的预报能力都有明显帮助。

图10-16展示了6月6日降雨未同化预报与同化预报误报率随预见期的变

化。无论是高阈值还是低阈值的评价，2 h 预见期内同化预报结果的误报率均明显低于未同化预报结果的误报率。这说明同化对减少模型错误预报降雨区域和强降雨中心有明显帮助。

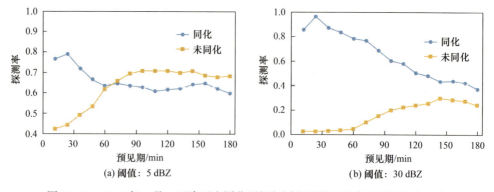

图 10-15　2014 年 6 月 6 日降雨未同化预报与同化预报探测率随预见期的变化

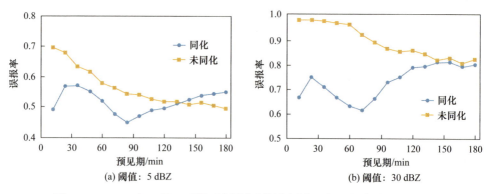

图 10-16　2014 年 6 月 6 日降雨未同化预报与同化预报误报率随预见期的变化

图 10-17 展示了 6 月 6 日降雨未同化预报与同化预报临界成功指数随预见期的变化。其结论与探测率类似，初始时刻同化结果占优，一段时间后，二者较为

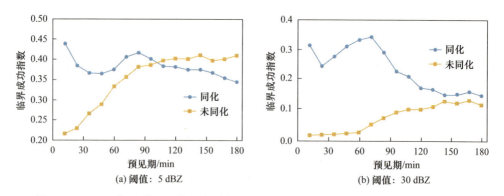

图 10-17　2014 年 6 月 6 日降雨未同化预报与同化预报临界成功指数随预见期的变化

接近。

图 10-18 展示了 8 月 23 日降雨未同化预报与同化预报探测率随预见期的变化。首先需要承认,无论在哪种阈值下,同化预报结果与未同化预报结果探测率的绝对值都不高。相对而言,在低阈值条件下,同化预报结果的探测率显著高于未同化预报结果。在高阈值条件下,同化预报结果的探测率在前 90 min 显著高于未同化预报结果,但之后两者区别不大。这表明对于预报是否有雨,加入同化在 3 h 内都会使探测准确性显著提高,但对于预报强降雨中心,90 min 内同化的效果显著,90 min 后效果并不明显。

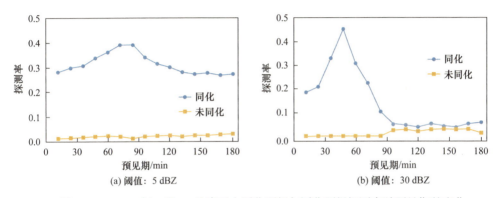

图 10-18　2014 年 8 月 23 日降雨未同化预报与同化预报探测率随预见期的变化

图 10-19 展示了 8 月 23 日降雨未同化预报与同化预报误报率随预见期的变化。可以看到,在低阈值条件下,同化预报结果的误报率很低,显著低于未同化预报结果。在高阈值条件下,同化预报结果的误报率很高,但在前 90 min 仍低于未同化预报结果,之后同化预报结果的误报率更高。误报率接近 1 表明预报结果中大于阈值的预报几乎全部为误报。因此,上述分析表明,加入同化可以显著降低模型误报降雨事件的概率,但是对于强降雨中心,加入同化后的误报率仍然很高。

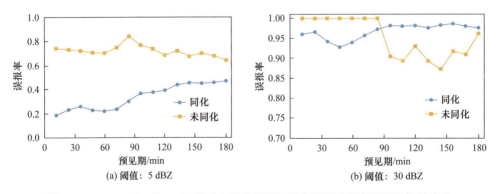

图 10-19　2014 年 8 月 23 日降雨未同化预报与同化预报误报率随预见期的变化

图 10-20 展示了 8 月 23 日降雨未同化预报与同化预报临界成功指数随预见期的变化。对于预报是否有雨，临界成功指数的结论与探测率类似，加入同化在 3 h 内都会使指数有显著提高。但对于预报强降雨中心，指数绝对大小很低，不到 0.1。这是因为相比于探测率，临界成功指数的分母包含了错误预报的数量。因此，探测率高且临界成功指数低表明预报结果存在较明显的错误预报。将同化预报结果与未同化预报结果相比，同化在 90 min 内有一定效果，90 min 后效果并不明显。

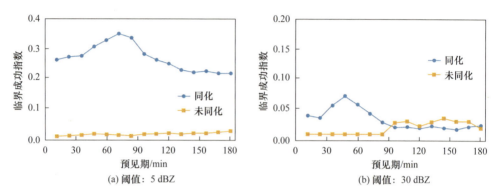

图 10-20　2014 年 8 月 23 日降雨未同化预报与同化预报临界成功指数随预见期的变化

值得注意的是，定量评价数值预报的离散特征（如对流单元）是一个具有挑战性的问题。由于单个对流单元的可预测性有限和这种系统的离散性，预测对流单元的空间偏差通常与单元本身一样大，即使预报模型很好地捕捉了降雨的强度和形态，传统的技能评分，特别是最初设计用于大尺度降雨预测的评分体系，评价小规模对流系统时评分通常较低。

3. 综合分析

综合上述两次不同类型降雨的分析，可以得到以下结论：对于 6 月 6 日大面积层状降雨，WRF 直接预报可以在一定程度上预报出本次降雨事件，结合雷达同化的 WRF 预报结果更好。3 h 预见期内对于整体反射率的位置和形状预报较为准确，1 h 预见期内强反射率中心位置形状的预报也与实际较为相符。由指标评价同化改进预报的初始场，使 1 h 预见期内的预报结果相比 WRF 直接预报探测率高、误报率低。1 h 之后两者的差距逐渐消除。对于 8 月 23 日快速移动的对流降雨，WRF 直接预报未能预报出此次降雨事件，结合雷达同化的 WRF 预报可以在一定程度上预报各个雨团的生成运动规律，但在出现时间、位置及强度方面还与实际观测间存在差距。两种预报指标评价得分都很低，相对而言，加入同化可以提高 3 h 内是否有雨的预报能力。对于预报强降雨中心，同化的作用仅能维持大约 1.5 h。

10.5.4 融合方法的预报效果

临近预报系统中使用加权平均方法,将外推模式的结果与结合雷达同化的 WRF 预报结果融合。本节仅对融合方法的预报效果进行指标评价。

需要指出的是,因为亦庄雷达的观测空间分辨率为 1 km,基于雷达观测的外推模式得到的降雨预报结果空间分辨率也是 1 km,但是结合雷达同化的 WRF 预报结果空间分辨率是 3 km,所以,此处先将雷达观测与外推模式预报结果重采样到 3 km 分辨率,再进行融合。

6 月 6 日降雨临近预报系统融合结果评分如图 10-21 所示。在低阈值评价时,外推模式 90 min 之内的探测率高于数值预报,之后数值预报的探测率更高,加权融合结果的探测率高于两个模型单独预报的结果,融合结果更优。高阈值评价时,数值预报的探测率一直高于外推模式。这可以理解为数值预报能够更好地预报局地强反射率的生成消亡,融合后结果的探测率先与外推模式结果相近处于较低水平,随着预见期增长,数值预报的权重增加,探测率逐渐升高。

无论高阈值还是低阈值,外推模式的误报率一直低于数值预报(仅高阈值评价中 180 min 时除外)。但是融合结果却表现出了不同的特征,低阈值评价时,

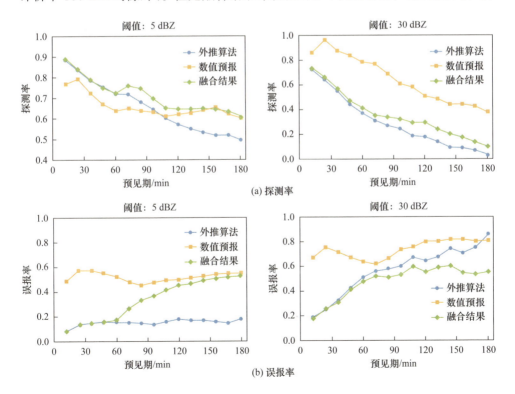

图 10-21 2014 年 6 月 6 日降雨临近预报系统融合结果评分

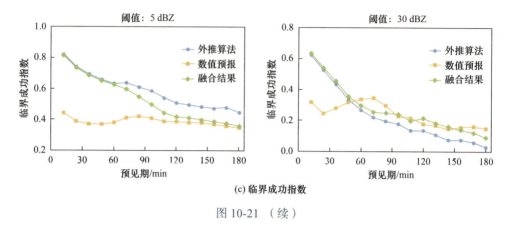

图 10-21 （续）

融合后的结果误报率先随外推模式维持在较低水平，随着预见期增长，数值预报的权重增加，误报率逐渐升高。而高阈值评价时融合结果的误报率低于任一种单独预报方法。

低阈值临界成功指数的情况与误报率类似，外推模式的临界成功指数始终高于数值预报，因此融合结果的临界成功指数高于数值预报结果而低于外推模式结果。高阈值时，48 min 内外推模式临界成功指数高，之后数值预报更高。此时融合结果前段跟随外推方法，后段跟随数值预报，效果较好。

8 月 23 日降雨临近预报系统融合结果评分如图 10-22 所示。低阈值的评价显示在 3 h 预见期内，外推模式的探测率、临近成功指数始终高于数值预报，误报率始终低于数值预报，这使加权融合的探测率、临近成功指数逐渐降低，而误报率逐渐升高，融合并不能带来更好的结果。高阈值评价中，误报率与临界成功指数同样都是外推模式始终优于数值预报方法。但是探测率评价比较复杂，外推模式初始时刻高于数值预报，30~90 min 数值预报占优，之后外推模式的探测率又重新高于数值预报。融合结果的探测率始终低于外推模式。

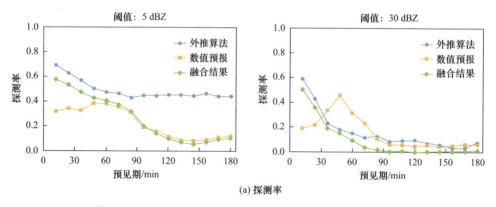

(a) 探测率

图 10-22 2014 年 8 月 23 日降雨临近预报系统融合结果评分

第 10 章　融合天气模式和外推方法的降雨临近预报模型　　·225·

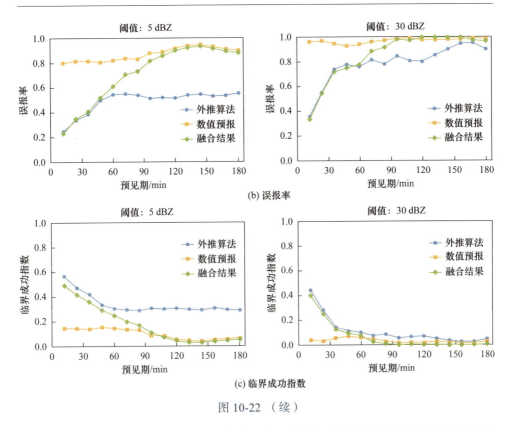

图 10-22 （续）

总体来说，融合并不一定总能带来更好的效果。当外推模式的预报一段时间内优于数值预报，之后不如数值预报时，融合会提高预报结果的评分；但当一种方法的效果始终高于另一种方法时，融合通常会使结果变差。考虑临近预报系统预见期为 0～3 h，此预见期内多数情况为外推模式的结果始终优于数值预报结果，未来值得开展权重系数取值及多种预报模式融合方面的研究。

第 11 章 分布式立体化城市雨洪模拟模型

对城市排水系统进行优化设计和管理，需要借助于结构合理、功能全备的城市雨洪模拟模型。本章建立了一个分布式立体化城市雨洪模拟模型，其耦合了土壤水流垂向运动的一维 Richards 方程、地表水流运动的二维 Saint-Venant 方程（扩散波），以及路网、管网和河道水流运动的一维 Saint-Venant 方程（动力波），下垫面采用二维栅格和一维网格相结合的方法进行离散，便于采用高精度的 DEM、土地利用及降雨等数据，同时可以考虑不同水流之间的相互作用。

11.1 模 型 结 构

模型将城市区域概化为 4 层（图 11-1），顶层是二维地表网格，代表不同的城市下垫面（产流区），中间层和底层分别是一维的路网和管网，还有一层是一维的河网。路网和管网是空间叠置的计算单元，二维地表网格、一维路网、管网和河网的空间离散是独立的，这样可以更加灵活。在这个 4 层网格中，路网起中间桥梁的作用，路网中的节点通过虚拟雨水入口与地表网格中的栅格连接，并且通过栅格式进水口/窨井和下层管网联系起来。在河网中，来自其他 3 层的水流可以直接流到相邻的单元。

雨水降到最上层网格时，先扣除损失形成净雨，这部分净雨在地表流动；之后通过路网和地表网格之间的虚拟入口进入路网；在路网上流动时通过雨水口进入管网，然后进一步汇入河网，最终流到流域出口。路网、管网及河网之间的水力联系体现在以下两个方面：①当管网中发生溢流时，水流会继续在路网上流动直到遇到下一个雨水口或者在街道上形成积水；②当河网中的水位超出管网的排出口时，回水顶托将会大大降低管网的排水速率。

初雨损失包括蒸发、填洼和入渗，其中入渗占最大的比例。入渗利用 HYDRUS 模型通过求解 Richards 方程获得。地表水流的运动采用二维 Saint-Venant 方程的扩散波模型模拟，路网、管网和河网中的水流采用一维 Saint-Venant 方程的动力波模型模拟。二维扩散波方程由自适应时间步长的显式差分方式求解，一维 Saint-Venant 方程数值解法（显式差分）建立在 SWMM 模型 "link-node" 概念的基础之上，这样源汇项的离散就被简化了。栅格式雨水入口的水流交换通量参照 Nasello 和 Tucciarelli（2005）使用的堰流计算公式，地表网格上

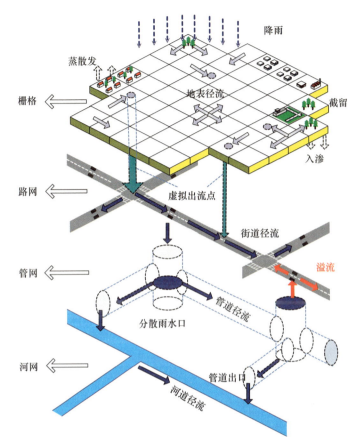

图 11-1 分布式立体化城市雨洪模拟模型结构概化图

虚拟入水口的入流通量由宽顶堰公式计算得到。对于封闭管道中水流在有压和无压两种流态之间的转换，借助于 Preissmann 窄缝方法处理。

11.1.1 城市下垫面的产流

城市下垫面的产流可以划分为不透水面积上的产流和透水面积上的产流。不透水面积上的产流计算相对简单，降雨量扣除填洼量后即为产流量，且全部为地表产流；透水面积上的产流则复杂得多，取决于土壤入渗量的计算，在模型中采用求解 Richards 方程的方法进行土壤入渗量的计算。假设气相在液体流动中作用很小，并且由温度梯度产生的水流动可以忽略，则一维均匀水流在部分饱和的刚性多孔介质中的流动可以用修正后的 Richards 方程来描述：

$$\frac{\partial \theta}{\partial t} = \frac{\partial}{\partial x}\left[K\left(\frac{\partial h}{\partial x}+\cos\alpha\right)\right]-S \quad (11-1)$$

式中，h 为压力水头，m；θ 为体积含水量，m^3/m^3；t 为时间，s；x 为空间坐标，m；

S 为源汇项，m³/（m³·s）；α 为水流方向与竖直方面的夹角；K 为非饱和导水率函数，m/s，$K(h,x) = K_s(x) K_r(h,x)$，K_r 为相对导水率，K_s 为饱和导水率，m/s。

式（11-1）的求解需要知道压力水头的初始分布及上边界或下边界条件：

$$\begin{cases} h(x,t) = h_i(x), & t=0 \\ h(x,t) = h_0(t), & x=0 \text{ 或 } x=L \\ -K\left(\dfrac{\partial h}{\partial x} + \cos\alpha\right) = q_0(t), & x=0 \text{ 或 } x=L \\ \dfrac{\partial h}{\partial x} = 0, & x=0 \end{cases} \quad (11\text{-}2)$$

式中，h_i 为 x 的函数；t 为模拟时间，s；L 为土壤层厚度，m；h_0 为上边界或下边界的初始压力水头，m；q_0 为土壤水通量，m/s。

11.1.2 地表汇流

城市地表相对平坦，地表水流的运动可以采用二维 Saint-Venant 方程的扩散波模型（即二维浅水方程）进行模拟，包括连续方程和动量方程。

连续方程：

$$\dfrac{\partial h}{\partial t} + \dfrac{\partial (uh)}{\partial x} + \dfrac{\partial (vh)}{\partial y} = q \quad (11\text{-}3)$$

有建筑物分布的地区，可用下式表示：

$$\dfrac{\partial h}{\partial t} + \dfrac{\partial [(1-\beta)uh]}{\partial x} + \dfrac{\partial [(1-\beta)vh]}{\partial y} = q \quad (11\text{-}4)$$

动量方程：

$$\begin{cases} \dfrac{\partial (uh)}{\partial t} + \dfrac{\partial (u^2 h)}{\partial x} + \dfrac{\partial (uvh)}{\partial y} + gh\left(S_{fx} + \dfrac{\partial H}{\partial x}\right) = 0 \\ \dfrac{\partial (uh)}{\partial t} + \dfrac{\partial (v^2 h)}{\partial y} + \dfrac{\partial (uvh)}{\partial x} + gh\left(S_{fy} + \dfrac{\partial H}{\partial y}\right) = 0 \end{cases} \quad (11\text{-}5)$$

忽略惯性项后得到如下扩散波方程：

$$\begin{cases} S_{fx} + \dfrac{\partial H}{\partial x} = 0 \\ S_{fy} + \dfrac{\partial H}{\partial y} = 0 \end{cases} \quad (11\text{-}6)$$

式中，u、v 分别为 x、y 方向的流速，m/s；h 为水深，m；H 为水面高程，$H = h + z$，z 为地面高程，m；q 为源汇项，反映降雨和溢流过程等，m/s；β 反映建筑物对水流的影响，为单元上阻水的建筑面积的线性比率，$\beta = \sqrt{A_b/A}$（A_b 为建筑用地面积，m^2；A 为单元面积，m^2），对于无阻水的建筑物，取 0；S_{fx} 和 S_{fy} 分别为沿 x、y 方向的摩阻坡度。

$$S_{fx}=\frac{n^2u\sqrt{u^2+v^2}}{h^{4/3}}, \quad S_{fy}=\frac{n^2v\sqrt{u^2+v^2}}{h^{4/3}} \tag{11-7}$$

式中，n 为曼宁系数。

11.1.3 路网、管网和河网中水流运动

水流在管网、路网及河网中的流动采用一维 Saint-Venant 方程组进行计算，包括连续方程和动量方程。

连续方程：

$$\frac{\partial A}{\partial t}+\frac{\partial Q}{\partial x}=0 \tag{11-8}$$

动量方程：

$$\frac{\partial Q}{\partial t}+\frac{\partial (Q^2/A)}{\partial x}+gA\frac{\partial H}{\partial x}+gAS_f=0 \tag{11-9}$$

将连续方程代入动量方程，有

$$\frac{\partial Q}{\partial t}-2V\frac{\partial A}{\partial t}-V^2\frac{\partial A}{\partial x}+gA\frac{\partial H}{\partial x}+gAS_f=0 \tag{11-10}$$

式中，Q 为通过管（河）道的流量，m^3/s；V 为管（河）中水流速，m/s；A 为过水断面面积，m^2；H 为水头，等于管（河）底高程加水深，m；S_f 为摩阻坡度，由曼宁方程求解：

$$S_f=\frac{K}{gAR^{4/3}}Q|V| \tag{11-11}$$

式中，$K=gn^2$，n 为曼宁系数；R 为水力半径，m。

11.1.4 明满流交替

城市中的排水管道或有顶盖的渠道通常处于明渠流状态。随着降雨强度增强，排水管道流量增大，管内水位逐渐上升，超过管顶时，由无压流状态转变为有压流状态，或者称作由明流转变为满流。而后随着降雨强度的减弱，管内流量减小，管道水面逐渐下降，低于管顶时，出现无压流或明流。这样管内水流交替出现无压流和有压流。这两种完全不同的水流状态之间的交替给计算的稳定性和效率带来较大的困难。

通过一定的处理可以将描述两种不同流态的水流运动方程在形式上统一起来，从而避免计算的困难，即将有压流中的水头 H 视为明渠流中的水位 z，将有压管道中的波速 c 视为明渠流中的波速，这种处理方法即 Preissmann 窄缝技术

(Preissmann and Cunge,1961;耿艳芬,2006)。处理后可以得到如下统一描述方程。

连续性方程：

$$\begin{cases} \dfrac{\partial z'}{\partial t} + V\dfrac{\partial z'}{\partial x} + \dfrac{A}{B}\dfrac{\partial V}{\partial x} - V\sin\varphi = 0 \\ B = \dfrac{gA}{c^2} \end{cases} \quad (11\text{-}12)$$

动量方程：

$$\frac{1}{g}\frac{\partial V}{\partial t} + \frac{\partial z'}{\partial x} + \frac{V}{g}\frac{\partial V}{\partial x} + J = 0 \quad (11\text{-}13)$$

式中，z' 在明渠流时为水位，在管道有压流时为水头，m；B 为在有压流情况下管道上面假设的窄缝的宽度，m；φ 为流速与坡底平面的夹角，(°)；J 为摩擦阻力水头损失，m。

在计入局部损失和地表等处的水量交换项后，式（11-12）和式（11-13）可积分成以下守恒形式的方程。

连续性方程：

$$\frac{\partial A}{\partial t} + \frac{\partial Q}{\partial x} = q_0 \quad (11\text{-}14)$$

动量方程：

$$\frac{\partial Q}{\partial t} + \frac{\partial(Qu)}{\partial x} + gA\left(\frac{\partial h}{\partial x} - S_0 + S_f + S_L\right) = 0 \quad (11\text{-}15)$$

式中，q_0 为管道和地表的水量交换量，m³；S_0、S_f 和 S_L 分别为源项、沿程阻力损失项和局部阻力损失项，其计算公式如下：

$$S_0 = \frac{\partial Z_0}{\partial x}, \quad S_f = \frac{n^2|Q|Q}{A^2 R^{4/3}}, \quad S_L = \frac{\xi}{\Delta x}\frac{|Q|Q}{2gA^2}$$

其中，A 为过水断面面积，m²；Z_0 为底高程，m；n 为曼宁系数；R 为湿周，有压时为管道的周长，不考虑窄缝，m；ξ 为局部损失系数；Δx 为管段的长度，离散时为控制体积的长度，m。

11.1.5 漫堤流量

漫堤流量使用宽顶堰流量公式：

$$Q = m\,\text{DS}\,\sqrt{2g} \times \text{DH}^{1.5} \quad (11\text{-}16)$$

式中，m 为宽顶堰的流量系数，0.32；DS 为堤顶溢流长度，m；DH 为河水位与堤顶高程差，m。

11.1.6 闸堰流量

闸堰流量采用堰流公式或孔流公式计算，与闸堰的上游水位、下游水位和闸底（堰顶）高程等因素有关（图 11-2）。堰流公式使用的条件是闸孔不发生淹没，方程如下：

$$Q = C_{sub} \, m \, b \sqrt{2g} \, H_0^{1.5} \quad (11-17)$$

式中，m 为流量系数，0.32～0.36；b 为溢流净宽，m；H_0 为堰顶溢流水头，可以用 $(H_1 - H_c)$ 代替；C_{sub} 为淹没系数，当 $H_2 > H_c$ 时可以根据淹没度 C_{ratio} 查表 11-1 得到，$C_{ratio} = (H_2 - H_c)/(H_1 - H_c)$，其他情况下淹没系数为 1.0。

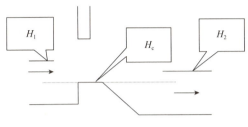

图 11-2 河道闸堰示意图

表 11-1 淹没系数 C_{sub}

淹没度 C_{ratio}	淹没系数 C_{sub}	淹没度 C_{ratio}	淹没系数 C_{sub}
0.00	1.00	0.70	0.91
0.10	0.99	0.80	0.85
0.20	0.98	0.85	0.80
0.30	0.97	0.90	0.68
0.40	0.96	0.95	0.40
0.50	0.95	1.00	0.00
0.60	0.94		

淹没情况下，如果上游水位与堰顶高程之差大于 1.2～1.5 倍孔口净高，流量应该按照孔口出流公式计算：

$$Q = C_{sub} \, b \, h_{or} \sqrt{2g \times DH} \quad (11-18)$$

式中，$DH = H_1 - \max(H_2, H_c)$；$h_{or}$ 为孔口净高，m；b 为闸底距堰顶的高度，m。

11.1.7 不规则断面的水力参数

天然河道断面常常为主槽和滩地组合形成的复式断面，断面的曼宁系数 n、面积 A、水力半径 R 随水深 h 的不同而发生变化，如图 11-3 所示。

实际处理中，常将断面分为若干子断面处理。不同子断面的水力坡降一致，所有子断面流量之和即为全断面的流量：

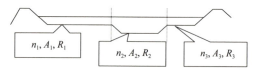

图 11-3　不规则河道示意图

$$Q=\sum Q_i=\sum \left[(A_i/n_i)R_i^{2/3}\right]\sqrt{j} \quad (11-19)$$

设 $Q=(A/n)R^{2/3}\sqrt{j}$，Wet$=\sum$Wet$_i$，$n=\left(\sum n_i\cdot\text{Wet}_i\right)/\text{Wet}$，$A=\sum A_i$，则

$$R=\left\{\left[\sum(A_i/n_i)R_i^{2/3}\right]\cdot n/A\right\}^{3/2} \quad (11-20)$$

式中，Wet 为湿周，m；j 为河道坡度；其他参数同上。

11.1.8　街道水流和管道水流的水力联系

街道上的水流通过雨水口等人工设施与地下管网建立水力联系，如图 11-4 所示。

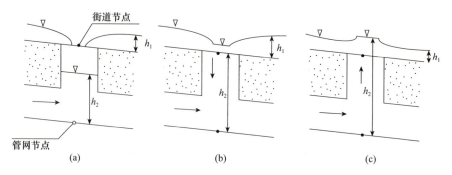

图 11-4　地表水流与管流的水力交换示意图（Nasello and Tucciarelli，2005）

当入流孔水深 h_2 低于街道节点高程时［图 11-4（a）］，根据地表水深 h_1 的不同（是否淹没进水口），采用宽顶堰流或者孔口出流公式计算，取其小值：

$$Q_{\text{exch}}=\min(0.385\sqrt{2g}L_{\text{in}}h^{1.5},\ 0.67\sqrt{2g}A_{\text{in}}h^{0.5}) \quad (11-21)$$

当入流孔水深 h_2 高于街道节点高程时［图 11-4（b）、（c）］，则根据 h_1 与 h_2 的大小关系判断水流是进入孔［图 11-4（b）］还是流出孔［图 11-4（c）］，这时交换的水量可正可负，但是可以用同一孔口出流公式表示为

$$Q_{\text{exch}}|Q_{\text{exch}}|=(0.67\sqrt{2g}A_{\text{in}})^2(H_1-H_2) \quad (11-22)$$

上两式中，L_{in} 为溢流堰的长度，m；A_{in} 为孔口的面积，m²；H_1-H_2 为街道与管道的节点水位之差，m。

模型主要公式总结于表 11-2。

表 11-2　模型主要公式

名称	公式
Richards 方程	$\dfrac{\partial \theta}{\partial t}=\dfrac{\partial}{\partial x}\left[K\left(\dfrac{\partial h}{\partial x}+\cos\alpha\right)\right]-S$
二维 Saint-Venant 方程扩散波模型	$\dfrac{\partial h}{\partial t}+\dfrac{\partial (uh)}{\partial x}+\dfrac{\partial (vh)}{\partial y}=q,$ $S_{fx}+\dfrac{\partial H}{\partial x}=0,\ S_{fy}+\dfrac{\partial H}{\partial y}=0,$ $S_{fx}=\dfrac{n^2 u\sqrt{u^2+v^2}}{h^{4/3}},\ S_{fy}=\dfrac{n^2 v\sqrt{u^2+v^2}}{h^{4/3}}$
一维 Saint-Venant 方程动力波模型	$\dfrac{\partial A}{\partial t}+\dfrac{\partial Q}{\partial x}=0,$ $\dfrac{\partial Q}{\partial t}+\dfrac{\partial (Q^2/A)}{\partial x}+gA\dfrac{\partial H}{\partial x}+gAS_f=0$
路网和管网水流交换的堰流方程	$Q_{exch}=\min(0.385\sqrt{2g}L_{in}h^{1.5},\ 0.67\sqrt{2g}A_{in}h^{0.5})$ 或 $Q_{exch}\|Q_{exch}\|=(0.67\sqrt{2g}A_{in})^2(H_1-H_2)$

11.2　模型数值求解和计算流程

模型采用差分方法进行数值求解，该算法的优点是源汇项的处理和程序编制比较简单，易于实现；缺点是计算时间步长不能太长，一定程度上限制了模型的计算效率，但在计算能力快速进步的条件下这已不是瓶颈。下面给出城市洪水主要物理过程的差分格式。

11.2.1　土壤入渗过程的差分格式

模型采用 Richards 方程描述土壤入渗过程，如式（11-1）所示，其求解运用模拟软件 HYDRUS（软件名）。HYDRUS 是一个求解土壤水分运动的开源软件，可以完全集成在本研究模型中。数值求解所需的差分格式采用质量集中的线性有限元方法（masslumped finite elements scheme）推导得到（Vogel et al., 1996），结果如下：

$$\begin{cases}\dfrac{\theta_i^{j+1,\,k+1}-\theta_i^j}{\Delta t}=\dfrac{1}{\Delta x}\left(K_{i+0.5}^{j+1,\,k}\dfrac{h_{i+1}^{j+1,\,k+1}-h_i^{j+1,\,k+1}}{\Delta x_i}-K_{i-0.5}^{j+1,\,k}\dfrac{h_i^{j+1,\,k+1}-h_{i-1}^{j+1,\,k+1}}{\Delta x_{i-1}}\right)\\ \qquad\quad +\dfrac{K_{i+1}^{j+1,\,k+1}-K_i^{j+1,\,k}}{\Delta x_i}\cos\alpha-S_i^j\\ \Delta t=t^{j+1}-t^j\\ \Delta x=\dfrac{x_{i+1}-x_{i-1}}{2},\ \Delta x_i=x_{i+1}-x_i,\ \Delta x_{i-1}=x_i-x_{i-1}\\ K_{i+0.5}^{j+1,\,k}=\dfrac{K_{i+1}^{j+1,\,k}-K_i^{j+1,\,k}}{2},\ K_{i-0.5}^{j+1,\,k}=\dfrac{K_i^{j+1,\,k}-K_{i-1}^{j+1,\,k}}{2}\end{cases}\quad(11\text{-}23)$$

式中，下标 $i-1$、i 和 $i+1$ 表示在有限单元中的位置；k 和 $k+1$ 表示前后迭代次数；j 和 $j+1$ 代表前后计算时间。式（11-23）建立在对时间项的完全隐式离散之上，用 Picard 迭代法求解。源汇项 S 由前时间步长计算结果进行估计，降雨量扣除蒸发、截流、填洼和下渗水量后得到的净雨量作为地表汇流的输入进行下一步计算。

11.2.2 地表汇流过程的差分格式

地表汇流过程采用二维 Saint-Venant 方程组的扩散波模型描述，即式（11-3）～式（11-7）。地表计算单元离散栅格示意图如图 11-5 所示。

图 11-5 地表计算单元离散栅格示意图

应用显式差分格式求解上述扩散波方程：根据式（11-6）及式（11-7）可以计算得到沿 x、y 方向的流速 u 和 v，再乘以水深 h 和单元格的边长 d，得到沿 x 和 y 方向进出该单元的流量 Q_1、Q_2、Q_3、Q_4。然后根据水量平衡方程［式（11-3）］计算得到水深 $h_{i,j}^{m+1}$：

$$h_{i,j}^{m+1}=h_{i,j}^{m}+\frac{(Q_1+Q_2+Q_3+Q_4)\Delta t}{d^2}+q_{i,j}^{m} \tag{11-24}$$

式中，$Q_1\sim Q_4$ 为进出该单元的流量（入为正，出为负），m³/s；$q_{i,j}$ 为单元的源汇项（源为正，汇为负），主要为降雨、与雨水口的水量交换、与河网的水量交换等，m；下标 i、j 表示单元格的位置，上标 m 表示计算时刻；Δt 为时间步长，s。

11.2.3 路网、管网和河网流动过程的差分格式

路网、管网和河网中的水流运动采用一维 Saint-Venant 方程的动力波模型描述，即式（11-8）～式（11-11）。对于式（11-10），采用如下差分格式：

$$\frac{Q_{t+\Delta t}-Q_t}{\Delta t}-2V\left(\frac{\Delta A}{\Delta t}\right)_t-V^2\frac{A_2-A_1}{L}+gA\frac{H_2-H_1}{L}+gA\frac{K}{gAR^{4/3}}Q_{t+\Delta t}|V_t|=0 \tag{11-25}$$

整理得

$$Q_{t+\Delta t}=\frac{1}{1+\frac{K\Delta t}{R^{4/3}}|V_t|}\left[Q_t+2V\left(\frac{\Delta A}{\Delta t}\right)_t\Delta t+V^2\frac{A_2-A_1}{L}\Delta t-gA\frac{H_2-H_1}{L}\Delta t\right] \tag{11-26}$$

对于式（11-8），为使节点水位求解方便，将连续方程改写为

$$\left(\frac{\partial H}{\partial t}\right)_t=\frac{\sum Q_t}{A_{S_t}} \tag{11-27}$$

差分格式为

$$H_{t+\Delta t}=H_t+\frac{\sum Q_t}{A_{S_t}}\Delta t \tag{11-28}$$

式中，A_{S_t} 为水量平衡计算控制体的水面面积，m²；$\sum Q_t$ 为水量平衡计算控制体

的进出流量代数和，m³/s。

应用流动方程式［式（11-26）］和连续方程式［式（11-28）］求解基本变量 $Q_{t+\Delta t}$ 和 $H_{t+\Delta t}$。

11.2.4 模型的计算流程

模型的计算流程如图 11-6 所示。

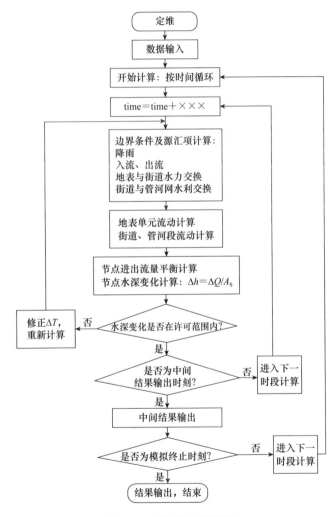

图 11-6 模型的计算流程

11.3 模型测试

为测试模型，采用 Nasello 和 Tucciarelli（2005）中的双层排水算例，引入一套新的地表网格,如图 11-7 所示。路网和管网被划分为段,即 73 个计算节点,每隔 50 m 布置一个。下层管网高程最低点位于节点 1 处,设为 $z=0$;假定节点 34 高程为 1.7 m。路网水流通过位于 Ⅳ、Ⅴ 和 Ⅵ 区段上的 7 个入口(节点 42、节点 45、节点 48、节点 51、节点 54、节点 60 和节点 63)流入下层管网。入口边长为 0.45 m。下层管网为圆形,管径为 0.6 m,曼宁系数为 0.013,街道概化为梯形,最小和最大宽度分别为 0.3 m 和 10 m,边坡坡度为 1%,曼宁系数为 0.017。在节点 1 和节点 34 处为自由出流边界条件。

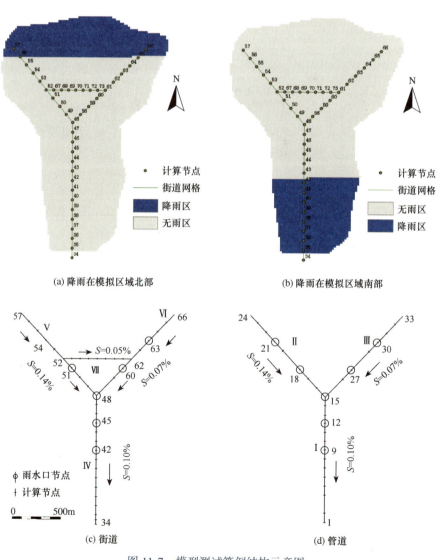

图 11-7　模型测试算例结构示意图

栅格大小为 10 m，共 5921 个栅格。为了算例简化的需要，地形特征（如土地利用和土壤类型）及各个栅格单元的高程均设为同一值。与路网和管网类似，自由出流边界设置在南部边界，其余边界无交换。

初始状态是路网中没有水，从 $t=0$ 时刻开始，所有的下层排水管网计算节点都有一个 Q 为 0.003 m^3/s 的恒定入流。此外为了简化计算，对地表网格中的每个栅格单元都设置了 1 mm 的水深。为了分析降雨空间变异性对排水系统的影响，分析了两种非均匀的降雨情景。如图 11-7（a）、（b）所示，蓝色栅格表示有降雨，浅灰色栅格表示没有降雨。两种情景设置了相同的降雨面积，都为 130000 m^2。这个值与 Nasello 和 Tucciarelli（2005）使用的面积 26 m×5000 m=130000 m^2（下面详述）一致。降雨的时间序列由下面的分段函数给出（Nasello and Tucciarelli, 2005）。

$$R=\begin{cases}0 \text{ mm}, & t=0 \sim 12000\text{s} \\ 10 \text{ mm}, & t=12001 \sim 30000\text{s} \\ 50 \text{ mm}, & t=30001 \sim 72000\text{s}\end{cases} \quad (11-29)$$

为了验证模型是否能够得到和文献中一致的模拟结果，本节研究采用和文献中相同的设置，即首先忽略产流层并假定区段 Ⅴ、Ⅵ 和 Ⅶ 的每个节点要排出 S_n 为 5000 m^2 面积上的雨水。模型计算了 30 h 的洪水过程，运算所耗 CPU 时间约为 130 s［计算机配置 4.0 GB 内存，Intel Core（TM）i7 CPU 940 @ 2.93 GHz 3.06 GHz，Win7 64 位操作系统］。两种情景下计算得到的 t 分别为 9000 s、24000 s 和 40000 s 时刻，Ⅰ、Ⅲ 区段及 Ⅳ、Ⅵ 区段的出口节点处的流量过程及水头压力剖面与文献的对比如图 11-8 和图 11-9 所示。两组水头压力剖面几乎一致，这就说明模型能够较好地模拟双层排水过程。从图 11-9 还可以看出，在 t 为 9000 s 时管道水面线都低于管顶高程，水流处于无压状态，而到了 t 为 24000 s 时刻，节点 9、节点 12、节点 15、节点 27 和节点 30 的水位都高于管顶高程，说明部分管段水流从无压过渡到有压流动；到了 t 为 40000 s 时，节点 9、节点 12、节点 15 和节点 27 的水位又高出了街道高程，说明发生了溢流。

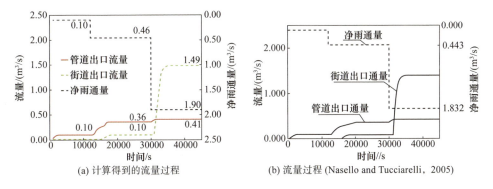

(a) 计算得到的流量过程　　　　　(b) 流量过程 (Nasello and Tucciarelli, 2005)

图 11-8　模型测试算例出口节点流量过程线的对比图

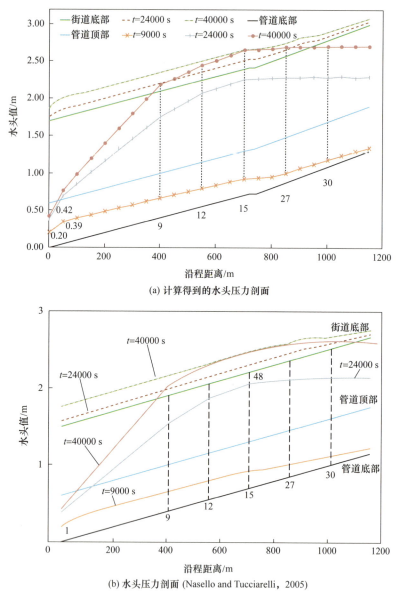

(a) 计算得到的水头压力剖面

(b) 水头压力剖面 (Nasello and Tucciarelli, 2005)

图 11-9　模型测试算例水头压力剖面的对比图

对于分布不均匀的降雨情景，本节研究使用相同的初始和边界条件。模拟的出口节点处的流量过程及不同时间的水头压力剖面如图 11-10 和图 11-11 所示。从图 11-10 中可以看出，降雨发生在北部（远离流域出口）时，产生的流量过程有明显的滞后；降雨发生在南部（接近流域出口）时，路网和管网中的水流形成一个洪峰，这和图 11-8（a）、（b）有明显差别。此外，北部降雨情景下的路网出流量（1.25 m³/s）远远大于南部降雨情景下的出流量（0.55 m³/s）。这是由于降雨发生在南部时来不及汇入街道便排出区域外，因而导致街道出口流量比降雨在北部情况下小很多。相应地，北部降雨情景下的地表出口流量（0.24 m³/s）比南部降雨情景下的地表出口流量（0.92 m³/s）小很多。

从图 11-11 可以看出，t 为 40000 s 时北部降雨情景下的管道水头线超过管道最大高程，水流处于有压状态 [图 11-11（a）]，同一时刻南部降雨情景下管道中的水流处于无压状态 [图 11-11（b）]。图 11-12 展示了两种不同降雨情景下的积水深度分布对比。由于本算例将地面高程设为均一值，积水区的分布及最大积水深度差异较大。这一点可以通过设置实际高程或者随机模拟进一步完善。

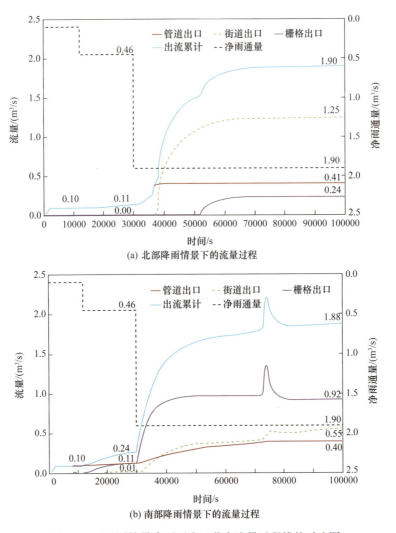

图 11-10　不同情景降雨下出口节点流量过程线的对比图

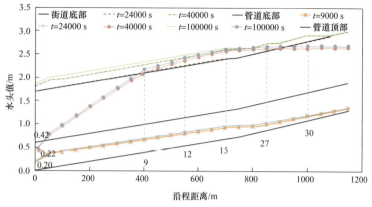

(a) 北部降雨情景下的压力剖面

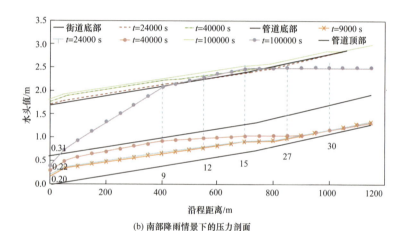

(b) 南部降雨情景下的压力剖面

图 11-11 不同情景不同时间水头压力剖面的对比图

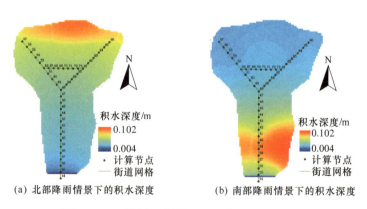

(a) 北部降雨情景下的积水深度   (b) 南部降雨情景下的积水深度

图 11-12 不同降雨情景下的积水深度分布对比

11.4 模型验证

本节研究选取北京城区的清河流域（温榆-北运河的一条支流）上游为研究区域对模型进行验证。研究区是典型的高度城市化区域，中关村、清华大学、北京大学等均位于其中（图11-13），另有清河、万泉河和小月河3条主要河道。

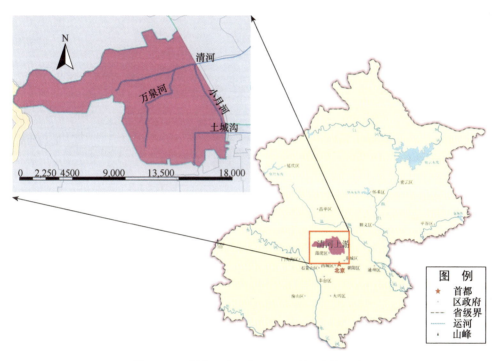

图 11-13 研究区地理位置——清河流域上游

所研究区域总面积约98 km², 70%的面积为不透水面，如图11-14（a）和（b）所示，流域东部地形平坦，主要的土地利用类型为住宅区。城市排水系统如图11-14（d）所示。该区域附近4个雨量站（温泉、羊坊、海淀和松林）有多年的连续观测资料；清河水文观测站位于清河上，离小月河清河口上游不远处，小月河在清河闸以下汇入清河。

自2008年起，在研究区域内的万泉河桥和北太平庄桥等处安装了电子水尺，对立交桥下的积水进行实时监测，积累了一些观测数据。

地表栅格的空间分辨率为200 m，整个区域总共概化为2464个计算栅格（即水文响应单元）。研究区域的主要街道概化为587个节点和615个计算段，长度从56.4 m到284.4 m不等，过水断面简化为矩形。管网概化为588个节点和587个计算段，过水断面为圆形或者矩形。主要河道（清河、万泉河和小月河）

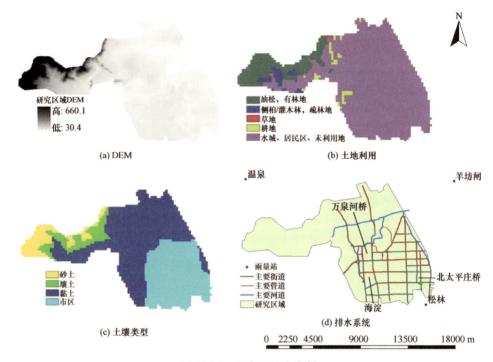

图 11-14　研究区基本资料

概化为 47 个节点和 46 个计算段，长度从 100 m 到 2000 m 不等，过水断面为矩形或者梯形。地表栅格与街道之间共有 400 个水量交换节点，街道与管网之间共有 237 个水量交换节点。所有的出口边界设置为自由出流。

模型需要率定的主要参数包括地表栅格的曼宁系数及街道、管道和河道的曼宁系数。将清河闸的计算流量过程与实测流量过程进行对比，采用手工调参的方法进行参数率定。选取几场有实测数据的降雨过程进行参数率定和验证，其中用于模型率定的降雨过程发生于 1998 年 7 月，用于模型验证的两场降雨过程分别发生在 2008 年 6 月 13 日和 2008 年 8 月 10 日。地表栅格的曼宁系数根据不同的土地利用类型进行分组，最终采用的模型参数如表 11-3 所示。

表 11-3　模型曼宁系数率定结果表

土地利用类型	曼宁系数		
	最小值	最大值	率定值
有林地	0.03	0.16	0.04
疏林地	0.03	0.08	0.035
草地	0.03	0.07	0.03
耕地	0.01	0.045	0.022

第 11 章 分布式立体化城市雨洪模拟模型

续表

土地利用类型	曼宁系数		
	最小值	最大值	率定值
居民区	0.011	0.03	0.025
河流	0.01	0.05	0.01~0.015
街道	0.011	0.018	0.015
管道	0.011	0.03	0.015

模拟运算消耗计算机 CPU 的时间如下：1998 年 7 月暴雨过程耗时 753 s（模拟时段 300 h），2008 年 6 月 13 日暴雨过程耗时 68 s（模拟时段 30 h），2008 年 8 月 14 日暴雨过程耗时 43 s（模拟时段 30 h）。计算机配置如下：4.0 GB 内存，Intel Core（TM）i7 CPU 940 @ 2.93 GHz 3.06 GHz，Win 7 64 位操作系统。

用于模型率定的降雨场次下，主要河道断面的流量模拟结果如图 11-15 所示；用于模型验证的两次降雨过程及对应的径流量模拟结果如图 11-16 所示。从图 11-16（a）中可以看出，实测的流量过程在峰值过后有一个突然的下降过程，根据清河闸的操作日志，这是由闸门的人工调度造成的，而模型中暂时没有考虑闸门调度的作用。

为分析模型对道路积水的模拟能力，选择研究区域中有积水观测数据的两个立交桥 [万泉河桥和北太平庄桥，位置如图 11-14（d）所示] 绘制积水深度变化的过程，结果如图 11-17 和图 11-18 所示。需要说明的是，由于模型所使用的 DEM 数据的精度不足以详细描述立交桥状况，模型模拟的积水过程是概化的，这与立交桥下实测的积水点的积水过程是有区别的。由图 11-17 和图 11-18 可知，模型对两桥处积水过程的模拟基本吻合，特别是上升段的模拟结果比较准确，最大积水深度的模拟也基本符合实测结果。

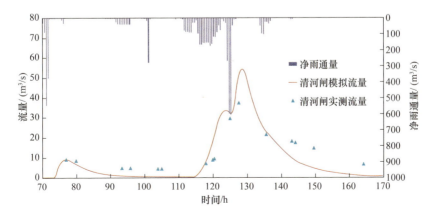

图 11-15　所研究区观测与模拟的流量过程对比（率定期：1998 年 7 月）

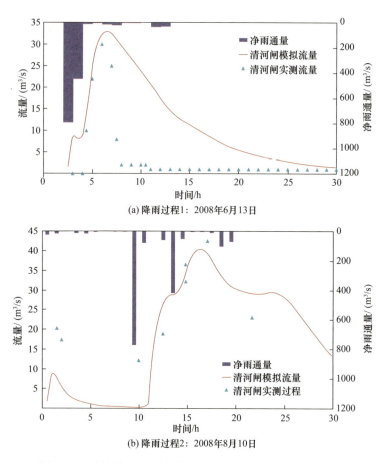

图 11-16　所研究区观测与模拟的流量过程对比（模型验证）

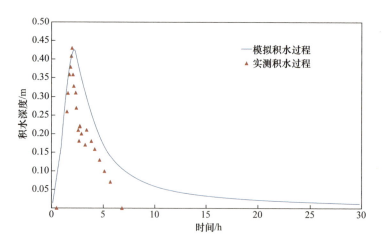

图 11-17　万泉河桥积水深度变化过程线（2008 年 6 月 13 日暴雨过程）

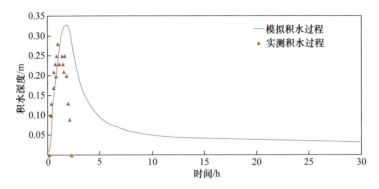

图 11-18　北太平庄桥积水深度变化过程线（2008 年 6 月 13 日暴雨过程）

第 12 章　城市雨洪模型中的人工设施模块

城市除排水管网外还具有很多特殊的人工设施，如以立交桥、地下建筑物为代表的基础设施，以及不同尺度的海绵城市设施。它们对雨洪的形成、演化与消退会产生显著影响，极大地提高了城市雨洪模拟的复杂性，因此，需要在雨洪模型中进行精细的刻画。本章在分布式立体化城市洪水模型的基础上，进一步开发了立交桥、地下建筑物、雨洪蓄滞设施和蓄滞洪区的模拟模块，提高了模型对城市复杂环境的适应性。

12.1　城市立交桥模块

12.1.1　立交桥模块的构建

城市排水设施是保证城市正常生产生活、防治城市水污染和保障城市安全的重要基础设施。由于立交桥的最低点一般比周围低 2~3 m，形成封闭洼地，且道路纵坡较大，极易造成内涝积水，若不及时排除积水，便会严重影响交通，甚至造成事故。城市的交通是城市经济发展和城市建设中的重要问题，而解决好立交桥排水的问题，关系到交通的正常运行、人民生命财产安全及立交方案是否经济合理等重要环节。随着城市交通事业的发展，跨越铁路、公路等道路立交桥排水已成为城市排水的新课题。

模块建立的过程中，首先，基于立交桥的精细化数据建立模型结构。根据立交桥分层的结构特点，分别于上层计算降雨产流和排水，于下层计算上层来流、周边汇水和抽排水。其次，采用蓄水池模块表达易积水点的积水过程。当雨箅处的排水能力不足或排水量超过系统向下游的输水能力时，溢出部分的水量将作为积水储存在雨箅上方，当系统输水能力恢复时再把这部分重新引入系统当中；在易积水路段，应按地表高程及雨箅的分布情况划分若干积水点，将其概化为蓄水池设施；各积水点互相连通，当某一积水点积水到达一定高度时，则会沿路面流向另外的积水点。最后，采用泄水量－积水深曲线，描述泄水量随着积水深度的变化。模块可对立交桥的淹没过程进行估算。

在处理蓄水池时，采用积水表面积－积水深曲线来描述积水的表面积随着积水深度的变化，其公式表示为

$$S = A \cdot h^B + C \tag{12-1}$$

式中，S 为积水表面积，m^2；h 为积水深度，m；A、B、C 为待定参数。

在处理泄水能力时，提供一个泄水量-积水深曲线，用来描述泄水量随着积水深度的变化，用公式表示为

$$Q = A \cdot h^B \tag{12-2}$$

立交桥附近雨箅均为顶向（平式）进水口，当雨量较小时以跌水为主，雨量大时，水流漫过格栅，可简化为孔口入流，其泄水量为

$$Q = \mu\omega(2gh)^{0.5} \tag{12-3}$$

式中，μ 为孔口有效面积，m^2；ω 为孔口流量系数，取 0.61；h 为雨水口上积水深度，m。由式（12-3）即可算出式（12-1）中的参数 A、B。

12.1.2 立交桥模块的应用

本节研究选取北京市万泉河立交桥为研究对象，对立交桥的暴雨积水进行数值模拟，计算不同频率降雨、排水控制条件下路面积水和排水情况。

万泉河立交桥位于北京市海淀区北四环路西侧，立交桥西侧雨污水从西向东穿过该立交桥之后，雨水排入万泉河，污水穿过万泉河底后进入河东岸污水干管内。整个立交桥范围雨水入河共有 5 个出水口。立交桥西部的排水设计，以四环路中心为界，以北流域面积为 143.8 万 m^2，实际汇水面积为 100.9 万 m^2，管线在四环路以北自蓝靛厂立交桥终止点开始东入万泉河，其负担北四环路以北及立交桥北部范围内排水任务。四环路以南雨水管同北侧一样，其流域面积为 49.4 万 m^2，实际汇水面积为 39.2 万 m^2。在立交桥的南北部分，配合道路的南北伸延增设部分雨污水管，将水排入就近河道或现有雨污水设施内。

万泉河立交桥采取的是自流式排水。桥体设计分上、中、下 3 层，南北方向万泉河路在顶层，东西方向四环主路在中层，另有辅路在底层，每两层之间高差在 4 m 左右，层与层之间以环线相接，坡度比较大，汇水速度很快。其中，尤以南北向辅路地势最为低洼，虽靠近万泉河，但因排水能力不够，经常因积水阻碍交通。

经实地测量，万泉河立交桥附近单个排水雨箅尺寸为 400 mm×700 mm，全开面积为 0.28 m^2，有效过水面积为 0.1152 m^2。代入泄流量公式，计算得 $Q = 0.31\,h^{0.5}$。如果有 n 个雨箅并列联合排水，则 $Q = 0.31\,nh^{0.5}$。

万泉河立交桥暴雨积水模型构架如图 12-1 所示，其中各个积水点的输入参数如表 12-1 所示。其中，连通高度指该积水点处积水深度超过该值时将流向与之连通的其他积水点。研究中 8 个积水点的积水表面积-积水深曲线参数均由实际地形图测量并拟合得出，其中积水点 S3 的积水曲线因中间有突变，采用的是手动输入的方法，将积水表面积-积水深对应的数值逐个送入模型。

图 12-1　万泉河立交桥暴雨积水模型架构

表 12-1　万泉河立交桥积水点参数

参数		S1	S2	S3	S4	S5	S6	S7	S8
最低点高程/m		46.07	47.85	47.54	47.87	47.41	45.65	45.55	46.22
最大积水深/m		2.26	0.62	0.93	0.47	0.56	0.78	2.13	1.19
积水表面积-积水深关系曲线系数	系数 A	5984	2106	描点	10502	8003	3607	2205	3802
	系数 B	1.27	0.4		0.82	0.46	1.3	0.48	0.47
	系数 C	0	0		0	0	0	0	0
雨箅数量/个		2	2	2	4	4	1	5	2
泄水量-积水深关系曲线系数	系数 A	0.62	0.62	0.62	1.24	1.24	0.31	1.55	0.62
	系数 B	0.5	0.5	0.5	0.5	0.5	0.5	0.5	0.5
连通积水点		S6	S3	S1	无连通积水点		S7	S6	S7
连通高度/m		0.07	0.15	0.14			0.21	0.31	0.05
路面汇水面积/m²		5385	6000	4000	9900	7650	2140	4485	4050
绿地汇水面积/m²		5736	9330	29633	无绿地汇水进入		15648	12906	24308

本节研究中根据《北京市水文手册》中暴雨图集计算了不同频率的设计日降雨过程。其中，频率 $P=20\%$、10% 和 5% 设计暴雨的最大时雨量分别为 60.1 mm/h、76.5 mm/h 和 92.3 mm/h。计算不同频率设计暴雨各个积水点的最大积水量和最

大积水深度。结果表明(图12-2),模型能够很好地反映立交桥复杂的地面状况和积水过程;道路上设置的雨箅个数对泄流能力的影响很大,桥下积水最严重的积水点处只设置了一个雨箅,如增加该处雨箅个数会大大缓解积水情况,对与其临近的其他积水点的积水也有明显影响。

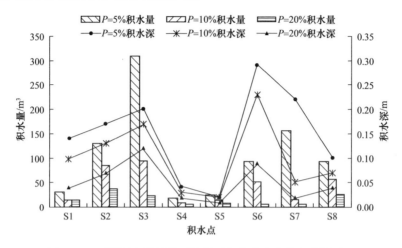

图12-2　不同频率设计暴雨情景下各积水点水量与水深对比

研究还对比了雨箅堵塞、减少道路外绿地汇水进入(如采用下凹式绿地或在路边设置挡墙)和正常过水时的道路积水情况。结果表明(图12-3),雨箅的过水能力对积水的影响很大,如雨箅不及时清理,同样条件的降雨,积水量可能会增长几倍甚至十几倍,而且当积水增多时,积水会漫过道路,流向其他的积水点,形成更大范围的积水。当道路无绿地汇水进入时,只有道路的坡面汇流流入

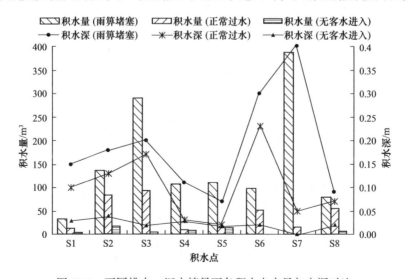

图12-3　不同排水、汇水情景下各积水点水量与水深对比

各个积水点,来流量比较小,只有几厘米的积水,且持续时间较短,不会对交通造成明显影响。结果证明,保持雨箅的清洁畅通与采用下凹式绿地设计对于缓解立交桥的积水问题帮助很大。

(1)立交桥暴雨洪水模拟能够很好地反映立交桥复杂的地面状况,计算得出地下管网与道路坡面水流及积水情况,可对管网的设计标准进行校核,提出优化设计方案;同时,计算得出的各个积水点的积水深、积水范围、积水历时等,可为城区的防洪排涝提供技术支持。

(2)道路上设置的雨箅个数对泄流能力的影响很大。桥下积水最严重的积水点处只设置了一个雨箅,模拟结果表明,如增加该处雨箅个数会大大缓解积水情况,对与其临近的其他积水点的积水也有明显影响。

(3)道路上的雨箅经常被人为垃圾等堵塞,汛期前如果未能及时清理,会影响过流能力,形成更大范围的积水。模拟结果表明,同样条件的降雨,如雨箅被堵住一半面积,各个积水点处的积水量可以增长几倍甚至十几倍,积水深度也会大幅度增长,人为地带来很多不必要的麻烦。

(4)如果能阻止道路以外的绿地汇水流到路面,则可以大大减少坡面流,缓解积水状况。将道路两旁绿地设置为凹式绿地、在道路两边设置挡墙等都可以实现这种效果。

12.2 地下建筑物模块

一般来说,城市雨洪从街道到达地下建筑,需经过路肩、斜坡。在正式进入地下建筑内部前,会有防洪门控制城市雨洪。以清华大学李文正图书馆为原型对地下建筑物的基本结构进行标示,如图12-4所示。

图12-4 清华大学李文正图书馆地下结构

上述地下建筑的结构特点可以抽象成概念图，如图12-5所示，以便进行淹没计算。

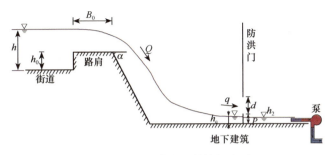

图 12-5　地下建筑的结构概念图

当洪水来临时，地下建筑被淹没的过程可以分为以下 5 个步骤。

12.2.1　淹没路肩（宽顶堰流）

路肩高出街道 h_0，当街道上水位抬升至 h 时，洪水通过路肩和斜坡流入地下建筑。此时，由于路肩水平且厚度（B_0）较大，即大于 2.5（$h-h_0$），可以认为发生宽顶堰流。

宽顶堰流的流量计算公式为

$$Q=\varepsilon\sigma_s mb\sqrt{2g}h^{3/2} \quad (12\text{-}4)$$

式中，b 为路肩的宽度，m；m 为流量系数，可取为 0.32。对于地下建筑，一般斜坡的垂直落差较大，堰流受下游水位的顶托作用可以忽略，故可取淹没系数 $\sigma_s=1$。堰流不受侧收缩的影响，故侧收缩系数 $\varepsilon=1$。

式（12-4）可简化为

$$Q=0.32b\sqrt{2g}h^{3/2} \quad (12\text{-}5)$$

式（12-5）对后续 3 个过程依然有效。

12.2.2　防洪门溢流（薄壁堰自由溢流）

随着城市雨洪进行，地下建筑防洪门前形成积水，积水高为 h_c，防洪门门槛高度为 P，竖向开口尺寸为 d（图 12-5），那么：

当 $h_c<P$ 时，防洪门处不存在溢流，流量 $q=0$；

当 $P<h_c<P+d$ 时，防洪门处存在溢流，防洪门内侧逐渐形成积水。一般防洪门厚度 $\delta<0.67$（h_c-P），故可认为发生薄壁堰自由溢流。

薄壁堰自由溢流的流量公式为

$$q=m_0 b\sqrt{2g}(h_c-P)^{3/2} \quad (12\text{-}6)$$

其中，流量系数 m_0 由巴赞经验公式计算：

$$m_0 = \left(0.405 + \frac{0.0027}{h_c - P}\right)\left[1 + 0.55\left(\frac{h_c - P}{h_c}\right)^2\right] \quad (12\text{-}7)$$

12.2.3　防洪门自由出流（薄壁大孔口自由出流）

当 $h_c > P + d$ 时，防洪门外侧被淹没，防洪门内侧出流，积水继续累积，水深为 h_2。一般有 $d > 0.1(h_c - P - d/2)$，故可视为薄壁大孔口出流。

当 $h_2 < P + d$ 时，洪水经防洪门流入大气，可视为薄壁大孔口自由出流。

薄壁大孔口自由出流的流量公式为

$$q = \mu db\sqrt{2g\left(h_c - P - \frac{d}{2}\right)} \quad (12\text{-}8)$$

式中，μ 为流量系数，此处对于全部不完善收缩，取 0.70；db 为防洪门的面积，m^2。注意，当 $P < h_2 < P + d$ 时，由于防洪门内侧部分被淹没，d 是逐渐减小的。

12.2.4　防洪门淹没出流（薄壁孔口淹没出流）

当 $h_2 > P + d$ 时，防洪门左右两侧均被淹没，此时洪水经防洪门流入水体，可视为薄壁孔口淹没出流。

薄壁孔口淹没出流的流量公式为

$$q = \mu db\sqrt{2gz_0} \quad (12\text{-}9)$$

忽略洪水经过防洪门前后的流速差，z_0 取 $h_c - h_2$，μ 取 0.70。

12.2.5　地下建筑排水

由于建筑物底部高程较低，积水无法自流排出，需要通过水泵抽水排出。排水强度依据水泵的核定抽水能力和相应的水头差计算得到。

$$Q = \frac{P\eta}{rH} \quad (12\text{-}10)$$

式中，P 为轴功率，W；H 为扬程，m；r 为浆体重度，N/m³；η 为水泵的效率。

12.3　雨洪蓄滞设施模块

12.3.1　渗透过程计算

雨水利用设施可以分为渗透和蓄滞两大类。一般渗透设施包括透水铺装、渗透池、渗透井、渗透沟，并且渗透面可以由底面、侧面组合，如图 12-6 所示。

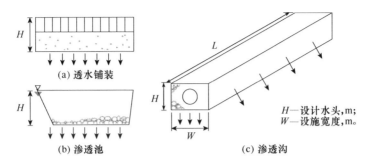

图 12-6　透水铺装、渗透池、渗透沟的概化图

理论上，各类渗透设施的入渗强度可以通过求解饱和-非饱和土壤水运动的 Richards 方程来计算，直角坐标系和以 z 轴为轴的柱坐标系下方程的形式如下，其中 z 轴取向下为正。

$$C(\psi_m)\frac{\partial \psi_m}{\partial t} = \frac{\partial}{\partial x}\left[K(\psi_m)\frac{\partial \psi_m}{\partial x}\right] + \frac{\partial}{\partial z}\left[K(\psi_m)\frac{\partial(\psi_m - z)}{\partial z}\right] \quad (12\text{-}11)$$

$$C(\psi_m)\frac{\partial \psi_m}{\partial t} = \frac{1}{r}\frac{\partial}{\partial r}\left[K(\psi_m) \cdot r\frac{\partial \psi_m}{\partial r}\right] + \frac{1}{r^2}\frac{\partial}{\partial \varphi}\left[K(\psi_m)\frac{\partial \psi_m}{\partial \varphi}\right] \\
+ \frac{\partial}{\partial z}\left[K(\psi_m)\frac{\partial(\psi_m - z)}{\partial z}\right] \quad (12\text{-}12)$$

式中，ψ_m 为土壤基质势，m；$K(\psi_m)$ 为非饱和土壤导水率，m/s；$C(\psi_m)$ 为土壤比水容量，m^{-1}；x、y、z、r 和 φ 为各自坐标系下的坐标。

设施大小、工作水头高低、土壤渗透性强弱、地下水位高低等都会影响入渗强度。基于以往研究结果，对各类设施进行概化，通过二维饱和-非饱和土壤水运动数值计算，求解各种土壤、设施形状、设计水头下入渗强度。单位渗透设施（单位长度或单位面积）的稳定入渗强度定义为设施的入渗能力，假定土壤是各向同性的，则稳定条件下 Richards 方程形式如下：

$$0 = \frac{\partial}{\partial x}\left[K(\psi_m)\frac{\partial \psi_m}{\partial x}\right] + \frac{\partial}{\partial z}\left[K(\psi_m)\frac{\partial(\psi_m - z)}{\partial z}\right] \quad (12\text{-}13)$$

非饱和土壤导水率与饱和土壤导水率与土壤含水量相关，可以写成与饱和土壤导水率 K_0 和土壤相对导水率 $\mathrm{kr}(\psi_m)$ 的函数，如下：

$$K(\psi_m) = K_0 \cdot \mathrm{kr}(\psi_m) \quad (12\text{-}14)$$

对于以 z 轴对称且横截面为矩形的渗透设施，取一半单位截面进行数值计算，计算范围及边界条件如图 12-7 和式（12-15）所示。

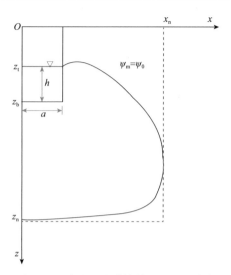

图 12-7 渗透设施计算范围及边界条件

$$\begin{cases} 0 \leqslant z \leqslant z_n, & x=x_n, & \psi_m=\psi_0 \text{ 或 } \dfrac{\partial \psi_m}{\partial x}=0 \\ z=z_n, & 0 \leqslant x \leqslant x_n, & \psi_m=\psi_0 \\ z=0, & x>a, & \psi_m=\psi_0 \\ z=z_b, & x \leqslant a, & \psi_m=h \\ z_t \leqslant z \leqslant z_b, & x=a, & \psi_m=z_b-z_t \\ 0 \leqslant z \leqslant z_b, & x=a, & \dfrac{\partial \psi_m}{\partial x}=0 \\ z_b \leqslant z \leqslant z_n, & x=0, & \dfrac{\partial \psi_m}{\partial x}=0 \end{cases} \quad (12\text{-}15)$$

式中，z_b 为渗透设施底部高程，m；z_t 为渗透设施工作水位高程，m；h 为渗透设施工作水头，m；a 为渗透设施底部宽度（对于渗透井则为直径）的一半，m；x_n、z_n 分别为 x、z 方向的计算边界；ψ_0 为土壤田间持水率对应的基质势。

定义设施的比渗透能力为设施的稳定入渗能力与饱和渗透系数的比值，则比渗透能力可以通过积分渗透设施地面和侧面渗透面得到：

$$K_f = \frac{q}{K_0} = 2\left[\int_{x=0}^{x=a} \left| k_r(\psi_m) \cdot \frac{\Delta(\psi_m-z)}{\Delta z} \right|_{z=z_b} dx + \int_{z=z_t}^{z=z_b} \left| k_r(\psi_m) \cdot \frac{\Delta(\psi_m)}{\Delta x} \right|_{x=x_a} dz \right]$$

(12-16)

典型土壤、不同渗透设施长度下比渗透能力与设计水头的关系如图 12-8 所示。从图中可以看到，在给定渗透设施长度后，比渗透能力与设计水头呈线性关系，可以写成

$$K_f = \alpha h + \beta \quad (12\text{-}17)$$

式中，α、β 为参数，与土壤性质相关。

渗透设施具有一定的存储雨洪的能力，因此对于削减城市洪峰也有重要的作用，可以通过连续性方程描述

$$\frac{\mathrm{d}S}{\mathrm{d}t}=i-qL=i-LK_0(\alpha h+\beta) \quad (12\text{-}18)$$

式中，S 为储水量，m^3；t 为时间，s；i 为入流量，m^3/s。该式描述了渗透设施在城市雨洪计算中的水量渗透过程，可用于定量分析入渗设施的入渗能力。

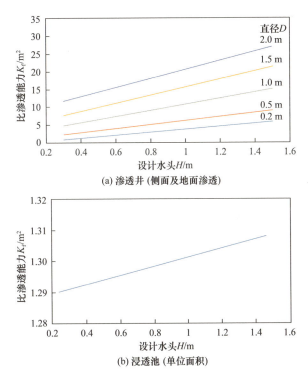

图 12-8 典型土壤、不同渗透设施长度下比渗透能力与设计水头的关系

12.3.2 蓄滞过程计算

雨水蓄滞包括滞留和蓄存，基本原理是利用天然形成的或者人工修建、改造的蓄水空间，将收集的雨水临时滞留或长期存储。蓄滞设施种类很多，常见的滞蓄设施有屋顶、绿地、塘洼和人工蓄水池。蓄滞池可以概化为图 12-9，蓄滞水量的主要来源是管道收集的雨洪，水量损失主要为管道排水、水泵排水及蒸发。若蓄滞设施未采用防渗措施，则还有入渗损失。

采用下面的水量平衡关系来计算蓄滞池的蓄滞和排水过程：

$$\frac{\mathrm{d}V}{\mathrm{d}t}=Q_{\mathrm{in}}-Q_{\mathrm{out}}-Q_{\mathrm{inf}}-Q_{\mathrm{b}}-E \quad (12\text{-}19)$$

式中，V 为蓄滞池储蓄水量，m³；Q_{in} 为管道入流量，m³/s；Q_{out} 为管道出流量，m³/s；Q_{inf} 为入渗量，m³/s；Q_b 为水泵抽水量，m³/s；E 为水面蒸发量，m³/s。

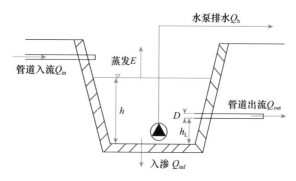

图 12-9 蓄滞池概化图

管道出流计算采用下式：

$$Q_{out} = \begin{cases} 1.7D(h-h_L)^{3/2}, & h_L < h \leqslant h_L+1.2D \\ 0.126+0.236(h-0.88), & h_L+1.2D < h < h_L+1.8D \\ 0.6D\sqrt{2g(h-h_L-0.5D)}, & h \geqslant h_L+1.8D \end{cases} \quad (12-20)$$

式中，D 为管道直径，m；h 为蓄滞池水位，m；g 为重力加速度，m/s²；h_L 为管道底部距蓄滞池高度，m。

蒸发量若有蒸发皿观测资料，则采用半经验公式计算：

$$E = \alpha E_{pan} A \quad (12-21)$$

式中，α 为折算系数；E_{pan} 为蒸发皿观测的单位面积蒸发强度，m/s；A 为水面面积，m²。

水泵的排水量由水泵的设计流量确定，入渗量采用下式计算：

$$Q_{inf} = K \frac{h}{T} A \quad (12-22)$$

式中，K 为砌衬材料的导水率，m/s；T 为砌衬厚度，m；A 为湿周，m。

12.4 城市蓄滞洪区模块

城市蓄滞洪区是一项有效的雨洪控制与利用措施。传统上，城市蓄滞洪区属于城市防洪体系中的重要组成部分，是保障城市防洪安全、减轻灾害损失的有效措施。在"海绵城市"理念的要求下，城市蓄滞洪区经过良好的设计，还可以发挥降解水污染、补充地下水、营造水景观、调节局地微气候、保持生物多样性等多种功能，转变为一项典型的绿色基础设施。目前，针对蓄滞洪区单一功能的定量研究和多功能的定性研究较多，但关于其多功能利用效果及其综合效益的定量研究还很缺乏。本节针对城市蓄滞洪区的 3 个典型功能——洪水控制、地下回补和景观营造，构建了城市蓄滞洪区概念模型。

城市蓄滞洪区在概念上可划分为净水区、景观区、回补区和退水区 4 个区域，如图 12-10 所示。

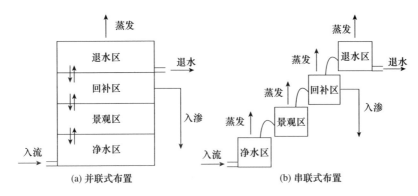

图 12-10　城市蓄滞洪区概念模型图

蓄滞洪区 4 个功能分区可以沿高程方向布置（并联式），也可以沿水平方向布置（串联式）或采用混合式。布置形式将影响各功能区能否自动补给上一功能区，以及水面是否暴露于空气中。暴露于空气中的水面要考虑水量的蒸发作用。

根据蓄滞洪区概念模型进行水量平衡计算，可得到任意时刻 t 各功能区的蓄水量及各项通量，对结果进行再分析即可得到任意时刻 t 的蓄滞洪区防洪蓄滞水量、地下回补水量和景观营造水量。

防洪蓄滞水量 $TV_{fc}(t)$：等于累积的蓄滞洪区入流量。

地下回补水量 $TV_{gr}(t)$：等于累积的回补区入渗量。

景观营造水量 $TV_{wc}(t)$：等于累积的景观区增加水量。

第四部分
城市气象和水热模拟技术的应用

第 13 章　城区气象模拟系统及其应用

近年来，城市热环境对居民生活舒适度的影响越来越大，持续的高温天气即热浪天气甚至已经成为一种严重的气象灾害。本章以北京市为研究对象，首先对 60 年的热浪天气和热岛效应进行了统计分析；然后基于中尺度气象模式 WRF-Turban 构建了北京城区气象模拟系统，主要分析了绿化屋顶措施和城市发展形态对热环境的影响。

13.1　热浪天气与城市热岛效应

热浪天气是指持续发生的高温天气，是具有危害性的气象灾害之一。热浪天气会为局地区域带来静滞的高压天气，使受影响区域整体风速较低，这减弱了对流降温作用，并将进一步使气温及地表温度增高（Ackerman and Knox，2002）。Anderson 和 Bell（2011）的研究表明，在热浪天气条件下，气温每升高 1K，死亡危险度将提高 4.5%；而热浪天气每增加 1 天，死亡危险度将增加 0.38%。2003 年夏天，欧洲陆地区域曾遭受热浪天气袭击。Li 和 Bou-Zeid（2013）的研究表明，热浪天气与城市热岛效应对城市地区的影响并非简单的叠加，而是存在协同效应，即热浪天气的影响会因为城市热岛效应得到加强，进而对城市造成更大的危害。北京作为我国的首都，政治社会地位突出，其超大型城市的特点使其存在显著的城市热岛效应（Yu et al.，2005）。因此，研究热浪天气下北京城市热岛效应及相应的应对措施，具有较强的科学意义和现实价值。

本节研究利用 Zhou 和 Shepherd（2010）针对局地区域提出的热浪定义方法，利用北京地区 1950～2010 年的气象数据，对热浪发生的频率、强度、持续时间等进行了统计分析。该方法对热浪天气的定义基于每日最高气温序列的两个特征统计值：T_1 指 97.5% 的分位数，T_2 指 81% 的分位数，最长的满足以下 3 个条件的时期即为热浪天气时期：

（1）该时期内至少有 3 天的日最高气温高于 T_1。
（2）该时期内日最高气温的平均值高于 T_1。
（3）该时期内每天日最高气温均高于 T_2。

根据该方法，利用国家气象观测站网中北京观象台站 1950～2010 年的长系列气象数据，得到图 13-1 所示逐年热浪天气发生频次、总持续天数、最长持续天数和最短持续天数的统计结果。

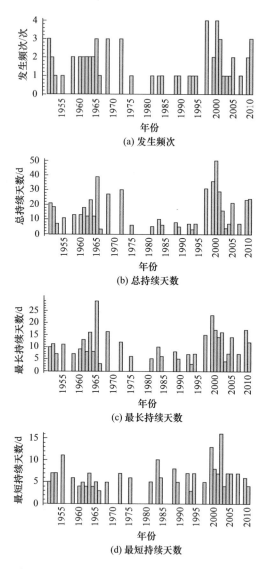

图 13-1　1951～2010 年北京热浪天气统计结果

图 13-1（a）展示了统计期内各年份北京地区发生热浪天气的频次，由该图可知在 20 世纪 70 年代之前，热浪天气发生频次较高，之后的 30 年间较低，进入 2000 年以来，热浪天气又进入一个频发期。图 13-1（b）展示了统计期内各年份热浪天气的总持续天数，该图反映的趋势与图 13-1（a）相似，即 20 世纪 70 年代之前及 2000 年以来为热浪天气强度较高的时期，1970～2000 年热浪天气

强度较低。图 13-1（c）和（d）分别展示了统计期内各年份中热浪天气最长和最短持续天数，与图 13-1（a）和（b）类似，最长和最短持续天数也呈现统计期内前后时段较长、中间时段较短的特点。值得注意的是，图 13-1 反映出进入 2000 年以来热浪天气频发，且持续时间较长。联合国政府间气候变化专门委员会根据全球气候模式也有类似的结论，即进入 21 世纪后，热浪天气的发生频率及持续时间都增加（Solomon et al., 2007）。此外，该段时期内北京城市化进程迅速（侯爱中，2012），随之而来的城市热岛效应与热浪天气的协同作用也更值得关注。

另外，本节研究还以北京城区 2008~2012 年夏季发生的 98 次降雨过程为例，统计了城市热岛效应与北京城区降雨过程的相关关系。其中城市热岛效应记录的是降雨过程开始前城区的气温状况，用于表示降雨过程发生前期的天气条件，结果如图 13-2 所示。研究发现，共有 75 场（77%）降雨过程的累积雨量受城市下垫面的影响而增加，而其中有 54 场（72%）降雨过程的前期存在明显的城市热岛效应。这进一步表明城市热环境对其他气象条件有复杂的次生影响。

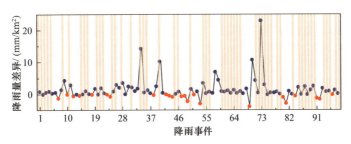

注：蓝点表示降雨增加；红点表示降雨减少；黄色阴影表示该场降雨前期存在显著的城市热岛效应。

图 13-2 城市热岛效应与北京城区降雨事件的统计图

13.2 模式设置与验证

13.2.1 模式设置

利用包含城市陆面过程的中尺度气象模式（简称 WRF-Turban），本节研究选择 2010 年 7 月热浪天气当中的 3 天［2010 年 7 月 4 日 00:00（UTC）~2010 年 7 月 6 日 24:00（UTC）］为模拟时段，采用 3 层单向嵌套网格方式，对包含北京城市的区域进行了模拟。在 3 天的模拟时段中，2010 年 7 月 4 日 00:00（UTC）开始的 8 h 作为预热时段，之后的 48 h 对应北京标准时间 2010 年 7 月 5 日 00:00~2010 年 7 月 6 日 24:00 作为研究时段。

参考 Li 和 Bou-Zeid（2013）对热浪天气下热岛效应进行 WRF 模拟的设置，

本节研究选择了表 13-1 所示的物理参数化方案。其中，Noah 陆面过程中针对城市区域开启改进的城市陆面过程模型 PUCM。

表 13-1　模拟选取的 WRF 不同物理过程的参数化方案及代码

物理过程	参数化方案	WRF 方案代码
大气长波辐射	RRTM	1
大气短波辐射	Dudhia	1
行星边界层	Eta Similarity	2
近地表面层	MYJ	2
一般陆面过程	Noah	2
城市陆面过程	PUCM	1*
云微物理	WSM3	3
积云	（关闭）	（0）

注：本节研究用 PUCM 替换了 WRF 自带的 UCM，故沿用 UCM 的方案代码。

模拟设置的 WRF 中 3 类城市下垫面几何及成分属性参数如表 13-2 所示，根据 Wang 等（2013）相应的物理参数设置如表 13-3 所示。根据本节的研究目的，模拟中考虑了不同绿化屋顶覆盖率的情景，因此在 PUCM 的成分设置中从 0 到 100% 范围，选择 0、10%、20%、50%、80% 和 100% 进行了模拟。

表 13-2　模拟设置的 WRF 中 3 类城市下垫面几何及成分属性参数

物理量	低密度居住区	高密度居住区	工商业区
建筑高度 /m	8.0	12.1	16.0
建筑高度标准差 /m	3.0	9.0	10.0
屋顶宽度 /m	12.0	14.0	16.0
路面宽度 /m	12.0	14.0	16.0
城市下垫面比例	0.5	0.9	0.95
屋顶子类型比例 （普通，绿化）	根据模拟方案选择 0、0.1、0.2、0.5、0.8、1.0		
墙壁子类型比例 （砖石，玻璃）	0.9，0.1		
地面子类型比例 （混凝土，沥青，草地）	0.5，0.3，0.2		

表 13-3 模拟设置的 WRF 中 3 类城市下垫面材料热力学及水文属性参数

物理量	屋顶		墙壁		地面		
	普通	绿化	砖石	玻璃	混凝土	沥青	草地
热容量 /[MJ/(m³·K)]	2.0	1.9	1.2	1.2	2.4	1.0	1.2
热导率 /[W/(m·K)]	1.0	1.1	1.3	1.3	1.8	1.2	1.2
反射率	0.3	0.3	0.25	0.25	0.4	0.15	0.1
散射率	0.95	0.95	0.95	0.95	0.95	0.95	0.93
饱和含水量 /(m³/m³)	—	0.66	—	—	—	—	0.48
凋萎含水量 /(m³/m³)	—	0.05	—	—	—	—	0.15
饱和导水率 /(m/h)	—	0.42	—	—	—	—	0.12

13.2.2 模式验证

为了评价 WRF-Turban 的表现，本节研究选择北京市气象网中城区包含的 48 个站点距地面 2 m 的空气温度数据和 32 个站点距地面 2 m 的空气比湿数据分别与模型结果绿化屋顶比例为 0 情景中对应站点网格处的 T_2 和 Q_2 变量进行了对比。需要说明的是，部分站点在模型时段内空气比湿数据缺失，因而用于对比 Q_2 变量的站点数量相对较少。

图 13-3 展示了北京地区 48 个气象站距地面 2 m 空气温度观测值与 WRF 模拟结果的对比。从该图可知，就对比站点整体而言，WRF-Turban 对空气温度具有较好的模拟效果，可以较准确地模拟出日间最高温度，且对于空气温度的时序发展也有较好的模拟效果，但是对于较多站点的夜间温度模拟值偏高。

图 13-4 展示了北京地区 32 个气象站距地面 2 m 空气比湿观测值与 WRF 模拟结果的对比。从该图可知，WRF-Turban 对空气比湿的模拟在大部分站点不够理想，但模拟结果与实测值量级相符，无较大偏差。考虑各站点所测空气比湿局地性非常强，对于本节研究模拟所用的最小网格尺度（1 km）而言代表性有限，因而认为 WRF-Turban 对空气比湿具有合理的模拟效果。

由图 13-4 中结果可知，WRF-Turban 在白天、夜晚模拟效果差异明显，因此图 13-5（a）、(b) 分别对 T_2 和 Q_2 的日夜模拟结果进行了线性回归评价。由图 13-5（a）线性回归方程的系数可知，WRF-Turban 的日间模拟结果略偏低，而夜间偏高；相应的回归确定性系数 R^2 较高，反映出对空气温度 WRF-Turban 的模拟效果较好。图 13-5（b）反映出 WRF-Turban 可以在合理范围内模拟出空气比湿，但线性关系不明显。

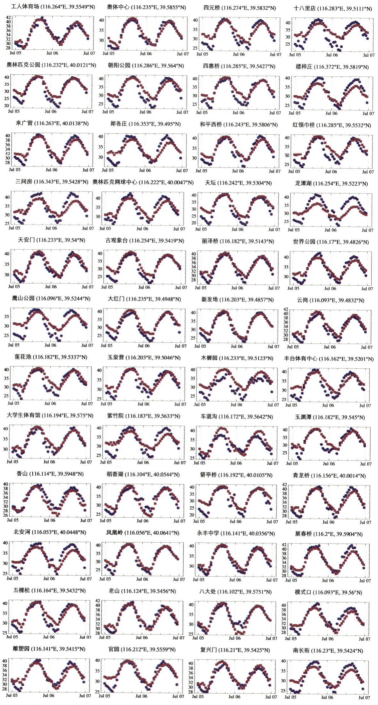

注：●观测值；■WRF模拟结果；横坐标为当地时间；纵坐标为空气温度，℃。

图 13-3　北京地区 48 个气象站距地面 2 m 空气温度观测值与 WRF 模拟结果的对比

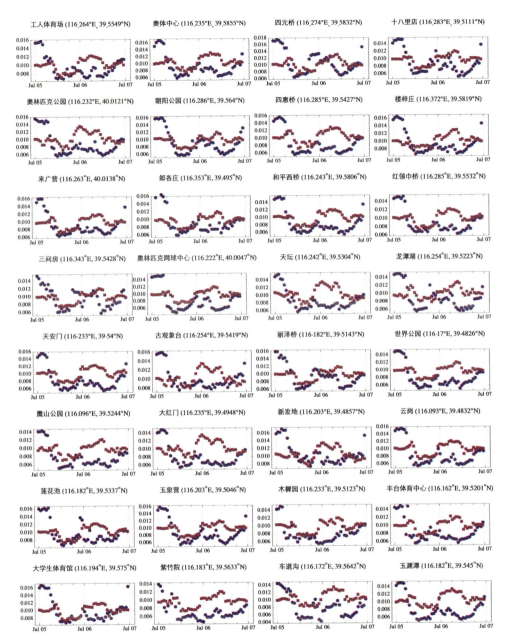

注：●观测值；■WRF模拟结果；横坐标为当地时间；纵坐标为空气比湿，kg/kg。

图 13-4 北京地区 32 个气象站距地面 2 m 空气比湿观测值与 WRF 模拟结果的对比

综合以上对比结果，考虑本节研究基于热浪天气的背景，重点在于对空气温度的模拟，故而认为 WRF-Turban 可以满足本节研究模拟的需要。

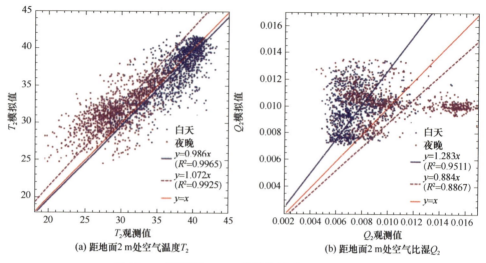

图 13-5 观测值与 WRF 模拟值的对比及回归关系

13.3 绿化屋顶对微气象和热岛效应的影响

13.3.1 绿化屋顶对微气象要素的影响

图 13-6 展示了研究时段内，无绿化屋顶与屋顶 50% 绿化两种情景（分别简称为"普通"和"绿化"）下，距地面 2 m 处空气温度 T_2 和空气比湿 Q_2 及距地面 10 m 处合成风速 UV_{10} 在城市所有下垫面网格（即土地利用类型代码为 31、32 和 33 的下垫面）空间平均值的对比结果。该结果反映了增加城市下垫面水分（屋顶 50% 绿化）对微气象要素的影响效果。

由图 13-6（a）可知，增加城市下垫面水分会有效降低空气温度，在模拟时段内对空气温度的最大降幅可达 2.5 ℃。由图 13-6（b）可知，增加城市下垫面水分同样会增加下垫面上方的空气比湿，最大增幅可达 0.002 kg/kg。由图 13-6（c）可知，城市下垫面上方的风速在增加下垫面水分的情景下会显著降低，最大降幅可达 1.2 m/s。

13.3.2 绿化屋顶覆盖比例对微气象要素的影响

图 13-7（a）~（d）分别展示了研究时段内，在城市下垫面网格上进行空间平均后，T_2 时间平均值 T_{2mean}、T_2 日间最大值 T_{2max}、Q_2 时间平均值 Q_{2mean} 和合成风速 UV_{10} 时间平均值 UV_{10mean} 对应不同绿化屋顶覆盖率相比于无绿化屋顶情景的变化量。需要注意的是，图 13-7（a）、(b) 和（d）分别展示了 T_{2mean}、T_{2max} 和 UV_{10mean} 的降低量，而图 13-7（c）展示了 Q_{2mean} 的增加量。从图 13-7（a）和（b）

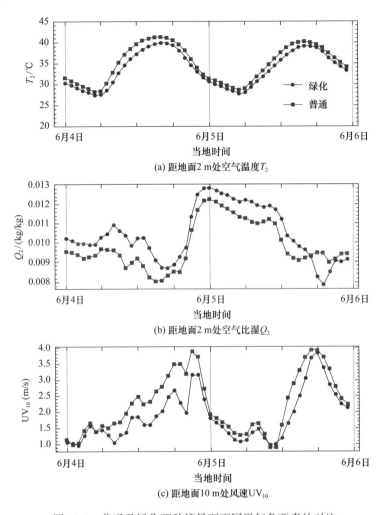

图 13-6 普通及绿化两种情景下不同微气象要素的对比

可以看出，增加绿化屋顶覆盖率可以降低空气温度：若要平均气温降低 1 ℃，需要 64.1% 的绿化屋顶覆盖率；而 41.5% 的绿化屋顶覆盖率可使日间最高气温降低 1 ℃。由图 13-7（c）可知，增加绿化屋顶覆盖率可以增加空气比湿，82.2% 的绿化屋顶覆盖率将使空气比湿增加 0.001 kg/kg。图 13-7（d）反映出，增加绿化屋顶覆盖率可以降低风速，要使距地面 10 m 处的风速降低 0.1 m/s，须实现 23.4% 的绿化屋顶覆盖率。图 13-7 整体反映出绿化屋顶覆盖率与上述各微气象要素间呈现良好的线性正相关关系，这表明增加绿化屋顶覆盖率将会等比例地带来微气象要素的变化。

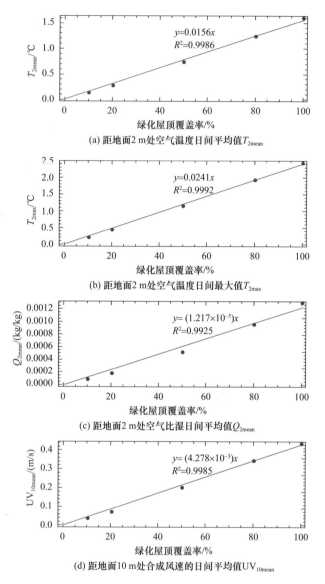

图 13-7 城市地区微气象要素变化量与屋顶绿化比例的变化关系

13.3.3 绿化屋顶对城市热岛效应的影响

本节对研究时段内前 24 h，普通与绿化两种情景下，北京市天安门广场所在东西方向 180 km 内模拟区域 d3 内所有格点的 T_2 模拟结果进行分析。根据下垫面类型，该分析区域从西向东可大致分为山地、城市、农田 3 类区域。图 13-8（a）展示了普通情景下，研究区域内空气温度的发展过程：0:00～4:00 研究区域内呈现整体降温过程，城市地区气温较高，存在热岛效应；4:00~8:00气温升高，热岛效应变得不明显；8:00~16:00整体温度继续升高，城市、农田区域比山地温度高，热岛效应不明显；16:00~24:00进入傍晚及夜间的降温过程，农田、山地区域降温速度高于城市，整体呈现非常明显的热岛效应。图13-8（b）展示了绿化情景下的空气温度发展过程，与图13-8(a)所反映情景对比，主要区别在于：白天城市地区的升温速度低于周边区域；夜间城市热岛效应尽管存在，但强度明显偏低［图13-8（a）中20:00城乡平均气温差异为5.9℃，图13-8（b）中为3.2℃］。综上可知，增加城市下垫面水分可以有效改善城市热岛效应。

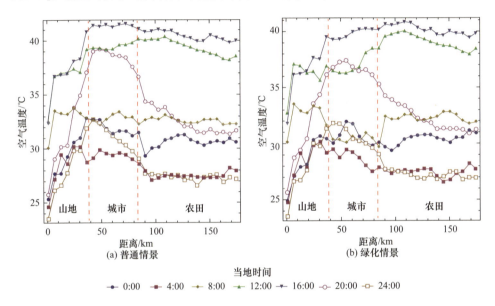

图13-8 天安门所在位置东西方向180 km范围内，空气温度在2010年7月5日内的发展情况

13.3.4 影响机理分析

由以上结果可知，在热浪天气条件下，以增加绿化屋顶覆盖率的方式改变城市下垫面水分条件，可以给城市微气候带来明显的变化。而这一变化的机理，从根本上与城市地区能量分配方式的改变有密切联系。对于实际的城市地区，其区域能量平衡不仅与垂直方向的下垫面能量分配方式有关，还与水平方向的邻近区域热对流效应有关。因此，本节从垂直方向的能量分配方式和水平方向的区域对流模式两方面，对城市下垫面改变带来微气候变化的机理进行分析。

净辐射与地表热通量之间的归一化滞回曲线可以反映下垫面水分情况：当滞回曲线呈顺时针方向发展时，其形状越宽阔，则反映下垫面越干燥。图13-9展示了基于WRF模拟结果的日间无因次化 $\tilde{R}_n$ 与 $\tilde{G}_0$ 之间的滞回关系曲线。由

图 13-9 可见,两种情景下滞回曲线均呈顺时针方向发展,普通情景的滞回曲线形状较绿化情景更为宽阔,这说明绿化情景中城市下垫面的水分得到了明显增加。

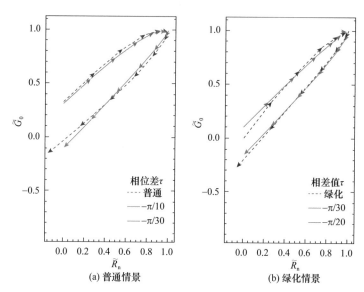

注:代表模拟结果的曲线以虚线表示;理论分析的曲线以实线表示;箭头表示曲线随时间的发展方向。

图 13-9 基于 WRF 模拟结果的日间无因次化 $\tilde{R}_n$ 与 $\tilde{G}_0$ 之间的滞回关系曲线

图 13-10 分别反映了研究时段内,普通和绿化两种情景下,城市所有下垫面格点垂向地表能量平衡收支项净辐射 R_n、显热通量 H 和热通值 G_0 的时序变化情况。从图 13-10（a）、（c）可知,改变城市下垫面水分条件,对净辐射 R_n 和热通量 G_0 的影响较小,增加水分会使 R_n 在白天略降低而在夜间略增大,也会使 G_0 在整个研究时段均增大。从图 13-10（b）可知,改变水分条件对显热通量 H 有非常明显的影响:增大下垫面水分条件会使显热通量 H 显著降低。

根据地表能量关系 $R_n-G=H+LE$ 及图 13-10 反映的地表能量平衡收支项的对比情况可知,改变城市下垫面水分条件会带来潜热通量 LE 非常显著的变化。在可支配能量 R_n-G 一定的情况下,增加下垫面水分使地表能量分配方式由显热通量主导向显热通量 H、潜热通量 LE 共同支配的方向发生转变。由于显热 H 通量的影响体现在进行热量的湍流输送上,进而加热地表上方空气,改变下垫面水分条件会使热量的湍流输送强度降低,进而会降低空气温度。另外,地表上方显热湍流输送和对流机械切变共同影响地表上方风速,而热浪天气下对流机械切变作用较弱（Ackerman and Knox,2002）,因此减小显热湍流输送将降低地表上方风速[图 13-10（c）]。对于潜热通量 LE,其影响体现在进行水分的湍流输送,因此,在保证能量供给的条件下增加下垫面水分含量,将使下垫面可利用能量更多地分配于蒸散发，从而减少对空气的加热作用。此外，根据 Bateni 和 Entekhabi（2012）的研究结果，当空气温度较高时，地表对于潜热通量 LE 的分配效率会高于显热通量 H。在热浪天气条件下，增加下垫面水分含量，更有利于地表蒸散发过程，也将更有效地降低地表对空气的加热作用，故而将对城市热岛效应带来抑制效果。

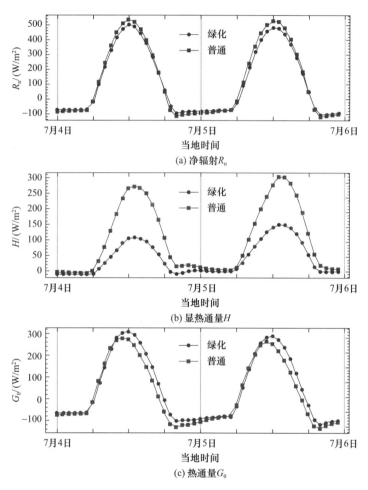

图 13-10　普通及绿化情景下城市区域不同地表能量平衡要素的对比

水平方向的城市与郊区热对流作用和城市热岛效应有密切联系。如图 13-11 所示，由于城市热岛效应，在城市近地区域发生气流辐合，而在城市高空区域发生气流分散。这一作用会将郊区的冷空气带入城区，因而对城市热岛效应有抑制作用。根据 Hidalgo 等（2008）在法国图卢兹的观测结果，以上所述城乡环流的影响范围可达城区占地范围的 2~3 倍。然而在热浪天气条件下，城乡区域均处于高温影响范围内，且该范围内近地风速较低（Ackerman and Knox，2002），这

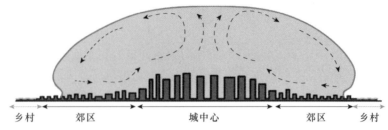

图 13-11 城市热岛效应带来的区域城乡环流

[修改自 Klein（2012）]

有可能影响城乡环流对城市热岛效应的抑制效果。同时，由于城乡区域整体温度较高，城乡环流也有可能将郊区高温空气带入城区，在水平方向对城区空气进行加热。因此，在热浪天气条件下，需要具体分析水平方向的城乡环流作用对城市区域的综合影响效果。

图 13-12 反映了研究时段内 3 个时刻（当地时间 2010 年 7 月 5 日 8:00、16:00 和 24:00），普通和绿化两种情景下，包含北京市区（图中虚线区域）的模拟区域 d03 中距地面 2 m 空气温度与距地面 10 m 风速风向的情况。从图 13-12（a）、（c）、（e）可知，在无绿化屋顶情景下，模拟区域内气温较高，说明热浪天气对整个区域都有影响。图 13-12（c）可反映出，区域对流可将城市周边热空气带入城区当中，在地面垂向加热基础上，对城市区域的近地空气进一步进行加热。对比图 13-12（b）、（d）、（f）与图 13-12（a）、（c）、（e）可以看出，通过绿化屋顶增加城市下垫面水分后，不仅城市区域的气温因为上述地表能量分配方式改变的原因得到降低，而且区域对流方式也发生了改变。从图 13-12（b）、（d）可以发现，白天城市区域未受到周边区域热空气对流加热的影响。从图 13-12（f）可以发现，尽管夜晚城市区域较周围地区气温较高，但由于城市以东方向夜间冷空气对流的影响较为深入，与图 13-12（e）对比其空间平均气温较低，这说明改变的区域对流模式也改善了城市热岛效应在夜间的不利影响。

综上所述，以绿化屋顶改变城市下垫面水分条件，既在垂直方向上改变了地表能量分配方式，也在水平方向上改变了区域对流模式。二者协同作用的结果是：通过增加潜热通量降低显热通量的强度，既减弱了地表对空气的加热，也降低了热量湍流输送带来的风速，进而改变了区域对流模式，使水平方向对城区进行加热的空气对流在白天减弱，而进行降温的空气对流在夜间增强，从而在总体上改善了热浪天气条件下城市热岛效应的不利影响。

13.4　城市发展形态对城市热环境的影响

本节借助中尺度气象模式，对北京 2050 年的城市热环境进行了研究，以关

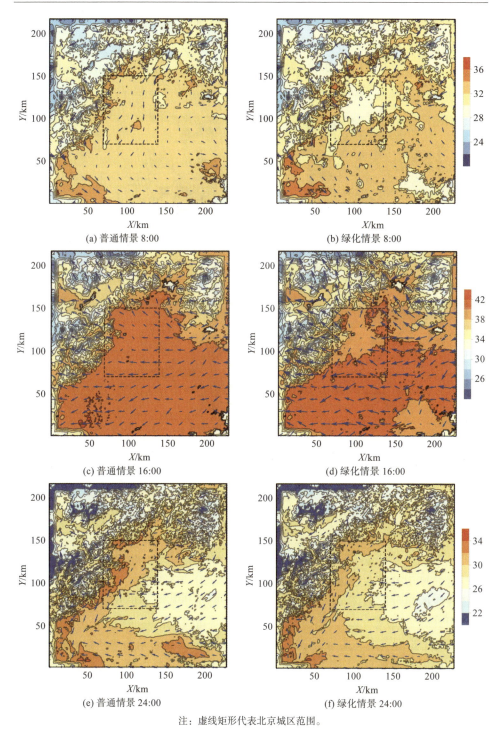

注：虚线矩形代表北京城区范围。

图 13-12 普通及绿化两种情景下近地空气温度（色差等高线表示）和风速在当地时间 2010 年 7 月 5 日 8:00、16:00 和 24:00 的对比

注未来气候变化及城市扩张对城市局部和区域热负荷的影响规律。对于城市扩张，着重考虑了城市不同发展形态的影响。以北京为例，城市的形态正在逐步由一个单中心的城市布局向多中心的城市布局进行转变，如图 13-13 所示。预计到 2050 年，北京城市建筑面积将会在现有基础上增加很多。

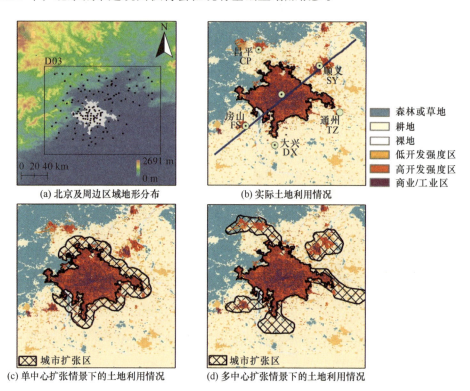

图 13-13 北京市不同城市发展形态对比

图 13-14 显示了模型模拟的不同城市形态下热岛强度随时间的变化。从图中可以看出，对于热浪天气，在 2050 年的气候状态下，北京地区将会存在非常显著的热岛效应，城区平均气温要比郊区高 2~4℃。然而，不同城市形态下热岛效应的强度略有不同。与单中心的城市相比，多中心城市的热岛强度要低 0.5~1.0℃，这就表明多中心的城市可以有效缓解城区的热负荷。

图 13-15 显示了未来城市空间区域内热负荷的对比。从图中可以看出，随着空间范围的不断扩张，地区的平均气温及热感指标呈现指数衰减的趋势。多中心城市情景下区域的热负荷要显著高于单中心的城市。这就表明多中心的城市形态虽然能够有效缓解城区热负荷，但是使整个城市所在区域的热负荷出现显著增加，产生显著的区域气候效应。

图 13-16 对城市不同发展形态对局部及区域热负荷的影响进行了总结。简单

第 13 章　城区气象模拟系统及其应用

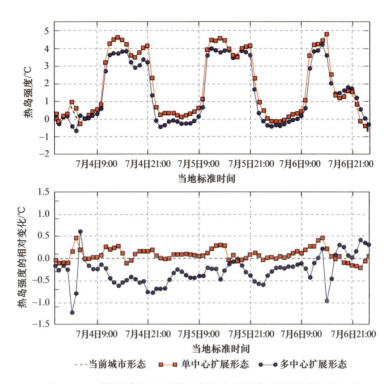

图 13-14　模型模拟的不同城市形态下热岛强度随时间的变化

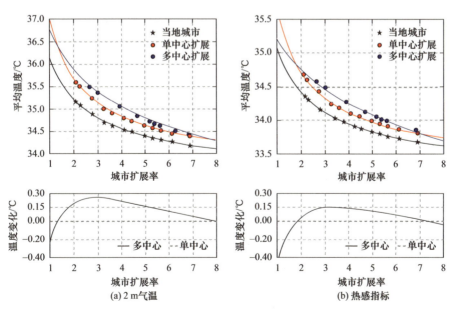

(a) 2 m 气温　　　　　　　　　(b) 热感指标

注：横坐标为未来城市的空间范围相对于现阶段城市空间范围的比例系数。

图 13-15　未来城市空间区域内热负荷的对比

来讲,与多中心城市相比,单中心城市会缓解区域的热负荷,约 0.20℃;然而城市热岛效应在单中心城市会有明显增加,相较于多中心城市,增幅约为 0.25℃。此外,多中心城市增加区域的平均大气边界层厚度,同时也会改变夏季对流性暴雨发生的时空规律。

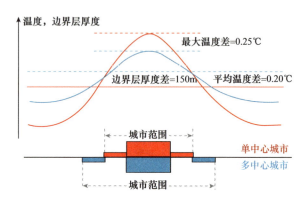

图 13-16 城市不同发展形态对局部及区域热负荷影响示意图

表 13-4 总结了气候变化及城镇化对气温的贡献(贡献率)。可以看出,气候变化对未来城市热负荷的贡献率约为 80%,城市下垫面的扩张贡献率约为 20%。此外,值得注意的是,不同城市形态,即单中心城市和多中心城市,城镇化对气温的贡献率相差不大。这就表明,对于未来城市的热环境,气候变化仍然是一个主导因素,其次是城市下垫面所占区域的面积比例,而城市形态的影响几乎可以忽略。即便如此,我们也要看到不同城市形态对城市局部及区域的热负荷和人体舒适度影响会有非常显著的差别。这也表明,通过合理的城市管理和规划,城市居民的生活环境将会得到显著改善。

表 13-4 气候变化和城镇化对气温的贡献(贡献率)

城市形态	增加的气温 /℃	气候变化贡献 /℃	城镇化贡献 /℃	气候变化和城镇化的耦合贡献 /℃
单中心城市	2.98	2.44(82%)	0.5(17%)	0.04(1%)
多中心城市	2.89	2.44(85%)	0.4(13%)	0.07(2%)

第 14 章　流域精细化洪涝预报系统及其应用

城市精细化洪涝管理是现代城市管理的重要组成部分，而分布式立体化城市雨洪模拟模型可以作为实现精细化洪涝管理的有力工具。本章选取北京清河流域上游区域为研究对象，分析了不同降雨过程的积水状况，诊断了异常积水原因，分析了排除积水所需要的抽水能力，从而全面地展示了分布式立体化模型的应用潜力。

14.1　精细化洪涝管理与洪涝模拟

洪涝管理是现代城市发展过程中保障汛期城市正常运转所必需的，其目标包括相互联系的 3 个方面：一是雨水积蓄利用，即采取工程措施收集雨水以供利用，或增强降雨入渗能力增加对地下水的补给，增加可用水资源量；二是降低洪水风险，即削减城镇化所带来的地表径流量的增加，减少洪水对城镇的负面影响，降低城市自身和下游的洪水风险；三是降低地表积水和地下设施进水风险，减轻道路等的积水对城市功能的影响，消除地下设施进水风险。现代城市存在大量的地下设施，如地铁、地下停车场和地下商场等，一旦进水势必造成极大的人员财产损失。同时，现代城市对积水非常敏感，一处积水便可能引发整个城市交通瘫痪，从而造成巨大损失。以北京市为例，随着城市建设的快速发展，暴雨期积水影响交通的现象时有发生，社会各界强烈要求管理好汛期雨洪、消除积水。

分布式立体化城市雨洪模拟模型在城市洪水管理的 3 个方面都有广泛的应用前景，如可以评价各种低影响开发活动的效果，从而提出优化的雨水利用措施，也可以计算分析雨水利用的潜力，还可以对城市洪水进行模拟，提出城市洪水风险分级等。通过城市洪水模型可以预知积水点，以便提前进行人员设备布控，消除隐患或采取应急强排措施，避免积水；在暴雨期间的实时抢险中还可以诊断积水原因，为快速抢险提供技术支持。

本节研究选择北京城区清河流域上游区域，通过数值试验对分布式立体化城市雨洪模拟模型在雨洪管理中的应用潜力进行分析。具体包括以下内容：

（1）不同降雨过程的积水状况分析：参考市政部门的设计暴雨公式，设计不同历时的典型降雨过程，作为均匀降雨输入城市洪水模型中，应用模型计算分析城区道路节点和地面积水状况。降雨历时选择 30 min、60 min、120 min 共 3 种，降雨的重现期选择 1a、5a、10a 共 3 种，共有 9 种组合降雨情景。

（2）异常积水原因诊断：在排水管网设计能力以内的暴雨情况下，实际上道路仍会发生积水（异常积水），这往往是由雨箅或雨水管道被杂物堵塞、河道水位顶托排水管道造成的。在典型降雨条件下，选择典型立交桥对积水原因进行分析，应用分布式立体化城市雨洪模拟模型建立异常积水原因的快速诊断方法。

（3）排除积水所需抽水能力分析：在正常和异常积水情况下，采用泵站抽水是常用的快速排除积水的方法。应用分布式立体化城市雨洪模拟模型进行计算分析，可以规划典型降雨情况下的泵站位置和抽水能力。

根据道路积水对城市功能的影响，在数值试验分析中设置两个积水深度阈值，即 15 cm 和 30 cm，前者是影响行人正常交通的积水深度阈值，后者是影响小轿车正常行驶的积水深度阈值。

14.2 不同降雨过程的积水状况分析

14.2.1 暴雨过程的情景设计

用于分析计算的暴雨情景的设计思路为：选择不同降雨历时和重现期的组合，采用市政部门的设计暴雨公式计算得到暴雨强度，在设计降雨历时期间作为均匀降雨输入分布式排水模型中，计算分析城区道路和地面积水状况。降雨历时选择 30 min、60 min、120 min 共 3 种，降雨的重现期选择 1a、5a、10a 共 3 种，共有 9 种组合降雨情景。为方便书写，对各情景按照重现期和降雨历时进行编号，即 S-1a-30min 表示重现期 1a、历时 30 min 的暴雨情景。

根据我国现行给水排水设计手册相关规定，用于市政排水系统规划设计的暴雨强度公式有两个，式（14-1）为北京市市政设计院采用数量统计法编制的，式（14-2）为同济大学采用解析法编制的。

$$q = 2001(1+0.811 \lg P)|(t+8)^{0.711} \quad (14\text{-}1)$$

$$i = (10.662+8.842 \lg T_E)|(t+7.857)^{0.679} \quad (14\text{-}2)$$

式中，q 表示设计暴雨强度，L/(s·hm^2)；i 为设计暴雨强度的另一表现形式，mm/min；P 为设计降雨的重现期，a；T_E 为非年最大值法选样的重现期，a；t 为设计降雨历时，min。

可将两个公式计算得到的设计暴雨强度转换为一致的单位 mm/h。经比较，两种结果的差别很小，如表 14-1 所示。后续计算中采用两个公式计算结果的平均值。

表 14-1　北京市不同重现期设计暴雨强度计算结果　　　　（单位：mm/h）

历时/min	采用公式	1a重现期设计暴雨强度	5a重现期设计暴雨强度	10a重现期设计暴雨强度
30	式（14-1）	54.0	85.2	98.4
	式（14-2）	54.0	85.8	99.0
	均值	54.0	85.5	98.7
60	式（14-1）	36.0	56.4	64.8
	式（14-2）	36.6	57.6	66.6
	均值	36.3	57.0	65.7
120	式（14-1）	22.8	36.0	41.4
	式（14-2）	24.0	37.8	43.2
	均值	23.4	36.9	42.3

14.2.2　道路积水模拟结果

北京城区典型研究区域主要道路和立交桥分布图如图 14-1 所示，选取其中的主要道路北三环苏州桥－马甸桥区间作为典型路段，选择该路段的北太平庄桥和北四环上的万泉河桥进行分析。这两座桥在 2008 年安装了电子水尺，有详细的积水观测记录，前面针对这两座桥进行了实际降雨条件下（2008 年 6 月 13 日暴雨过程）积水状况的验证分析，对应的模型参数比较符合实际。

图 14-1　北京城区典型研究区域主要道路和立交桥分布图

在不同的设计暴雨情景下，应用模型计算得到道路各节点的最大积水深度，图 14-2 以北太平庄桥和万泉河桥为例给出了不同情景下的积水过程线。从图中可以看出：

（1）模拟的积水过程均呈现出降雨后积水深度迅速增加，降雨结束后积水深

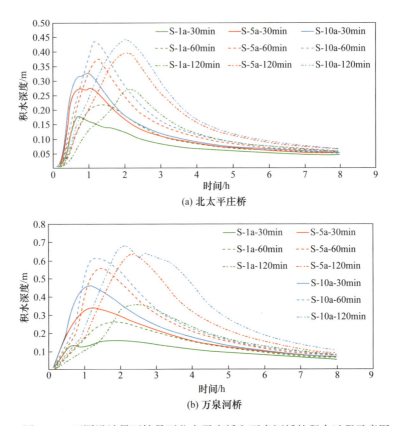

图 14-2　不同设计暴雨情景下北太平庄桥和万泉河桥的积水过程示意图

度缓慢降低的过程，最大积水深度出现在降雨结束后的 15~30 min。积水深度过程线的形状呈现出单峰、非对称的特征，与一般流域洪水流量过程线的形状比较接近。实际上，与时间上均匀分布的设计暴雨过程相比，实际的暴雨过程总是不均匀的，峰值处的暴雨强度要大于相应的设计暴雨强度，因此实际的积水过程涨落速度要大于模拟结果。

（2）北太平庄桥和万泉河桥两处的积水过程相比，前者的涨水过程和退水过程明显快于后者，而后者的最大积水深度则明显大于前者。积水深度大说明汇流区域和排水能力的比例偏小，这同时也是积水涨落速度差异的原因。

（3）对万泉河桥而言，S-1a 下各设计暴雨情景对应的最大积水深度不大，其中 S-1a-120min 情景下的最大积水深度在 30 cm 左右，其他两种重现期下各设计暴雨情景所对应的最大积水深度均在 30 cm 以下；S-5a 和 S-10a 各情景下的最大积水深度都明显大于 S-1a 各情景相应的最大积水深度。对北太平庄桥而言，S-1a 条件下的最大积水深度均不超过 30 cm，S-1a、S-5a 和 S-10a 下各情景对应的最大积水深度差别比较均匀。

（4）S-5a 和 S-10a 两种条件下，不同持续时间的设计暴雨情景所对应的最大积水深度差别不大，但积水量（积水过程线沿时间轴的积分）差别比较大。

本节研究以 30 cm 最大积水深度为阈值，定义某处排水系统的设计标准。从以上结果可知，万泉河桥处的排水标准为 S-5a-30min 暴雨过程或者 S-1a-120min 暴雨过程；北太平庄桥处的排水标准为 S-10a-30min 暴雨过程或者 S-5a-60min 暴雨过程。

在典型设计暴雨情景（S-1a-30min）下，研究区域内积水深度超过 30 cm 的道路节点分布如图 14-3 所示。由图可以看出，在不少路段的最大积水深度均超过 30 cm。当然，积水深度的大小除了取决于排水系统的能力外，很大程度上取决于微地形地貌特征，而在模型中研究区域下垫面的 DEM 分辨率是 200 m，对积水深度的模拟还有待于进一步提高，但总体上能够反映排水能力较低的区域和易积水点的区域分布规律。

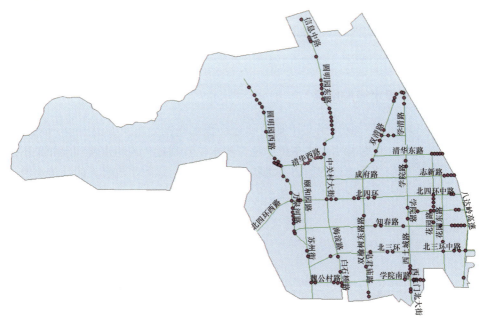

图 14-3　S-1a-30min 暴雨情景下研究区域积水点分布图（最大积水深度大于 30 cm）

将区域道路节点的积水情况进行统计，给出积水深度超过 15 cm、30 cm 和 100 cm 的节点数，如表 14-2 所示。从表中可以看出，对于同样历时的降雨过程，重现期越长，积水点越多且积水深度越大。对于相同的重现期降雨，降雨历时越长，积水点越多且积水深度越大。按照积水情况来看，S-5a-30min 暴雨造成的积水状况与 S-2a-60min 暴雨或 S-1a-120min 暴雨造成的积水状况大致相当，即重现期缩短和降雨历时延长都对积水状况影响较大。可见，为保证城市排水系统有充足的排水能力，保障城市的安全，在重现期一定的情况下，应尽可能选择较长历时的设计暴雨对排水系统进行规划设计。

表 14-2　不同设计暴雨情景下不同积水深度的道路节点数统计

设计暴雨情景	超过 15 cm 的节点数	超过 30 cm 的节点数	超过 100 cm 的节点数
S-1a-30min	232	143	27
S-5a-30min	327	221	62
S-10a-30min	357	245	75
S-1a-60min	279	190	49
S-5a-60min	378	271	89
S-10a-60min	406	298	113
S-1a-120min	315	231	71
S-5a-120min	404	318	136
S-10a-120min	439	356	167

14.2.3　地面积水模拟结果

S-1a-30min 设计暴雨情景下地面和道路积水深度分布图如图 14-4 所示，从图中可以看出，道路积水点大多位于地表积水位置附近，说明道路积水如果不及时排出，会影响邻近地区的地表排水状况。相应的，地表产流量大的区域会给临近的道路和排水管网带来较大的排水压力。

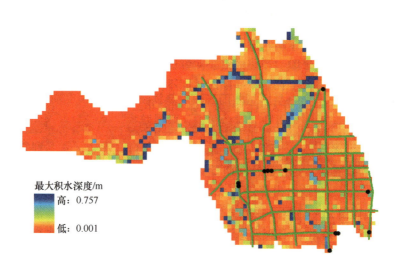

图 14-4　S-1a-30min 设计暴雨情景下地面和道路积水深度分布图

14.3 异常积水原因诊断

14.3.1 诊断原理和方法

城市某处的排水系统在正常情况下会有一个设计标准，能够排除对应设计暴雨过程的积水，不产生严重的交通问题。但有多种因素会影响排水系统的效能，最常见的情况包括3种，即河湖水位顶托、雨箅堵塞和管道堵塞。在防汛实时抢险中，需要对城市某处积水的原因进行快速诊断，根据积水实际状况从可能的积水原因中确定真正的因素，以便采取有针对性的措施，以最小的代价快速排除积水。

应用分布式立体化城市雨洪模拟模型可以进行积水点异常积水原因的诊断，步骤如下。

（1）利用实时获取的地面雨量站数据和雷达测雨数据，通过优化方法或者数据同化方法得到分布式的降雨数据，作为分布式立体化城市雨洪模拟模型的输入。

（2）实时获取河湖水位数据，作为分布式立体化城市雨洪模拟模型计算的边界条件。

（3）应用分布式立体化城市雨洪模拟模型，假设雨箅和管道畅通，在以上获取的降雨数据和河湖水位边界条件下进行计算，得到积水点的可能积水深度数据。

（4）实时获取积水点的监测积水深度数据，与模拟计算得到的可能积水深度进行比较，如果监测的积水深度与模拟的积水深度相当，则说明假设的雨箅和管道畅通条件是正确的，异常积水问题很可能是由河湖水位顶托造成的，应打开节制闸，降低河道水位；如果监测积水深度大于模拟积水深度，则说明假设条件错误，异常积水点附近存在雨箅或管道堵塞问题。

（5）如果诊断得到雨箅或管道存在堵塞现象，则首先进行该积水点汇流区域范围内的雨箅排查和清理工作，并根据清理后的实时监测河湖水位等数据重新模拟积水点的积水深度。

（6）再次比较监测积水深度和模拟积水深度。同理，如果监测积水深度仍然大于模拟积水深度，则说明还存在管道堵塞问题，需要进行积水点下游排水管道的排查和清理工作。此措施往往需要在雨后进行，在实时抢险中则需要调用泵站进行排水。

14.3.2 立交桥积水诊断算例

1. 万泉河桥

根据前面分析，万泉河桥处的排水标准为 S-5a-30min 暴雨过程或者 S-1a-120min

暴雨过程。我们选择 S-5a-30min 设计暴雨过程作为分布式立体化城市雨洪模拟模型的降雨输入，利用率定得到的模型参数进行模拟，得到不同河道水位顶托和不同雨箅开孔尺寸下万泉河桥处的积水过程线，如图 14-5 和图 14-6 所示。雨箅和管道堵塞两种故障难以直接通过模型结果进行判断，这里没有给出管道堵塞情况下的积水过程线。

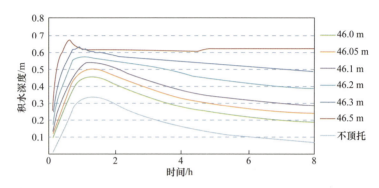

注：S-5a-30min 暴雨情景，雨箅和管道畅通。
图 14-5　不同河道水位顶托造成的万泉河桥处的积水过程线

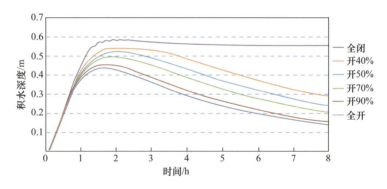

注：S-5a-30min 暴雨情景，河湖不顶托，管道畅通。
图 14-6　不同雨箅开孔尺寸下万泉河桥处的积水过程线

根据图 14-2（b）可知，在河湖水位不顶托管道水位、雨箅和排水管道也无堵塞的情况下，对应 S-5a-30min 设计暴雨情景的万泉河桥处的最大积水深度约 32 cm。如果实际监测得到的积水最大深度超过 32 cm，则属于异常积水情况。下面设定 4 种不同的实测最大积水深度和河湖水位进行分析。

（1）实测最大积水深度为 55 cm，实测河湖水位 46.2 m。从图 14-5 中可以查得，河湖水位为 46.2 m 时，即使雨箅和管道完全通畅，模拟计算得到的万泉河桥处的最大积水深度也将达到 56 cm。由此可以判定，此时万泉河桥的积水完全是由河湖水位顶托造成的，需要调整河湖调度方案，降低河湖水位，这样积水将自动排除。

（2）实测最大积水深度为 55 cm，实测河湖水位不顶托。从图 14-5 中可以查得，河湖水位不顶托则模拟计算得到的万泉河桥处的最大积水深度为 33 cm，因此很可能存在雨篦或管道堵塞的情况。再从图 14-6 中可以查得，河湖水位不顶托和管道畅通的情况下，雨篦为 40% 的正常开孔尺寸情况下最大积水深度可达到 55 cm。此时需要首先进行雨篦的排查和清理工作。

（3）实测最大积水深度为 45 cm，实测河湖水位不顶托，雨篦已清理。与（2）类似，可以判定存在管道堵塞的故障，需要采取机器人进管道排查等方法判定管道的具体堵塞位置，以便采取措施进行管道的清理。

（4）实测最大积水深度为 55 cm，实测河湖水位 46.0 m。从图 14-5 中可以查得，如果雨篦和管道畅通，则在河湖水位 46.0 m 的情况下，万泉河桥的最大积水深度为 45 cm，因此还应存在雨篦或管道堵塞的情况。此时，还需要模型给出河湖水位在 46.0 m 条件下不同时间积水过程线，以辅助判断堵塞的程度，如图 14-7 所示。

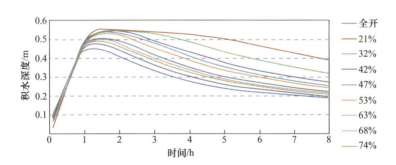

注：S-5a-30min 暴雨情景，河湖水位 46.0 m，雨篦畅通。

图 14-7　不同时间万泉河桥处的积水过程线

2. 北太平庄桥

北太平庄桥和万泉河桥的积水情况稍有不同，图 14-8 给出了两桥位置分别在雨篦完全堵塞、河湖水位（模型中设定河湖水位为 46.5 m）顶托和正常情况（无雨篦堵塞、无河湖顶托）下的积水过程线。从图中可以看出，两桥处在正常情况和有河湖水位顶托情况下的积水过程线形状均比较相似，但在有雨篦堵塞情况下的积水过程线形状有很大差别，其中北太平庄桥处在雨篦完全堵塞情况下的积水过程线与正常情况十分接近，万泉河桥处两者的差别则十分显著。经过对基础资料和计算过程的分析可知，两桥的这种差异是由不同的地形特征造成的：万泉河桥位置为洼地，雨篦堵塞下积水无法排除，而北太平庄桥并非洼地，雨篦堵塞后积水可以沿道路流向地势更低的地方。

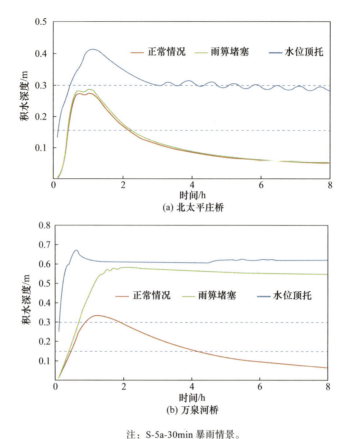

注：S-5a-30min 暴雨情景。

图 14-8　极端情景下北太平庄桥和万泉河桥的积水过程线

图 14-9 给出了不同河道水位顶托造成的北太平庄桥处的积水过程线，其异常积水故障诊断的方法和步骤与万泉河桥完全一样。

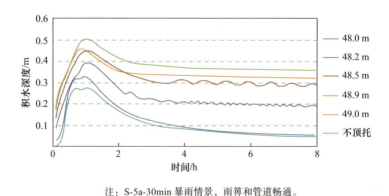

注：S-5a-30min 暴雨情景，雨箅和管道畅通。

图 14-9　不同河道水位顶托造成的北太平庄桥处的积水过程线

14.4 泵站排水能力需求分析

应用分布式立体化城市雨洪模拟模型可以对泵站排水条件下积水过程进行模拟，图 14-10～图 14-15 给出了各设计暴雨情景下，万泉河桥在不同抽排能力下的积水过程。以最大积水深度不超过 30 cm 为标准，可以从图中查得各种设计暴雨情景下万泉河桥所需的抽排能力，如表 14-3 所示。

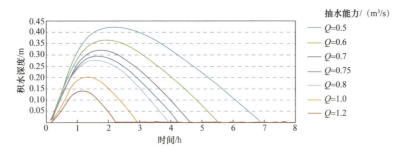

图 14-10　不同抽水能力条件下万泉河桥处的积水过程线（S-5a-30min 暴雨情景）

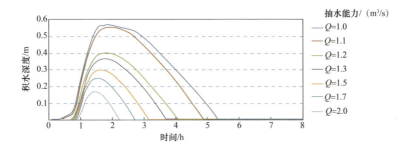

图 14-11　不同抽水能力条件下万泉河桥处的积水过程线（S-5a-60min 暴雨情景）

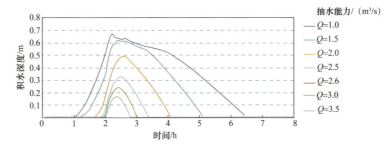

图 14-12　不同抽水能力条件下万泉河桥处的积水过程线（S-5a-120min 暴雨情景）

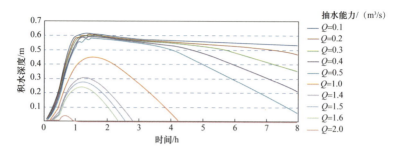

图 14-13　不同抽水能力条件下万泉河桥处的积水过程线（S-10a-30min 暴雨情景）

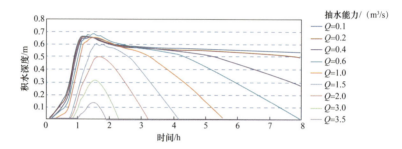

图 14-14　不同抽水能力条件下万泉河桥处的积水过程线（S-10a-60min 暴雨情景）

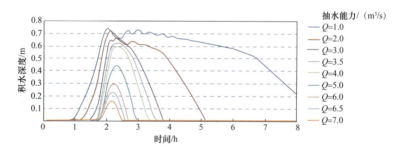

图 14-15　不同抽水能力条件下万泉河桥处的积水过程线（S-10a-120min 暴雨情景）

表 14-3　不同设计暴雨情景下万泉河桥所需抽排能力（以 30 cm 为积水深度上限）

参数	5a 重现期			10a 重现期		
暴雨历时 /min	30	60	120	30	60	120
抽水能力 /（m³/s）	0.75	1.5	2.6	1.4	3.0	6.0

第15章 海绵校园模拟系统及其应用

以道路和管网为代表的人工基础设施，是城市区域区别于自然流域的典型特征，对城市汇流过程有着本质上的影响。尤其在暴雨洪水管理中，道路和管网作为行泄通道发挥着重要的防洪排涝作用。本章基于高精度数据构建了清华园海绵校园模拟系统，定量评价了道路、管网结构概化和雨水口分布对城市暴雨洪水过程的影响。

15.1 情景设置及分析方法

15.1.1 道路情景设置

本章选取清华园的南门主干道和东门主干道作为研究对象，研究对象的位置和道路-管网结构如图15-1所示。南门主干道位于学堂路南段，总长680 m；东门主干道位于日新路至主楼广场前，总长330 m。两条道路的地势均为南高北低，水流走向一致；且两条道路均属于局地低洼地段，周边地表径流均汇入道路，再通过道路-管网排水系统排至末端断面。末端的路面径流汇入东西向的清华路，清华路排水条件良好，不会对研究的两条道路产生顶托作用。

两条道路的区别主要在于地下管网的排水能力和管网结构。南门主干道为"单路双管"形式，管网的排水能力相对较强，同时管网仅沿主干道布置，没有支路雨水管，结构简单。东门主干道为"双路单管"形式，管网的排水能力相对较弱，除了干路雨水管之外还配有支路雨水管，结构相对复杂。在相同驱动条件下，两条道路排水作用的差别主要反映了地下管网条件的影响。

在两条道路分别代表两种地下管网条件的基础上，研究还设置了多个降雨场次和多个道路纵坡，用于分析降雨和纵坡条件对道路排水作用的影响。降雨场次方面，利用了全部30场高时间分辨率降雨数据和2012年"7.21"暴雨数据（表15-1）。在31场降雨中，有3场最具代表性的暴雨场次：2012年"7.21"暴雨，代表了短期强度高、暴雨总量大的情景；2016年"7.20"暴雨，代表了短期强度低、暴雨总量大的情景；2017年"7.14"暴雨，代表了短期强度高、暴雨总量小的情景。

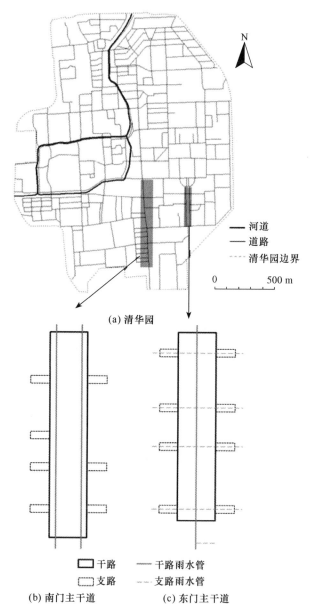

图 15-1 研究对象的位置和道路-管网结构

表 15-1 降雨场次特征

降雨场次	雨量/mm	雨峰强度/(mm/h)	历时/h
2012-7-21	184.5	99.6	16
2016-7-20	196.3	52.9	57
2017-7-14	54.8	130.2	10
31 场	5.5～196.3	5.7～244.6	3～78

以不改变道路周边的汇水条件为前提，道路纵坡条件设置了 0.1%、0.2%、0.3% 和 0.4% 共 4 组，多纵坡条件下的道路纵剖面如图 15-2 所示。在所有情景中，道路末端断面的高程均保持不变，然后沿程按均匀的纵坡坡度来改变路面高程。

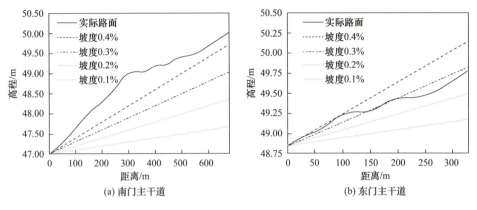

图 15-2　多纵坡条件下的道路纵剖面

15.1.2　管网情景设置

为研究管网结构概化对暴雨洪水过程的影响，本章设置了多个典型暴雨情景和多种管网结构概化情景。其中，暴雨场次的选取与道路模拟方案相同，即 2012 年 "7.21" 暴雨、2016 年 "7.20" 暴雨和 2017 年 "7.14" 暴雨。

排水管网的断面尺寸需根据所承担的设计流量进行设计，管径一般呈连续性增长。本章以管径为基本标准，基于研究区实际管网数据，共设置了 4 种管网结构概化情景，如图 15-3 所示。一级管网即区域的骨干排水管网，管径≥0.7 m；二级管网即区域的主要排水管网，管径≥0.5 m；三级管网即剔除了雨水口连接管后的管网，管网主体的管径≥0.3 m；四级管网即区域的全部管网，未经概化。4 种情景下，管网总长度依次约为 5 km、14 km、25 km、30 km，管网密度依次约为 1.4 km/km^2、4.3 km/km^2、7.8 km/km^2、9.3 km/km^2。以管径为标准的管网结构概化方法可适用于环状结构管网，不局限于树枝型结构管网，更适应城市实际条件。

研究采用了只有道路或管网的单层排水系统和道路与管网结合的双层排水系统两类排水系统模拟方案。在均采用四级管网的条件下，通过对比单层排水系统和双层排水系统的模拟结果，定量分析了典型暴雨情景下的管网排水作用；分别在两类排水系统中，通过对比不同管网结构概化方案的模拟结果，定量分析了管网结构概化的影响。

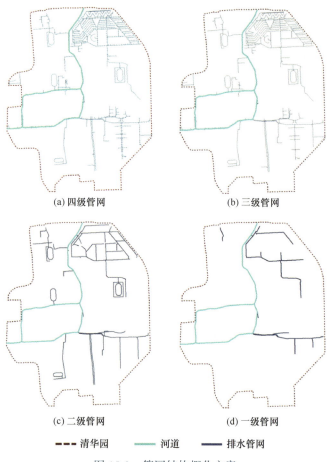

图 15-3　管网结构概化方案

15.1.3　雨水口情景设置

为研究沿管线的雨水口分布（排水能力分布）对暴雨洪水过程的影响，本研究设置了两种雨水口分布方案：一种为实际中的非均匀分布方案，另一种为概化了的均匀分布方案。管网条件作为两个方案中的控制变量，均采用三级管网，即剔除了实际的雨水口和雨水口连接管，但保留了全部雨水口连接管的末端端点（以下简称末端端点）及其他所有管线。将全部末端端点作为道路与管网的水量交换通道；在符合实际的非均匀分布方案中，末端端点的入流能力与该端点原本连接的雨水口数量成正比，如图 15-4 所示；而在概化了的均匀分布方案中，末端端点的入流能力均相等，并且控制全部末端端点的总入流能力与非均匀分布方案相同，如图 15-5 所示。

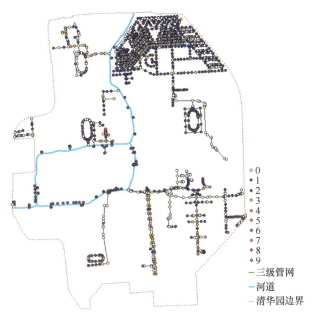

注：数值表示单个雨水口排水能力的倍数。
图 15-4　排水能力非均匀分布方案

注：数值表示单个雨水口排水能力的倍数。
图 15-5　排水能力均匀分布方案

选取 2017 年的"7.14"暴雨，定量评价了沿管线的雨水口分布对暴雨洪水过程的区域和影响。

15.1.4 结果分析方法

结果分析中，对于道路的研究，通过对比在末端断面的道路排水过程和管网排水过程，来定量评价道路的排水作用。评价指标采用道路排水流量占比（道路瞬时流量占总流量的比值）和道路排水总量占比（道路排除水量占总雨水排除量的比值）。

对于管网和雨水口的研究，主要采用水量平衡法。以水量平衡中各项值的大小及相对变化率作为评价指标，根据研究的问题选定基准方案，计算其他情景下模拟结果的改变程度。对于雨水口的研究，还特别对比了全部道路节点的积水深和排水流量，以反映雨水口分布对局地洪水过程的影响。

15.2 道路对暴雨洪水过程的影响

15.2.1 典型暴雨条件下城市道路的排水作用

3次典型暴雨情景下的道路排水流量占比如图15-6～图15-8所示。通过比较两条道路的排水流量占比可知，地下管网排水能力强的道路（南门主干道），道路排水流量占比整体偏低；但在极端峰值处，两条道路的排水占比相当。这表明：在管网达到最大排水能力后，道路排水流量占比显著增大；对于案例中的两条道路，管网排水能力的差距不足以造成道路排水流量占比峰值的明显差别。

通过对3次典型暴雨洪水过程的比较可知，道路排水过程与降雨过程的相关性很高。短期强度高、暴雨总量大的"7.21"暴雨，道路排水流量占比最大，道路排水流量占比峰值达到50%；短期强度低、暴雨总量大的"7.20"暴雨，道路排水流量占比最低，峰值仅有20%；而短期强度高、暴雨总量小的"7.14"暴雨，

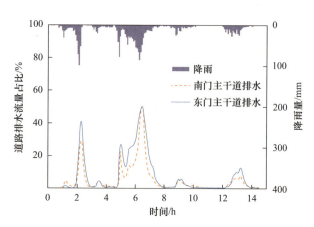

图15-6 "7.21"暴雨情景下的道路排水流量占比

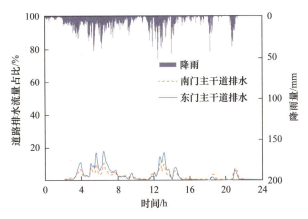

图 15-7 "7.20"暴雨情景下的道路排水流量占比

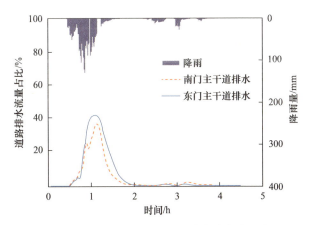

图 15-8 "7.14"暴雨情景下的道路排水流量占比

道路排水流量占比相对较高,峰值已超过 40%,接近"7.21"时的道路排水水平。可见,相对于暴雨总量,短期暴雨强度对于道路排水作用的发挥影响更大。

为了验证道路暴雨排水的安全性,本节研究通过模型计算了道路在 3 次典型暴雨下的积水深过程,如图 15-9 所示。对比道路排水占比的结果可知,道路排水占比的增大即意味着道路积水深度的增加。地下管网排水能力强的道路(南门主干道)积水深相对较浅,而且在峰值处,南门主干道的水深也明显低于东门主干道;水深的涨落过程与降雨过程密切相关,短期强度高的"7.21"和"7.14"暴雨情景下积水深相对较深,最大积水深发生在"7.21"暴雨期间,南门主干道达到 0.09 m,东门主干道达到 0.16 m。在积水深达到峰值的同时,两条道路的流速也达到最大值,南门、东门两条道路的流速 × 水深值分别为 0.137 m^2/s 和 0.205 m^2/s。按照英国的规定(Blamforth et al.,2006),为保证对交通不造成严重影响,积水深不宜超过 0.2 m;而根据王耀堂(2017)等的研究成果,当道路路面排水量低于 0.3 m²/s 时，行人处于低风险区。因此，案例中的两条道路，无论是哪种水深标准，在暴雨期间作为行泄通道均是符合安全标准的。此案例也印证了在实践中利用道路作为行泄通道的可行性。

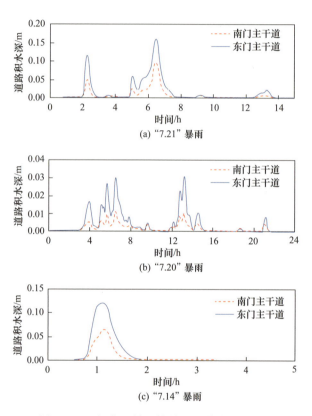

图 15-9　3 场典型暴雨情景下的道路积水深过程

15.2.2　降雨对城市道路排水作用的定量影响评价

为进一步探究降雨条件对道路排水作用的影响，本节计算了全部 31 次降雨下的道路排水总量占比（纵坡条件相同，均为 0.3%）。同时，对 31 次降雨分别逐分钟计算了 10 min、30 min 和 60 min 累积降雨量，并从中取最大值，即得到了任意一场降雨的最大 10 min、最大 30 min 和最大 60 min 累积降雨量。此 3 项指标也常用于暴雨设计。将计算的道路排水总量占比分别与最大累积降雨量做相关分析和线性拟合（仅取道路排水总量占比超过 1% 的场次），结果如图 15-10 所示。

结果首先验证了典型暴雨分析得出的结论，即地下管网排水能力强的道路，

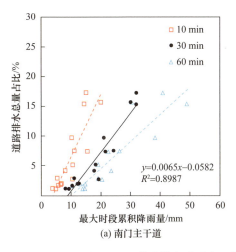 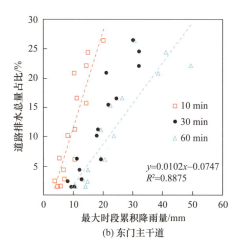

图 15-10　道路排水总量占比与最大时段累积降雨量的相关关系

道路排水占比整体偏低，体现为拟合直线的斜率较低；道路排水占比与短期降雨量的相关性很高，确定性系数为 0.75～0.90。结果进一步表明，道路排水总量占比与最大 30 min 累积降雨量的相关性最高。

图 15-10 中还给出了道路排水总量占比与最大 30 min 累积降雨量的线性拟合方程。针对特定的最大 30 min 累积降雨量，通过拟合方程，即可计算道路排水总量占比。由于案例中两条道路具有不同的代表性，分别求得两条道路的排水总量占比，再取平均值，可用于估算一般意义上的道路排水总量占比。一般意义上，最大 30 min 累积降雨量超过 8 mm 时，道路开始起到排水作用；超过 20 mm 时，道路排水总量占比超过 10%；超过 33 mm 时，道路排水总量占比超过 20%。对于北京市中心城不同重现期的设计暴雨情景（设计暴雨量来源于《北京市水文手册》），道路排水总量占比的计算结果如表 15-2 所示，道路排水总量占比从暴雨情景下的 33% 增大至 57%。此成果为设计人员估算道路排水作用提供了参考依据。

表 15-2　北京市中心城设计暴雨情景下的道路排水总量占比

重现期	最大 30 min 设计暴雨量 /mm	道路排水总量占比 /%		
		南门主干道	东门主干道	平均值
十年一遇	48	25	41	33
二十年一遇	56	31	50	40
五十年一遇	68	38	62	50
百年一遇	76	44	70	57

15.2.3 纵坡对城市道路排水作用的定量影响评价

为进一步探究纵坡对道路排水作用的影响，本节计算了 4 种均匀坡度情景下的道路排水总量占比。图 15-11 给出了"7.21"暴雨场次下的计算结果，其他场次反映出的规律与其一致。4 种情景下末端断面通过道路－管网系统排除的总雨水量保持不变，表明周边汇水条件不变，情景之间具有可比性。

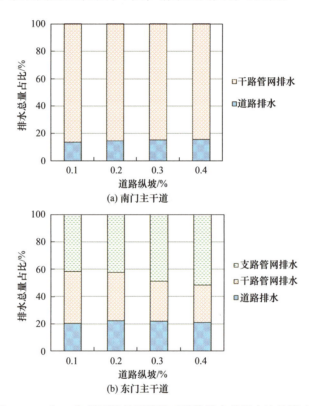

图 15-11 "7.21"暴雨情景下纵坡对道路排水总量占比的影响

结果显示，纵坡对道路排水总量占比的影响远小于降雨条件的影响。对于具有不同地下管网结构的道路，纵坡对道路排水总量占比的影响不同。对于仅有干路雨水管、结构简单的道路（南门主干道），纵坡越大，道路排水总量占比越大。此与李小宁（2015）通过理想模型得出的结论一致。在"7.21"暴雨案例中，随着坡度从 0.1% 增长至 0.4%，道路排水总量占比从 13.4% 增长至 15.6%，增长幅度逐渐放缓。

而对于配有支路雨水管、结构相对复杂的道路（东门主干道），随着纵坡的增大，道路排水总量占比呈现先增大、后减小的现象。在"7.21"暴雨案例中，随着坡度从 0.1% 增长至 0.4%，道路排水总量占比先从 20.3% 增长至 22.5%，而后减小至 21.2%。深入分析发现，干路管网排水总量占比是随着道路纵坡增大而减小的，这与上述只有干路雨水管道路的研究结果相同，表明更多的雨水确实是首先留在了干路路面上；但随着干路积水的增多，更多的积水会涌入支路，再通过支路管网排出至主管网，体现为支路管网排水总量占比明显增大，最终导致道路排水总量占比先增大、后减小。此结果说明，单纯增大道路纵坡不一定能提高道路排水总量占比，需要结合地下管网结构和周边地形条件进行具体分析。

实际纵坡条件下，南门主干道和东门主干道的道路排水总量占比分别为 14.9% 和 20.8%。两条道路的平均坡度分别为 0.44% 和 0.29%，根据 4 种均匀坡度情景的计算结果所反映出的规律，真实纵坡条件下的排水占比均低于相应均匀坡度条件下的排水占比。这表明将道路设计为平坡，在一定程度上会提高道路的排水作用。当然在实际的道路设计工作中，除了考虑道路的排水条件，还要考虑道路行车的安全性、施工的土方量等问题。

需要指出的是，案例中的纵坡情景均属于坡度较缓的情景。实际中根据道路的设计时速，道路的最大坡度可以为 3%～10%。但在研究案例中，若继续增大纵坡，会改变周边汇水条件，使结果之间缺少可比性。基于真实案例的研究，可以给出更符合实际的科学认识，如纵坡对排水作用的影响与地下管网结构有关，但也受环境条件的限制；需要开展更多不同环境条件下的案例研究，或辅助以理想模型的研究，才能得到适用范围更广泛的结论。

15.3 管网结构概化对暴雨洪水过程的影响

15.3.1 排水管网在城市暴雨洪水排除中的作用

在定量分析管网结构概化的影响前，首先要认清管网在暴雨洪水排除中发挥的主要作用。排水管网是常规的雨水排除设施，相对于道路的暴雨洪水排除作用体现在道路末端断面的排水比例上，管网的暴雨洪水排除作用则体现在区域主要排水出口的洪水过程上。

通过设置包含管网与否的不同排水系统模拟方案，并对洪水过程和区域的水量平衡关系进行比较，可以反映出管网的暴雨洪水排除作用。模拟方案共设置了 4 组：道路与管网结合的双层排水系统方案、只有管网的单层排水系统方案、只有道路的单层排水系统方案，以及道路管网均不考虑、仅靠地表排水的模拟方案。在所有包含管网条件的方案中，均采用最符合实际的四级管网。3 场典型暴雨场次下不同模拟方案的结果如图 15-12～图 15-14 所示，从中可知 3 场暴雨反

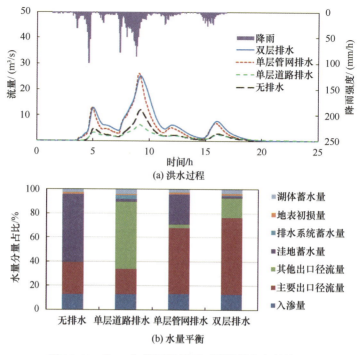

图 15-12 "7.21"暴雨情景下不同模拟方案的结果

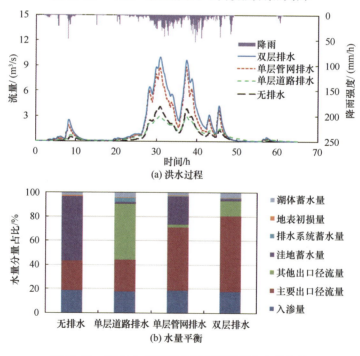

图 15-13 "7.20"暴雨情景下不同模拟方案的结果

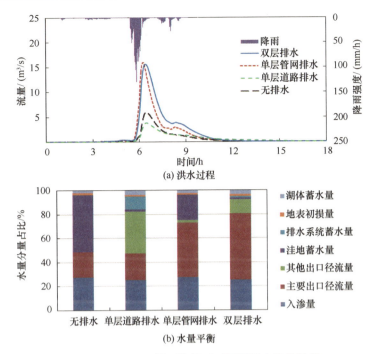

图 15-14 "7.14" 暴雨情景下不同模拟方案的结果

映出的规律基本一致。

通过洪水过程的对比可知：单层管网排水方案与双层方案的模拟结果接近，由于没有考虑道路的汇流作用，有时洪峰会略大于并提前于双层方案的结果；而无管网的排水方案与双层方案相比，洪水过程明显被低估。这表明在城市雨洪模拟中考虑排水管网十分必要。

通过水量平衡关系的对比可知：相对于无排水方案，单层管网排水可以显著增加主要排水出口的径流量，但由于覆盖度有限，无法完全消除局地的洼地蓄水量；而单层道路排水可以基本消除洼地蓄水量，但无法增加主要排水出口的径流量，洼地蓄水量主要经过路网排放至其他排水出口，或存蓄在路网中的低洼路段中（汇流路径对于路网高程的过分依赖，甚至造成了单层道路排水方案模拟出的洪水过程低于仅靠地表排水的模拟方案）；道路与管网结合的双层排水可以实现将城市地形引起的洼地蓄水量排放至主要排水出口。

15.3.2 单层排水系统中管网结构概化的影响

在明确了排水管网在暴雨洪水排除中的作用后，通过在不同排水系统模拟方案中采用不同的管网结构概化情景，来分析管网结构概化的影响。在仅包含管网排水的单层排水系统模拟方案中，洪水过程结果如图 15-15 所示。以四级管网的结果作为基准,进一步计算了其他情景下洪量、洪峰的相对变化率,从而定量评估了管网结构概化对洪水三要素(洪水过程、洪峰、洪量)的影响。

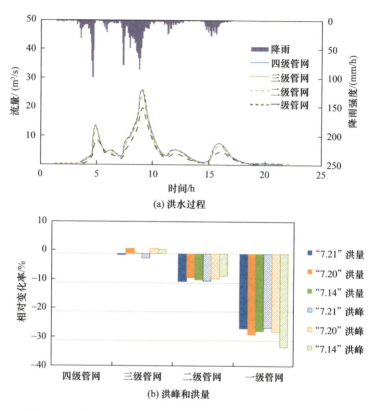

图 15-15　单层排水系统中管网结构概化对洪水三要素的影响

洪水过程的对比在 3 场典型暴雨下规律一致,在图 15-15 中仅以"7.21"暴雨为例。随着管网不断概化,洪水过程有变弱的趋势,这是因为管网快速、定向的排水功能逐渐减弱。洪峰洪量的相对变化也很一致:采用剔除了雨水口连接管的三级管网基本不改变洪峰和洪量,采用代表主要管网的二级管网会使洪峰和洪量的模拟结果降低 9%,而采用代表骨干管网的一级管网会使洪峰和洪量的模拟结果降低 27%。

15.3.3　双层排水系统中管网结构概化的影响

在包含道路和管网的双层排水系统模拟方案中,分别采用 4 种管网结构概化情景,模拟结果如图 15-16 所示。同样以四级管网的结果作为基准,计算了其他情景下洪量、洪峰的相对变化率,定量评估了管网结构概化的影响。

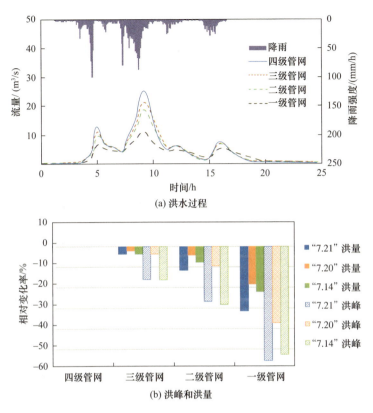

图 15-16　双层排水系统中管网结构概化对洪水三要素的影响

洪水过程的变化趋势仍以"7.21"暴雨为例：随着管网不断概化，洪水过程有变弱的趋势，这与单层排水系统模拟方案下的结果相似，但变化的程度要明显大于单层排水系统的结果。这是因为添加道路后，概化了的管网仅能在有道路通过的地方起排水作用，这进一步限制了其排水功能的发挥。

洪峰和洪量随着管网结构概化程度的增加不断降低，变化幅度明显超过单层排水系统的结果，且对于不同的评价对象和降雨场次体现出不同的敏感性。在评价对象方面，洪峰对于管网结构概化的敏感性要明显超过洪量，采用三级管网就会使洪峰流量降低 4%~16%，而采用一级管网会使洪峰流量降低 37%~56%。在降雨场次方面，对于短期强度大的"7.21"暴雨和"7.14"暴雨，管网结构概化的敏感性较大，而对于暴雨总量大的"7.20"暴雨，管网结构概化的敏感性相对较小。结果表明，双层排水系统虽然能提供更加准确可靠的城市雨洪过程，但需要采用更精细的管网数据，才能保证不同场次、不同评价对象的结果均不发生显著变化。

本节研究进一步对比分析了管网结构概化在单层排水系统和双层排水系统中

引起洪峰和洪量减小的原因。在单层排水系统中，洪峰洪量减少主要是由于洼地蓄水量的增加；而在双层排水系统中，洪峰洪量减少主要是由于道路系统蓄水量的增加和经由道路排放至其他出口的径流量的增加。由此可见，若实际管网布局中缺少精细级别的管网，将造成雨水无法排入管网系统中，并导致区域的积水和内涝问题。若实际中进一步采用分散式的储流或渗透措施，收集无法排入管网的雨水或促使这部分雨水下渗，则可以在一定程度上缓解积水和内涝问题；同时与具有精细级别管网的排水方案相比，可以起降低主要排水出口处的洪峰与洪量的作用。

15.4 雨水口分布对暴雨洪水过程的影响

15.4.1 雨水口分布对区域洪水过程的影响

在保证管网条件和区域总排水能力不变的前提下，沿管线的雨水口非均匀分布方案和均匀方案反映了排水能力分布情况。通过比较两个方案区域主要排水出口的洪水流量过程，可以得到雨水口分布对区域整体洪水过程的影响，结果如图 15-17 所示。从中可知，在总排水能力一定的条件下，排水能力的分布对出口的流量过程基本没有影响。此结果说明，当开展雨洪模拟的主要研究目标是区域出口的流量时，在数据有限的情况下，可以不考虑雨水口的具体位置，近似认为排水能力沿主要管线节点均匀分布。但对区域整体的总排水能力（主要与雨水口的数量和形式有关）要有合理的计算或估计，否则可能给出口流量过程的模拟带来较大的误差。

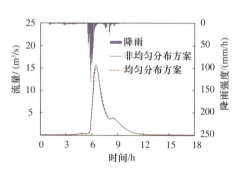

图 15-17 "7.14"暴雨情景下不同雨水口分布方案的排水出口洪水过程

15.4.2 雨水口分布对局地洪水过程的影响

在明确了雨水口分布对区域整体洪水过程基本没有影响后，需要进一步回答雨水口分布对局地洪水过程的影响。由于雨水口是道路与管网之间水量交换的通道，局地影响主要体现在道路节点的洪水过程上。以更接近实际情况的雨水口非均匀分布方案为基准，计算了当采用雨水口均匀分布方案时，全部道路节点的最大积水深变化、最大排水流量变化和排水总量变化，并绘制了 3 项变化值的频率直方图，如图 15-18 所示。

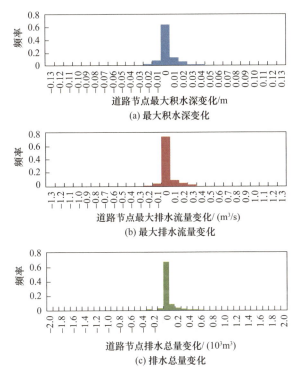

图 15-18 "7.14"暴雨情景下不同雨水口分布方案的局地洪水过程变化

结果表明，采用均匀分布方案后，道路最大积水深的变化幅度为 $-0.08 \sim +0.13$ m，主要变化范围为 $-2 \sim +4$ cm；道路节点最大排水流量的变化幅度为 $-1.2 \sim +1.2$ m³/s，主要变化范围为 $-0.2 \sim +0.3$ m³/s；道路节点排水总量的变化幅度为 $-1.5 \times 10^3 \sim +1.9 \times 10^3$ m³，主要变化范围为 $-0.3 \times 10^3 \sim +0.6 \times 10^3$ m³。相对于区域整体的洪水过程，局地洪水过程的变化较为明显。

本节进一步探究了哪些位置的局地洪水过程变化更明显，变化明显的位置与实际中当地的雨水口密度有何关系。图 15-19 展示了"7.14"暴雨情景下不同雨水口分布方案的道路最大积水深对比。不难看出，在雨水口实际密度较大的区域，道路节点的最大积水深普遍增加。这是因为在均匀分布方案中，这些地点的排水能力被"分配"到了其他原本排水能力较弱的地点上，造成道路上的洪水无法及时进入管网中。这些雨水口实际密度较大的区域，通常又是容易汇集暴雨洪水的易涝点，也是城市雨洪模拟中重点关注的位置。此结果说明，当开展雨洪模拟的主要研究目标是局地（易涝点）的洪水过程时，掌握详细的雨水口资料很有必要。若近似认为排水能力沿主要管线节点均匀分布，会在一定程度上高估易涝点的积水深度。综上所述，实际研究中需要根据研究目标来确定对雨水口数据的需求程度。

图 15-19 "7.14"暴雨情景下不同雨水口分布方案的道路最大积水深对比

参 考 文 献

曹丽琴，李平湘，张良培，2009. 基于DMSP/OLS夜间灯光数据的城市人口估算：以湖北省各县市为例［J］. 遥感信息（1）：83-87.
陈兵，石广玉，戴铁，等，2011. 中国区域人为热释放的气候强迫［J］. 气候与环境研究，16（6）：717-722.
陈晋，卓莉，史培军，等，2003. 基于DMSP/OLS数据的中国城市化过程研究：反映区域城市化水平的灯光指数的构建［J］. 遥感学报，7（3）：168-175，241.
傅抱璞，1992. 地形和海拔高度对降水的影响［J］. 地理学报，59（4）：302-314.
耿艳芬，2006. 城市雨洪的水动力耦合模型研究［D］. 大连：大连理工大学.
侯爱中，2012. 城市化进程对当地水文气象要素影响研究：以北京市为例［D］. 北京：清华大学.
黄振平，2003. 水文统计学［M］. 南京：河海大学出版社.
李小宁，2015. 城市道路雨水排放及控制效果影响因素分析［D］. 北京：北京建筑大学.
吕恒，2018. 城市复杂条件对精细水文过程的影响研究［D］. 北京：清华大学.
聂琬舒，2015. 城市人为热时空分布特征及区域水文气象影响研究［D］. 北京：清华大学.
潘安君，2011. 分布式立体化城市洪水模型研究：以北京城区为例［D］. 北京：清华大学.
芮孝芳，2007. 水文学原理［M］. 北京：中国水利水电出版社.
孙继松，舒文军，2007. 北京城市热岛效应对冬夏季降水的影响研究［J］. 大气科学，31（2）：311-320.
孙继松，杨波，2008. 地形与城市环流共同作用下的β中尺度暴雨［J］. 大气科学，32（6）：1352-1364.
孙挺，2013. 城市复杂下垫面水热通量研究［D］. 北京：清华大学.
孙煦，陆ం普，吴娟，2012. 北京市快速路速度–流量–密度关系研究［J］. 公路工程，1：43-48.
王晓慧，2013. 基于DMSP/OLS夜间灯光数据的中国近30年城镇扩展研究［D］. 南京：南京大学.
王耀堂，2017. 道路用于城市大排水系统规划设计方法与案例研究［D］. 北京：北京建筑大学.
谢志清，杜银，曾燕，等，2007. 长江三角洲城市带扩展对区域温度变化的影响［J］. 地理学报，62（7）：717-727.
杨龙，2014. 城市下垫面对夏季暴雨及洪水的影响研究［D］. 北京：清华大学.
杨文宇，2017. 基于天气雷达的城市降雨特征及临近预报研究［D］. 北京：清华大学.
张朝林，季崇萍，KUO Y H，等，2005. 地形对"00.7"北京特大暴雨过程影响的数值研究［J］. 自然科学进展，15（5）：572-578.
中华人民共和国住房和城乡建设部，2016. 城市道路工程设计规范：CJJ 37—2012（2016年版）［S］. 北京：中国建筑工业出版社.
中华人民共和国住房和城乡建设部，2016. 室外排水设计规范（2016年版）：GB 50014—2006［S］. 北京：中国计划出版社.
朱乾根，林锦瑞，寿绍文，等，2007. 天气学原理和方法［M］. 北京：气象出版社.
卓莉，陈晋，史培军，等，2005. 基于夜间灯光数据的中国人口密度模拟［J］. 地理学报，60（2）：266-276.
ACKERMAN A S, KNOX J, 2002. Meteorology: Understanding the atmosphere [M]. 3rd ed. Sudbury, MA: Jones and Bartlett Learning.
ALLAN R P, SODEN B J, 2008. Atmospheric warming and the amplification of precipitation extremes [J]. Science, 321(5895): 1481-1484.
ANDERSON G B, BELL M L, 2011. Heat waves in the United States: Mortality risk during heat waves and effect modification by heat wave characteristics in 43 U.S. communities [J]. Environmental health perspectives, 119(2): 210-218.
BAECK M L, SMITH J A, 1998. Rainfall estimation by the WSR-88D for heavy rainfall events [J]. Weather and

forecasting, 13(2): 416-436.

BATENI S M, ENTEKHABI D, 2012. Relative efficiency of land surface energy balance components [J]. Water resources research, 48(4), W04510.

BLAMFORTH D, DIGMAN C, KELLAGHER R, et al. Designing for exceedance in urban drainage: good practice [R]. London: CIRIA, 2006.

BORNSTEIN R D, LIN Q, 2000. Urban heat islands and summertime covective thunderstorms in atlanta: Three case studies [J]. Atmospheric environment, 34(3): 507-516.

BOU-ZEID E, PARLANGE M B, MENEVEAU C, 2007. On the parameterization of surface roughness at regional scales [J]. Journal of the atmospheric sciences, 64(1): 216-227.

BRUTSAERT W, 1982. Evaporation into the atmosphere: Theory, history and applications [M]. Dordrecht: Springer Netherlands.

BRUTSAERT W, 2005. Hydrology: An introduction [M]. Cambridge: Cambridge University Press.

BURIAN S J, HAN W S, BROWN M J, 2003. Morphological analyses using 3D building databases: Houston, Texas [D]. Salt Lake City: University of Utah.

CHEN F, KUSAKA H, BORNSTEIN R, et al., 2011a. The integrated WRF/urban modelling system: Development, evaluation, and applications to urban environmental problems [J]. International journal of climatology, 31(2): 273-288.

CHEN F, MIAO S, TEWARI M, et al., 2011b. A numerical study of interactions between surface forcing and sea breeze circulations and their effects on stagnation in the greater houston area [J]. Journal of geophysical research: atmospheres, 116(D12): D12105.

CHOW V T, MAIDMENT D R, MAYS L W, 1988. Applied hydrology[M]. New York: McGraw-Hill.

COLES S, 2001. An introduction to statistical modeling of extreme values [M]. London: Springer-Verlag.

DEGROOT M H, SCHERVISH M J, 2012. Probability and statistics [M]. Boston: Addison Wesley Publishing Company Incorporated.

DIGMAN C, BALMFORTH D, KELLAGHER R, 2006. Designing for exceedance in urban drainage: Good practic [M]. London: CIRIA.

DIXON M, WIENER G, 1993. TITAN: Thunderstorm identification, tracking, analysis and nowcasting: A radar-based methodology [J]. Journal of atmospheric and oceanic technology, 10(6): 785-797.

DIXON P G, MOTE T L, 2003. Patterns and causes of atlanta's urban heat island-initiated precipitation [J]. Journal of applied meteorology, 42(9): 1273-1284.

DOVIAK R J, ZRNIĆ D S, 1984. Doppler radar and weather observations [M]. Cambridge: Academic Press.

EFSTATHIOU G A, ZOUMAKIS N M, MELAS D, et al., 2013. Sensitivity of WRF to boundary layer parameterizations in simulating a heavy rainfall event using different microphysical schemes: Effect on large-scale processes [J]. Atmospheric research, 132: 125-143.

ELVIDGE C D, BAUGH K E, KIHN E A, et al., 1997. Relation between satellite observed visible-near infrared emissions, population, economic activity and electric power consumption [J]. International journal of remote sensing, 18(6): 1373-1379.

ETHERTON B, SANTOS P, 2008. Sensitivity of WRF forecasts for south florida to initial conditions [J]. Weather and forecasting, 23(4): 725-740.

FANGER P O, 1970. Thermal comfort: Analysis and applications in environmental engineering [M]. Copenhagen: Danish Technical Press.

FOWLE M A, ROEBBER P J, 2003. Short-range(0–48 h)numerical prediction of convective occurrence, mode, and location [J]. Weather and forecasting, 18(5): 782-794.

FREITAS E D, ROZOFF C M, COTTON W R, et al., 2006. Interactions of an urban heat island and sea-breeze circulations during winter over the metropolitan area of São Paulo, Brazil [J]. Boundary-layer meteorology, 122(1): 43-65.

FULTON R A, BREIDENBACH J P, SEO D J, et al., 1998. The WSR-88D rainfall algorithm [J]. Weather and forecasting, 13(2): 377-395.

GALLO K P, TARPLEY J D, MCNAB A L, et al., 1995. Assessment of urban heat islands: A satellite perspective [J]. Atmospheric research, 37(1): 37-43.

GIOVANNINI L, ZARDI D, DE FRANCESCHI M, et al., 2014. Numerical simulations of boundary-layer processes and urban-induced alterations in an Alpine valley [J]. International journal of climatology, 34(4): 1111-1131.

GUPTA V K, WAYMIRE E C, 1993. A statistical analysis of mesoscale rainfall as a random cascade [J]. Journal of applied meteorology, 32(2): 251-267.

GUYTON A C, 1971. Textbook of medical physiology [M]. 4nd ed. Philadelphia and London: W. B. Saunders Company.

GUYTON A C, 1971. Textbook of medical physiology [M]. Philadelphia: Saunders Elsevier.

HALLENBECK M, RICE M, SMITH B, et al., 1997. Vehicle volume distributions by classification [M]. Washington, DC: US Department of Transportation.

HAMILTON I G, DAVIES M, STEADMAN P, et al., 2009. The significance of the anthropogenic heat emissions of London's buildings: A comparison against captured shortwave solar radiation [J]. Building and environment, 44(4): 807-817.

HAZENBERG P, YU N, BOUDEVILLAIN B, et al., 2011. Scaling of raindrop size distributions and classification of radar reflectivity-rain rate relations in intense Mediterranean precipitation [J]. Journal of hydrology, 402(3): 179-192.

HELD I M, SODEN B J, 2006. Robust responses of the hydrological cycle to global warming [J]. Journal of climate, 19(21): 5686-5699.

HIDALGO J, MASSON V, BAKLANOV A, et al., 2008. Advances in urban climate modeling [J]. Annals of the New York Academy of Sciences, 1146: 354-374.

HITSCHFELD W, BORDAN J, 1954. Errors inherent in the radar measurement of rainfall at attenuating wavelengths [J]. Journal of meteorology, 11(1): 58-67.

HONG S Y, LIM J J, 2006. The WRF Single-Moment 6-class Microphysics Scheme(WSM6) [J]. Journal of the Korean meteorogical society, 42(2): 129-151.

JIANG Y. 1981. State-Space method for analysis of the thermal behavior of room and calculation of air conditioning load [J]. ASHRAE transactions, 88(1): 122-132.

JIN M L, DICKINSON R E, 2010. Land surface skin temperature climatology: Benefitting from the strengths of satellite observations [J]. Environmental research letters, 5(4): 044004.

JIN M S, 2012. Developing an index to measure urban heat island effect using satellite land skin temperature and land cover observations [J]. Journal of climate, 25(18): 6193-6201.

JOHNSON D R, 1989. The forcing and maintenance of global monsoonal circulations: An isentropic analysis [J]. Advance in geophysics, 31: 43-316.

JOTHITYANGKOON C, SIVAPALAN M, VINEY N R, 2000. Tests of a space-time model of daily rainfall in southwestern australia based on nonhomogeneous random cascades [J]. Water resource research, 36(1): 267-284.

KEVIN E T, AIGUO D, ROY M R, et al., 2003. The changing character of precipitation [J]. Bulltein of the American meteorological society, 84(2): 1205-1217.

KLEIN P M, 2012. Metropolitan effects on atmospheric patterns: important scales [M]// ZEMAN F. Metropolitan sustainability: Understanding and improving the urban environment. Cambridge: Woodhead Publishing: 173-204.

KOTTEGODA N, ROSS R, 2008. Applied statistics for civil and environmental engineers [M]. Oxford: Blackwell.

KRAJEWSKI W F, SMITH J A, 2002. Radar hydrology: Rainfall estimation [J]. Advances in water resources, 25(8-12): 1387-1394.

KUSAKA H, KIMURA F, 2004. Coupling a single-layer urban canopy model with a simple atmospheric model: Impact on urban heat island simulation for an idealized case [J]. Journal of meteorololgical society of Japan, 82(1): 67-80.

KUSAKA H, KONDO H, KIKEGAWA Y, et al., 2001. A simple single-layer urban canopy model for atmospheric models: Comparison with multi-layer and slab models [J]. Boundary-layer meteorology, 101(3): 329-358.

LENDERINK G, VAN MEIJGAARD E, 2008. Increase in hourly precipitation extremes beyond expectations from temperature changes [J]. Nature geoscience, 1(8): 511-514.

LENDERINK G, VAN MEIJGAARD E, 2010. Linking increases in hourly precipitation extremes to atmospheric temperature and moisture changes [J]. Environmental research letters, 5(2): 025208.

LI D, BOU-ZEID E, 2011. Coherent structures and the dissimilarity of turbulent transport of momentum and scalars in the unstable atmospheric surface layer [J]. Boundary-layer meteorol, 140(2): 243-262.

LI D, BOU-ZEID E, 2013. Synergistic interactions between urban heat islands and heat waves: The impact in cities is larger than the sum of its parts [J]. Journal of applied meteorology and climatology, 52(9): 2051-2064.

LI D, BOU-ZEID E, BAECK M L, et al., 2013. Modeling land surface processes and heavy rainfall in urban environments: Sensitivity to urban surface representations [J]. Journal of hydrometeorology, 14(4): 1098-1118.

LI X, PU Z, 2009. Sensitivity of numerical simulations of the early rapid intensification of hurricane emily to cumulus parameterization schemes in different model horizontal resolutions [J]. Journal of the meteorological society of Japan, 87(3): 403-421.

LI Z, YANG D W, YANG H, et al., 2014. Characterizing spatiotemporal variations of hourly rainfall by gauge and radar in the mountainous Three Gorges Region [J]. Journal of applied meteorology and climatology, 53(4): 873-889.

LIN Y L, FARLEY R D, ORVILLE H D, 1983. Bulk parameterization of the snow field in a cloud model [J]. Journal of climate and applied meteorology, 22(6): 1065-1092.

LIU Y B, CHEN F, WARNER T, et al., 2006. Verification of a mesoscale data-assimilation and forecasting system for the oklahoma city area during the joint urban 2003 field project [J]. Journal of applied meteorology and climatology, 45(7): 912-929.

LO J C F, YANG Z L, PIELKE R A, 2008. Assessment of three dynamical climate downscaling methods using the weather research and forecasting(WRF)model [J]. Journal of geophysical research, 113(D9): D09112.

MANDELBROT B B, 1974. Intermittent turbulence in self-similar cascades: Divergence of high moments and dimension of the carrier [J]. Journal of fluid mechanics, 62(2): 331-358.

MASCART P, NOILHAN J, GIORDANI H, 1995. A modified parameterization of flux-profile relationships in the surface layer using different roughness length values for heat and momentum [J]. Boundary-layer meteorol, 72(4): 331-344.

MASSON V, 2000. A physically-based scheme for the urban energy budget in atmospheric models [J]. Boundary-layer meteorol, 94(3): 357-397.

MIAO S, DOU J, CHEN F, et al., 2012. Analysis of observations on the urban surface energy balance in Beijing [J]. 55(11): 1881-1890.

NASELLO C, TUCCIARELLI T, 2005. Dual multilevel urban drainage model [J]. Journal of hydraulic engineering, 131(9): 748-754.

NTELEKOS A A, SMITH J A, KRAJEWSKI W F, 2007. Climatological analyses of thunderstorms and flash floods in the baltimore metropolitan region [J]. Journal of hydrometeorology, 8(1): 88-101.

OKE T R, 1982. The energetic basis of the urban heat island [J]. Quarterly journal of the royal meteorological society, 108(455): 1-24.

OVER T M, GUPTA V K, 1996. A space-time theory of mesoscale rainfall using random cascades [J]. Journal of geophysical research, 101(D21): 26319-26331.

PARKER M D, KNIEVEL J C, 2005. Do meteorologists suppress thunderstorms? Radar-derived statistics and the behavior of moist convection [J]. Bulletin of the American meteorological society, 86(3): 341-358.

PETERSON J T, STOFFEL T L, 1980. Analysis of urban-rural solar radiation data from St. Louis, Missouri [J]. Journal of applied meteorology, 19(3): 275-283.

PORSON A, HARMAN I N, BOHNENSTENGEL S I, et al., 2009. How many facets are needed to represent the surface energy balance of an urban area? [J]. Boundary-layer meteorol, 132(1): 107-128.

PREISSMANN M A, CUNGE J A, 1961. Calculation of wave propagation on electronic machines [C]// Proc. 9th Congress, IAHR, Dubrovnik: 656-664.

QI Y, ZHANG J, ZHANG P, 2013. A real-time automated convective and stratiform precipitation segregation algorithm in native radar coordinates [J]. Quarterly journal of the royal meteorological society, 139(677): 2233-2240.

QUAH A K, ROTH M, 2012. Diurnal and weekly variation of anthropogenic heat emissions in a tropical city, Singapore [J]. Atmospheric environment, 46: 92-103.

RAJEEVAN M, KESARKAR A, THAMPI S B, et al., 2010. Sensitivity of WRF cloud microphysics to simulations of a severe thunderstorm event over southeast india [J]. Annales geophysicae, 28(2): 603-619.

REED S, MAIDMENT D, 1994. Coordinate transformations for using nexrad data in gis-based hydrologic modeling [J]. Journal of hydrologic engineering, 4(2): 174-182.

SAILOR D J, LU L, 2004. A top-down methodology for developing diurnal and seasonal anthropogenic heating profiles for urban areas [J]. Atmospheric Environment, 38(17): 2737-2748.

SEO B C, KRAJEWSKI W F, KRUGER A, et al., 2011. Radar-rainfall estimation algorithms of hydro-nexrad [J]. Journal of hydroinformatics, 13(2): 277-291.

SHAW S B, ROYEM A A, RIHA S J, 2011. The relationship between extreme hourly precipitation and surface temperature in different hydroclimatic regions of the united states [J]. Journal of hydrometeorology, 12(2): 319-325.

SKAMAROCK W C, KLEMP J B, DUDHIA J, et al., 2008. A description of the advanced research WRF version 3 [C]. //NCAR Tech. Note.

SMALL C, 2001. Estimation of urban vegetation abundance by spectral mixture analysis [J]. International journal of remote sensing, 22(7): 1305-1334.

SMITH J A, BAECK M L, MORRISON J E, et al., 2002. The regional hydrology of extreme floods in an urbanizing drainage basin [J]. Journal of hydrometeorology, 3(3): 267-282.

SMITH J A, BAECK M L, STEINER M, 1996. Catastrophic rainfall from an upslope thunderstorm in the central appalachians: The rapidan storm of june 27, 1995 [J]. Water resource research, 32(10): 3099-3113.

SOHOULANDE DJEBOU D C, SINGH V P, FRAUENFELD O W, 2014. Analysis of watershed topography effects on summer precipitation variability in the southwestern united states [J]. Journal of hydrology, 511(7): 838-849.

SOLOMON S, IPOCC, IPOCCWGI, 2007. Climate Change 2007: The physical science basis: Contribution of Working Group I to the fourth assessment report of the IPCC [M]. Cambridge: Cambridge University Press.

STEINER M, SMITH J A, 2002. Use of three-dimensional reflectivity structure for automated detection and removal of nonprecipitating echoes in radar data [J]. Journal of atmospheric and oceanic technology, 19(5): 673-686.

STULL R B, 1988. An introduction to boundary layer meteorology [M]. London: Spring Science and Business.

TAPIA A, SMITH J A, DIXON M, 1988. Estimation of convective rainfall from lightning observations [J]. Journal of applied meteorology, 37(1): 1497-1509.

TIAN F, LI H, SIVAPALAN M, 2012. Model diagnostic analysis of seasonal switching of runoff generation mechanisms in the blue river basin, oklahoma [J]. Journal of hydrology, 418-419: 136-149.

UNDERWOOD R T, 1961. Speed, volume, and density relationships: Quality and theory of traffic flow [M]. New Haven: Bureau of Highway Traffic, Yale University.

VILLARINI G, SMITH J A, VECCHI G A, 2012. Changing frequency of heavy rainfall over the central united states [J]. Journal of climate, 26(1): 351-357.

VOGEL T, HUANG K, ZHANG R, et al., 1996. The hydrus code for simulating one-dimensional water flow, solute transport, and heat movement in variably-saturated media [R]. U.S. Salinity Laboratory, Riverside, California.

WANG J, FENG J, YAN Z, et al., 2012. Nested high-resolution modeling of the impact of urbanization on regional climate in three vast urban agglomerations in China [J]. Journal of geophysical research, 117(D21): 21103.

WANG Z H, BOU-ZEID E, SMITH J A, 2011. A spatially-analytical scheme for surface temperatures and conductive heat fluxes in urban canopy models [J]. Boundary-layer meteorol, 138(2): 171-193.

WANG Z H, BOU-ZEID E, SMITH J A, 2013. A coupled energy transport and hydrological model for urban canopies evaluated using a wireless sensor network [J].Quarterly journal of the royal meteorological society, 139(675): 1643-1657.

WELCH R, 1980. Monitoring urban population and energy utilization patterns from satellite data [J]. Remote sensing of environment, 9(1): 1-9.

WEN W J, SHEN T L, DING Z Y, et al., 2010. Numerical experiment on the effect of urbanization upon summer land-sea breezes in the coastland of guangxi, 2014 [J]. Journal of tropical meteorology, 16(3): 263-270.

WRIGHT D B, SMITH J A, BAECK M L, 2014. Flood frequency analysis using radar rainfall fields and stochastic storm transposition [J]. Water resource research, 50(2): 1592-1615.

WU C, MURRAY A T, 2003. Estimating impervious surface distribution by spectral mixture analysis [J]. Remote sensing of environment, 84(4): 493-505.

YU S, BIAN L, LIN X, 2005. Changes in the spatial scale of Beijing UHI and urban development [J]. Science China earth science, 48(22): 116-127.

ZAHRAEI A, HSU K L, SOROOSHIAN S, et al., 2012. Quantitative precipitation nowcasting: A lagrangian pixel-based approach [J]. Atmospheric research, 118: 418-434.

ZAHRAEI A, HSU K L, SOROOSHIAN S, et al., 2013. Short-term quantitative precipitation forecasting using an object-based approach [J]. Journal of hydrology, 483: 1-15.

ZHANG J, 1999. Moisture and diabatic initialization based on radar and satellite observations [D]. Norman: University of Oklahoma.

ZHOU Y, SHEPHERD J M, 2010. Atlanta's urban heat island under extreme heat conditions and potential mitigation strategies [J]. Natural hazards, 52(3): 639-668.